Ulrich Lieb

Das transpress Modellbahn-Handbuch

Das transpress Modellbahn-Handbuch

Ulrich Lieb

transpress

Einbandgestaltung: Dos Luis Santos

Bildnachweis:
Die zur Illustration dieses Buches verwendeten Abbildungen und Zeichnungen stammen – wenn nichts anderes vermerkt ist – vom Verfasser.

ISBN 3-613-71240-7

1. Auflage 2004

Ein Unternehmen der Paul Pietsch-Verlage GmbH & Co.

Sie finden uns im Internet unter

www.transpress.de

Innengestaltung: Anita Ament
Scans: digi bild reinhardt, 73037 Göppingen
Druck und Bindung: Graspo, CZ-76302-Zlin
Printed in Czech Republic

Vorwort

Auch wenn so genannte »gewöhnlich gut informierte Kreise« aus der Spielzeugbranche schon vor rund drei Jahrzehnten ein allmähliches Umsteigen der Modellbahnproduzenten auf die Herstellung von Autorennbahnen prophezeiten, so darf der Chronist zu Beginn des 21. Jahrhunderts feststellen, dass sich die Modelleisenbahn noch immer großer Beliebtheit erfreut. Dagegen legen zahllose verstaubte Fahrbahnteile von abgebauten Autorennbahnen, verstaut in irgendwelchen Kisten, ein beredtes Zeugnis dafür ab, dass sich zumindest beim Spielen der Schienen- gegen den Straßenverkehr behaupten konnte. Ein Grund für diese überraschende Entwicklung mag darin bestehen, dass ein Spiel, das allein den Wettbewerb zum Gegenstand hat, offenbar auf lange Sicht keine Chance gegenüber einem Spiel(zeug) besitzt, das mehrere Eigenschaften und Fähigkeiten des Menschen zugleich fördert und anspricht: Kreativität, Lust am Lösen von Problemen, konstruktive Auseinandersetzung mit der Wirklichkeit und eine daraus resultierende Freude am Gestalten.

Die Funktion dieses Buchs ist eine zweifache: Als Handbuch macht es einen Einsteiger mit den Grundlagen der Modellbahnerei vertraut und gibt einen Einblick in das aktuelle Angebot und die Möglichkeiten des Modellbahnsektors. Als Spielbuch soll es »ruhenden« Modellbahnern Lust machen, sich wieder mit dem Hobby zu beschäftigen und die vielleicht noch aus Jugendtagen vorhandene Bahn wieder hervorzuholen und aufzubauen. Außerdem möchte es Anfängern Mut machen, mit dem Kauf von ein paar Gleisstücken, einer Lok und ein paar Wagen einen Einstieg zu wagen.

Das Wichtigste dabei aber ist, dass getreu dem Wahlspruch der US-amerikanischen Modellbahnkollegen »modelrailroading is fun« – die Modellbahnerei ist Spaß –, die Modellbahn immer als das gesehen wird, was sie ist: eine sinnvolle Freizeitbeschäftigung, der man mit der entsprechenden Lockerheit begegnet. Aller Verbissenheit im Umgang mit den kleinen Loks und Waggons werde ich nicht das Wort reden, der Spaß mit der Eisenbahn steht in diesem Buch im Vordergrund. Jeder Hobbykollege soll nach seiner Modellbahn-Fasson selig werden. Denn ich glaube, dass nur der offene und tolerante Umgang der Modellbahner untereinander, gerade im Hinblick auf die – immer noch – konkurrierenden Systeme, das Fortbestehen des Hobbys sichert.

An dieser Stelle möchte ich mich für große Unterstützung bei all den Menschen bedanken, ohne die dieses Buch niemals entstanden wäre. Neben den hilfsbereiten, freundlichen Mitarbeitern in den Pressestellen der Modellbahnartikelhersteller gilt mein Dank meinen guten Freunden Stefan Alkofer, Jochen Frickel und Werner Vogt für die Fotos. Darüber hinaus geht mein Dank an Herrn Marc Kohn, Herrn Stefan Bayer, Herrn Steffen Schure sowie Herrn Dr. Wolfgang Loidol, die mir ihre Anlagen zu Fotozwecken zur Verfügung gestellt haben.

Ulm, im Sommer 2004
Ulrich Lieb

Inhalt

5. Die Modellbahnlandschaft

6. Elektropraxis für die Modellbahn

7. Der Fahrbetrieb

8. Farbgebung der Modelle

9. Anhang

1. Ein Hobby

Wer seine ersten Zug über die Modellbahnanlage gefahren hat, der hat seine Fuß in eine Welt gesetzt, deren Geschichte uralt und deren Zukunft sicher noch lange nicht beendet ist. Das Spiel mit der kleinen Bahn ist aktueller denn je. Foto: Märklin

stellt sich vor

Es mag ein langer Weg sein, bis die Anlage so detailliert dasteht, aber auch die gestandenen Modellbahner haben einmal mit einem Oval und zwei Loks angefangen.

Herzlichen Glückwunsch zu einem der schönsten Hobbys der Welt und willkommen in der großen, weltumspannenden Familie der Modelleisenbahner!

Noch immer ist die Faszination der Modelleisenbahn ungebrochen, trotz eines beständig wachsenden Freizeitangebots. Gleichwohl ist aus dem Kinderspielzeug aus Großvaters Tagen vor allem ein Hobby für Erwachsene geworden. Aus der »elektrischen Eisenbahn« entwickelte sich die »Modellbahn« voller technischer Raffinesse mit einem nahezu unüberschaubaren Angebot an Zubehör. Doch im Grunde blieb es bis heute bei der Faszination durch die Modelleisenbahn, die ihren Reiz aus dem Nebeneinander von schwärmerischer Nostalgie und sachlich-kühler Moderne bezieht.

1.1 Spielzeug mit Tradition

Die Modelleisenbahn ist ein Spielzeug mit einer langen Geschichte. Bereits kurz nachdem die erste deutsche Eisenbahn von Nürnberg nach Fürth gefahren war, an jenem 7. Dezember 1835, warben Zeitungsinserate für so genannte Bodenläufer, die die Fahrzeuge eben jener Ludwigseisenbahn, wie diese Bahnstrecke nach dem bayerischen König auch genannt wurde, zum Vorbild hatten. Das waren sehr frei nach den realen Fahrzeugen gestaltete, bar jeglicher Maßstäblichkeit gebaute »Modelle«, die man an einer langen Schnur hinter sich her ziehen konnte. Zur Modelleisenbahn im engeren Sinne war es aber noch ein weiter Weg.

Ungefähr im Jahre 1891 stellte die bekannte Firma Märklin die erste Eisenbahn mit Uhrwerkantrieb vor. Dieses seinem Vorbild noch sehr frei nachempfundene Modell des damals modernsten Verkehrsmittels begann seinen Siegeszug durch die Kinderzimmer der wohlhabenden Familien. Denn eine Uhrwerkbahn war für Arbeiterkinder unbezahlbar.

Diese nahezu 170-jährige Geschichte der »kleinen Eisenbahn« hat etwa seit den 1960er-Jahren bis heute zu einem unüberschaubaren Angebot an Lokomotiven, Wagen und Gleisen sowie allerlei Zubehör geführt. Wer heute in der festen Absicht, seine ersten Modellbahnartikel zu erwerben, ein Fachgeschäft oder die Fachabteilung eines Kaufhauses betritt, ist oftmals von dem großen Angebot regelrecht überwältigt. Das ist vermutlich einer der Gründe, der die ganze Modellbahnerei dem Anfänger so kompliziert erscheinen lässt. Doch dieses Hobby ist bei allen Fachausdrücken beileibe nicht ganz so komplex, wie es auf den ersten Blick erscheint.

1.2 Ein Land von Modellbahnern?

In zahlreichen deutschen Haushalten wurde irgendwann einmal – zumeist als Weihnachtsgeschenk – eine kleine elektrische Eisenbahn gekauft. Daraus ließe sich zunächst schließen, dass die Deutschen offenbar ein Volk von Modelleisenbahnern sind. Doch bei näherer Betrachtung finden sich all die schönen Modellbahnsachen ein paar Wochen nach Weihnachten in der Regel in einer stabilen Kiste wieder und stehen irgendwo auf dem staubigen Speicher oder im dustren feuchten Keller.
Die Modellbahn verharrt viele Monate in einer Art Dornröschenschlaf, bis das Jahresende naht, der Duft nach frischem Weihnachtsgebäck die Wohnung durchzieht und die Bahn wieder aufgebaut wird. Denn Weihnachten und Eisenbahn, das scheint irgendwie zusammenzugehören. Dann wird sie hervorgekramt, abgestaubt, die Gleise kommen auf ein Brett, ein paar Häuschen daneben, etwas Grün dazu und schon pufft das Züglein im Kreis herum. Dass dabei auf lange Sicht die richtige Begeisterung für die kleine Bahn nicht aufkommen kann, leuchtet ein.
Für einen kurzzeitigen Aufbau mag eine Modellbahn um die Weihnachtstage ja taugen; für das interessante Spiel mit ihr und eine ansprechende Landschaft drum herum kommt eine solche Weihnachtsbahn natürlich nicht in Frage. Doch das berührt schon fast den Inhalt der kommenden Kapitel. Festzuhalten bliebe, dass das auf lange Sicht interessante Spiel mit der Modellbahn eine feste Installation des Zubehörs und ein gewisses Maß an Platz braucht, Platz der in manchen Wohnungen nicht oder kaum vorhanden ist. Das mag den einen oder anderen vom Bau einer Modellbahn abhalten. Deshalb finden sich an anderer Stelle in diesem Buch Alternativen für platzbeschränkte Hobbykollegen (siehe Seite 59 ff.).
Oft taucht die Modellbahn aus ihrer Kiste auch gar nicht wieder auf, obwohl wieder Weihnachten vor der Tür steht. Es mag sein, dass sich in der Zwischenzeit keiner mehr für die Bahn interessiert oder die Interessen mittlerweile anderen Dingen gelten. Oftmals gerät die elektrische Eisenbahn in Vergessenheit, weil im Laufe der Zeit keine neuen Loks und Wagen

Damit die Eisenbahnbegeisterung nicht in Schwaden verdampft wie die letzten über die Gleise wehenden Auspuffschläge der Dampflok auf dem Foto, ist eine fest aufgebaute Anlage erstrebenswert.

So manches Museums-Betriebswerk oder Bahnlager mit attraktiven Fahrzeugen übt auf den Eisenbahnfreund eine große Anziehungskraft aus.

oder Häuser dazukommen. Die denkbaren Gründe dafür sind mannigfach: Hohe Mieten und die allgemeine Teuerung lassen wenig finanziellen Spielraum für Neuanschaffungen. Hinzu kommt, dass sich die Modellbahn, die nie ein preiswertes Spielzeug war, zu einem teuren Erwachsenenhobby weiter entwickelt hat. Dazu haben die langjährigen Forderungen der Modellbahner nach exakt maßstäblichen Modellen ebenso beigetragen wie die hohen Lohnkosten zumindest der in Deutschland gefertigten Artikel.
Eine Vielzahl von attraktiven Freizeitbeschäftigungen hat das Interesse an der Modellbahnerei bei vielen Menschen ebenfalls schwinden lassen. Es ist heute angesichts in immer rascherer Abfolge neu kreierter Freizeitsportarten, verbunden mit dem mancherorts zu konstatierenden Drang »in« sein zu wollen, beinahe schon ein Kunststück, einer Liebhaberei über einen längeren Zeitraum treu zu bleiben.

1.3 Der Modelleisenbahner und seine Umwelt

Die Fans des Schienenverkehrs lassen sich im Wesentlichen in zwei Kategorien einteilen: Da ist der Eisenbahnfreund, der sich vor allem für das große Vorbild der Modellbahn. Er ist einem Verein beigetreten, der sich um den Erhalt oder gar den Wiederaufbau und die Wiederinbetriebnahme eines bestimmten Triebfahrzeugs oder einer Strecke kümmert. Wenn heute noch einzelne historische Dampf- oder E-Loks auf der einen oder anderen Bahnstrecke bei Sonderfahrten gezeigt werden können, so ist das diesen engagierten Menschen zu verdanken, die mit viel Sachverstand, Liebe und nicht geringem finanziellen Aufwand die alten Maschinen lebendig erhalten.
Und da ist der Modelleisenbahner, der Anlagen plant und baut und auf ihnen spielt. Manche Modelleisenbahner sind Modellbauclubs beigetreten, die Anlagen bauen, deren Dimensionen dem Einzelkämpfer in seinem Hobbykeller verwehrt bleiben müssen. Wieder andere Modelleisenbahner bauen mit Vorliebe an ihrer Anlage herum, andere fahren am liebsten mit den Zügen und wieder andere sind wahre Landschaftsbauexperten, deren Können auf Ausstellungen bestaunt werden kann.

Was aber beide, Eisenbahnfreund und Modelleisenbahner, miteinander verbindet, ist, dass beide in der Regel eine eigene Modellbahnanlage besitzen. Eine solche Anlage ist immer ein Abbild der Neigungen und Vorlieben ihres Erbauers. Bei dem einen dominiert die Landschaft, beim anderen herrscht der Fahrspaß mit den Modellen vor und bei einem Dritten wieder besticht die Anlage durch eine Vielzahl elektronischer Schaltungen.
Alle wiederum vereint die Liebe zur Eisenbahn im Großen wie im Kleinen und die Tatsache, dass sie einen Eisenbahnwaggon zur Fahrt von A nach B mit Empfindungen besteigen, die anderen Menschen wohl unbekannt sind, selten nachvollziehbar erscheinen und so manchen Mitmenschen geradezu bestürzen. Besucher können das im Eisenbahnmuseum oder bei Tagen der offenen Tür spezieller Eisenbahnvereine immer wieder erleben: Da kommt der Eisenbahnfan nebst mühsam überzeugter Familie an den Ort versammelter Eisenbahnschätze, erklimmt den Führerstand so mancher Maschine, während der Rest der Familie entweder Hunger oder Durst oder beides zugleich hat. Ich erinnere mich allerdings auch an jene Dame, die zu einer Dampflok-Sonderfahrt im weißen Kleid erschien...

Die Liebe zur Eisenbahn macht sich vor allem am Bestaunen alter Lokveteranen mit interessantem Lebenslauf bemerkbar. Was mag diese BR 150, der Einsatz bei Wind und Wetter anzusehen ist, alles zu erzählen haben.

1.4 Spielbahner oder Modelleisenbahner?

Wer sich ganz unvoreingenommen mit der Modellbahnerei zu beschäftigen beginnt, stößt bald auf die Unterscheidung nach Spiel- und Modelleisenbahner. Vor allem ältere Modellbahner mit jahrzehntelanger Erfahrung in Ihrem Hobby treffen diese feinsinnige Unterscheidung. Neuen Modellbahnern werden die Unterschiede zwischen den beiden Begriffen unbekannt sein, doch ist es hilfreich, darüber Bescheid zu wissen. Zur Illustration mag eine Definition dienen, die ich in einem Stuttgarter Modellbahngeschäft erfuhr: Der Spielbahner »fährt im Kreis herum, rast dabei und achtet nicht auf vorbildgetreue Fahrzeuge.« Der Modelleisenbahner hingegen »macht Fahrbetrieb, fährt mit vorbildentsprechender Modell-Geschwindigkeit (was das sein soll, kommt weiter unten) und achtet außerordentlich auf die Maßstäblichkeit seiner Fahrzeuge.« Ach ja, und er spielt nicht, sondern – ich zitiere nochmals – »überprüft die Fahrzeuge auf ihre Funktionstüchtigkeit«. Alles klar?
Für die Zukunft würde ich mir wünschen, dass man die Unterscheidung nach Spiel- und Modelleisenbahner einfach vergisst. Was alle eint, ist der Spielspaß mit der kleinen Eisenbahn und so soll es bleiben. Im Grunde sind wir doch alle Freunde der Eisenbahn im Allgemeinen und der Modelleisenbahn im Speziellen.

Der Ästhetik der Eisenbahn können sich bisweilen auch Zeitgenosse schwer entziehen, die sich ansonsten gar nicht für dieses Verkehrsmittel interessieren.

Die Einladung

Die Modelleisenbahn hat ein Imageproblem. Oder anders ausgedrückt: Sie hat eigentlich gar keins. Wer sich in seiner Freizeit mit der Modellbahn beschäftigt, trifft überall früher oder später auf Vorurteile. Dies möchte ich anhand einer kleinen Geschichte verdeutlichen, die ich selber mit meinen Freunden erlebt habe. Sie hilft vielleicht dem einen oder anderen frisch gebackenen Modellbahnfreund gegen die ewigen Nörgler:

Vor einiger Zeit traf ich mich abends mit einigen meiner Freunde. Auf dem Weg zur Stammkneipe hatte ich bei meinem Fachhändler die dort bestellte Länderbahndampflok abgeholt, eine preußische G 8[1]. So kam ich denn mit einer verräterischen Plastiktüte mit eindeutigem Inhalt in meiner Stammkneipe an. »Was hast du denn da?«, schallte es mir entgegen. »Ach, habe mir eine neue Lok geleistet«, entgegnete ich. Meine Freunde wissen von meinem Hobby, gleichwohl es sie noch nie interessiert hat. Doch an diesem Abend war es anders. »Zeig mal her«, hieß es. Die Schachtel machte die Runde. »Was kostet so was?«, war die erste Frage, »wär' mir zu teuer«, die nächste Anmerkung. »Was? Soviel für Kinderspielzeug?«, meinte einer. »Aber eine grüne Lok hast du doch schon!«, meinte ein anderer. »Ja,« entgegnete ich, »aber das ist doch eine S 3/6 für Personenzüge. Meistens jedenfalls. Das hier ist eine ganz andere. Die zieht nämlich Güterzüge. Meistens.« Kurzes Schweigen, dann: »Bei dir ist immer alles Eisenbahnzeugs irgendwie grün oder braun. Ätzend! Kauf doch mal eine blaue oder eine rote! Und gibt's denn nichts Gelbes?« Die Worte treffen mich wie Hammerschläge. »Das wär' doch mal hübsch!« Längeres Schweigen.

Ich ergriff als erster wieder das Wort: »Na, ja, ich bin halt Länderbahner, ihr wisst, der Kaiser Wilhelm und so. Da waren die Loks halt grün oder braun.« Mein Freund ließ nicht locker: »Muss man sich da an Farben halten, oder was?« »Muss man nicht, aber es macht halt Spaß, einen bestimmten Zeitraum im Modell nachzubilden«, erwiderte ich. »Ich weiß nicht, was ein Erwachsener mit Kinderspielzeug anfangen soll und der Kaiser ist mir im Übrigen vollkommen wurscht«, meinte ein anderer und ergänzte »Modellbahner haben doch alle einen an der Waffel.« Längeres Schweigen.

»Jetzt schau mal her«, sagte ich in die Runde, »ich bin davon überzeugt, dass ihr alle irgendwelche Hobbys habt.« Und in der Tat: Der eine segelte, der andere mähte den Rasen und wieder ein anderer hatte vor lauter Arbeit keine Zeit für Freizeit. »Na, und meine liebste Freizeitbeschäftigung ist eben die Modellbahn«, fügte ich an. »Ja, aber Erwachsene sollen nicht mehr rumspielen, das können Kinder tun«, sagte einer. »Wieso«, fragte ich, »habt ihr eigentlich keine Probleme damit, dass einer Fußball oder Basketball *spielt*, sehr wohl aber findet ihr es unmöglich, dass einer Eisenbahn *spielt*?« Längeres Schweigen. »Fußball und Basketball, das macht man halt als Erwachsener, aber Eisenbahnspielen...«, meinte einer darauf. »Aber es spielen doch auch Kinder Fußball oder Basketball«, erwiderte ich. »Als Erwachsener«, meinte einer, »sollte man sich mit gescheiten Dingen beschäftigen und nicht im Keller Zügle kreisen lassen.«

»Also gut«, sagte ich. Ich lud daraufhin meine Freunde fürs Wochenende zu mir nach Hause zum Eisenbahnspielen ein. Sie kamen der Einladung nach, aber nur unter dem Vorwand, dass sie die Anlage mal sehen wollten und sich auf eine Tasse Kaffee freuten.

Am verabredeten Samstagnachmittag standen dann alle drei vor der Tür und wir stiegen in den Keller hinab. Dort habe ich meine Anlage aufgebaut, die ich weiter hinten noch detailliert vorstellen werde. Da ich ein Freund des Fahrbetriebs und der Rangiermanöver bin, wimmelt es auf meiner Anlage vor Endbahnhöfen (das

Ausnahmsweise erreichte mal ein Güterzug den Bahnhof Käfertal, ohne dabei unter tätiger Mithilfe meiner Freunde zu entgleisen oder sonst wie Merkwürdiges zu erleben.

Ängstlich geht der Blick der Fahrgäste auf das Gleis: Gibt es gleich wieder eine Entgleisung? Und werden wir jemals ankommen? Foto: Frickel

sind Bahnhöfe mit stumpf endenden Gleisen), der wichtigste heißt Käfertal. Beim Eisenbahnspiel auf meiner Anlage geht es u.a. darum, einen in Käfertal angekommenen Zug für die entsprechenden Ladestellen zu zerlegen, per Rangierlok Wagen zuzustellen und die abgekuppelte Zuglok ins Bw zu fahren. Zu diesem Zweck steuere ich meine Anlage digital, da mit diesem Steuerungssystem ein freizügiger Zugriff auf alle Lokomotiven ohne Schaltungstricks möglich ist. Ich drückte dem ersten gleich einen Handregler in die Hand und sagte: »Fahr los«. Zögerlich ruckelte er mit seinem Zug über die Strecke, bemerkte süffisant, dass die Modell-Brücke statisch nicht überzeuge und kroch mit seiner Dampflok über die Gleise. »Jetzt fahr halt mal schneller«, mischte sich einer ein. »Kerle, jetzt lass mich mal«, nahm ein anderer den Handregler an sich.
Dann verteilte ich die Aufgaben: Einer stellte die Weichen, einer wickelte den Rangierverkehr ab und ein anderer holte einen Zug nach dem anderen aus dem Schattenbahnhof, dem unterirdischen Zugspeicher. Meine Aufgabe war es, die entgleisten und verunglückten Züge wieder ins Gleis zu lupfen. Da meine Gäste auf meiner Anlage nicht eingefahren fahren, kam es zu unzähligen Entgleisungen durch falsch gestellte Weichen, Zusammenstöße auf freier Strecke und so mancher Waggon kam auf Ladegleisen an, für die er nicht vorgesehen war. Auf den Bahnsteigen spielten sich unter den Passagieren erschütternde Szenen ab, als der Personenzug von Blautal nach Käfertal gar nicht, dafür der Nahgüterzug von Weißach nach Schwarzburg - so heißen meine Bahnhöfe - mit seinen leeren Viehtransportwaggons einlief. »Ja, soll ich jetzt die Leute in den Sautransporter einladen oder was?«, fragte der Rangierer meinen Zugchef, der den Verkehr über die Strecke abzuwickeln hatte. Der zuckte mit den Schultern und konzentrierte sich auf seinen von der S 3/6 geführten Zug mit dem Prinzregentenwagen, der ihm besonders gefiel. Das letzte, was ich von der S 3/6 sah, war, dass sie auf einem Stumpfgleis vor der örtlichen Brauerei stehen blieb. Mitsamt dem Prinzregentenwagen. Ich grinste. »Wo ist denn der Personenzug?«, fragte der Rangierer. »Den habe ich vorhin vom Gleis genommen, weil alle Wagen entgleist waren«, antwortete der Weichensteller. »Weil du mal wieder die Weichen falsch gestellt hast«, warf der Rangierer ein. »Ja, dann stell halt einen Ersatzzug zusammen«, empfahl ich. »Ja womit denn? Die Garage [er meinte das Bw; d. Verf] ist leer und der da« - er wies auf den Weichensteller - »räumt alles vom Gleis weg, weil er keine Weichen stellen kann.«
Das Zerstören der Kaiserlich Käfertal'schen Eisenbahn AG ging noch einige Stunden weiter. Aber was das Wichtigste war: Meine Freunde hatten sich völlig in das Spiel vertieft. Es war keine Rede mehr davon, dass sie Erwachsene waren und in ihrer Würde unmöglich Eisenbahnspielen konnten. Das Spiel hatte sie so gefesselt, dass sie in Rollen wie Weichensteller, Rangierer oder Zugchef geschlüpft waren - eine Situation, die sie nie für möglich gehalten hätten.
Seit diesem denkwürdigen Besuch habe ich bei meinen Freunden kein Imageproblem mehr mit meinem Hobby. Erst neulich haben sie mich gefragt, wann wir uns denn wieder in meinem Keller treffen könnten.

2. Spurweiten

Diese Szene an einem Lagerhaus auf der Anlage Dr. Loidol spiegelt all die handwerklichen und kreativen Fähigkeiten, die die Faszination der Modellbahn ausmachen, wider.

und Systeme

So mancher, der sich mit der Modellbahn zu beschäftigen beginnt, stößt zunächst auf ein Respekt einflößendes Gewirr aus Zahlen, Daten und Normen, das auf den ersten Blick verwirrt. Doch dieser Respekt ist unbegründet, wie sich bei näherem Hinsehen zeigt. Dazu sei gleich mal ein wenig in das Dickicht dieser scheinbaren Geheimlehre geleuchtet, das sich vor dem Modellbahner bei einem ersten Kontakt ausbreitet:

2.1 Von Maßstäben, Spurweiten und Nenngrößen

Einer der wichtigsten Begriffe bei der Modellbahn ist der Maßstab, denn er gibt das Größenverhältnis vom Vorbild zum Modell an. Damit bestimmt er auch, wie »groß« oder »klein« ein Modellfahrzeug ist. Ein Maßstab von 1:87 bedeutet, dass das Modell 87-mal kleiner als das Vorbild ist. Oder anders ausgedrückt 1 cm des Modells entspricht 87 cm beim Vorbild. Oder nochmals ausgedrückt: 1 m des Vorbilds entspricht knapp 1,15 cm beim Modell.

Dagegen werden die beiden anderen Begriffe – Spurweite und Nenngröße – häufiger miteinander verwechselt: Da sprechen einige Modellbahner häufig von der Spurweite, meinen dabei aber die Nenngröße. Die Nenngröße ordnen den einzelnen Maßstäben Buchstaben und Zahlen zu, in Kurzform wird auf diese Weise der Maßstab angezeigt: die Nenngröße H0 hat einen Maßstab von 1:87 (die nebenstehende Tabelle bietet eine entsprechende Übersicht). Oft sprechen Modellbahner in diesem Zusammenhang auch von der Baugröße. Das ist nicht direkt falsch, doch der korrekte, auch von den Normen Europäischer Modellbahnen (NEM) festgelegte Terminus technicus lautet Nenngröße.

Jeder Nenngröße sind ihrem Maßstab entsprechend wiederum Spurweiten zugeordnet. Die Spurweite definiert den Abstand der beiden Schienenstränge eines Gleisstücks zueinander, wobei immer die Regelspurbreite (das sind beim Vorbild 1435 mm) zugrunde gelegt wird. Da es aber neben den Regelspurbahnen auch noch Schmalspurbahnen gibt, werden Letztere ebenfalls im Modell berücksichtigt. Ein Beispiel mag das verdeutlichen: In der Nenngröße H0 gibt es Gleise mit der Spurweite

Womit sich Modellbahner gerne beschäftigen und welche Spurweiten sie einsetzen

Neuesten Umfragen zufolge beschäftigen sich 51,3 % aller Eisenbahnfans aktiv mit dem Bau einer Modellbahnanlage. 20,5 % sammeln die Modelle, ohne sie auch einzusetzen. Gut 19 % gaben an, weder Zeit noch Platz für den Bau einer Anlage zu haben. Etwa 8,5 % sind Mitglied in einem Modellbahnverein. Die übrigen 0,7 % machen nichts von alledem, sind nur einfach Eisenbahnfans.

Schaut man sich nun lediglich die aktiven Modellbahnbauer an, so entfällt gut ein Drittel von ihnen (34,3 %) auf den H0-Zweileiter-Gleichstrombereich. Gut 22,5 % widmen sich in ihrer Freizeit dem Bau und Betrieb einer Mittelleiter-Wechselstromanlage. Damit sind die größten Brocken genannt. Knapp 17 % der Modellbahner bauen in Baugröße N, 13 % favorisieren eine Schmalspuranlage in Baugröße H0m bzw. H0e. Der Rest teilt sich relativ gleichmäßig auf: Baugröße IIm (3,5 %), Z (2,7 %) und Sonstige (7 %).

Die Baugröße H0 ist heute am weitesten verbreitet, ihre Modelle wirken schwer und detailliert genug, um die Illusion des großen Vorbilds zu erzeugen.
Foto: Frickel

16,5 mm, 12 mm und 9 mm. Auf ihnen verkehren allesamt Modellbahnen des Maßstabs 1:87, im ersten Fall die H0-Verkleinerung einer Vollbahn, im zweiten Fall eine H0m-Modell-Schmalspurbahn mit einer Vorbild-Spurweite von 1000 mm (z.B. die Rhätische Bahn im Schweizer Kanton Graubünden und die Harzer Schmalspurbahnen) und im letzten Fall handelt es sich um eine H0e-Modell-Schmalspurbahn nach einem Vorbild, das auf 750-mm-Gleisen fuhr bzw. fährt. Schmalspurige Modellbahnen werden also durch das Anhängen eines »m« (für Meterspur) oder »e« gekennzeichnet.

Nenngröße	Maßstab	Spurweite Modell (mm)	Spurweite Vorbild (mm)
III	1:16	89	1435
II	1:22,5	64	1435
IIm	1:22,5	45	1000
IIe	1:22,5	32	750
I	1:32	45	1435
Im	1:32	32	1000
Ie	1:32	22,5	750
0	1:45	32	1435
0m	1:45	22,5	1000
0e	1:45	16,5	750
H0	1:87	16,5	1435
H0m	1:87	12	1000
H0e	1:87	9	750
TT	1:120	12	1435
N	1:160	9	1435
Nm	1.160	6,5	1000
Z	1:220	6,5	1435

2.1.1 Nenngrößen III und II

Die Nenngrößen III (Maßstab 1:16) und II (Maßstab 1:22,5) waren die Spielzeugbahnen unserer Großväter – wenn sie denn das Glück hatten, eine solche Eisenbahn zu besitzen. Von alten Fotografien oder Gemälden, die vornehmlich mit der Eisenbahn spielende Kinder wohlhabender Familien zeigen, hat man eine Vorstellung von diesen Bahnen, deren Blechgleise ganze Flure bedeckten. Mit ihnen ging es jedoch nach dem Ende des Ersten Weltkriegs bergab, als großbürgerliche Wohnverhältnisse selten wurden, die Menschen nach der Inflation weniger Geld für Luxusgüter hatten und wohl nur noch die wenigsten an den Bau einer Eisenbahn in der

heimischen Wohnung dachten.
Die Nenngrößen III und II leben aber nach wie vor. Ein eingeschworener Kreis von Eisenbahnfreunden pflegen die alten Modelle und nutzen sie vor allem als Sammelobjekte. So mancher Kleinserienhersteller wittert hier seine Chance und bietet Fahrzeugmodelle in diesen Nenngrößen an, selbstverständlich mit allen Attributen moderner Eisenbahnmodelle. Alte Eisenbahnen erzielen bei Auktionen beeindruckende Preise. Die alten Blechgleise kann man bisweilen auf Second-hand-Märkten oder im Internet bei Auktionshäusern erwerben. Alles in allem sind die Nenngrößen III und II eher was für Nostalgiker oder gut betuchte Eisenbahnfreunde.

2.1.2 Nenngröße IIm

Die Spurweite IIm (Maßstab 1:22,5) – in den USA auch als Nenngröße G bezeichnet – ist eng mit der Firma »Ernst Paul Lehmann Patentwerk« in Nürnberg verbunden. Das bis 1948 in Brandenburg/Havel ansässige Unternehmen konzentrierte sich in den 1960er-Jahren auf die Entwicklung einer eigenen Systemeisenbahn. Diese sollte einen großen Maßstab besitzen und sowohl drinnen als auch draußen, z.B. im eigenen Garten, betrieben werden können. Deshalb entschied man sich für den Maßstab 1:22,5, also die Nenngröße II, wählte aber ausschließlich Schmalspurbahnen zum Vorbild, sodass der Platzbedarf nicht zu groß wurde, und gelangte auf diese Weise zu der neuen Nenngröße IIm.
Auf der Nürnberger Spielwarenmesse 1968 präsentierte die Firma Lehmann die neuentwickelte Bahn erstmals einem staunenden Publikum. Damit begann ein weltweiter Siegeszug. Heute ist das Angebot an Fahrzeugen und Zubehör kaum noch zu überschauen, denn in den vergangenen Jahrzehnten haben verschiedene Hersteller diese Nenngröße für sich entdeckt.
Die LGB (Lehmann-Groß-Bahn) wird auch als Gartenbahn bezeichnet. Und das ist wörtlich zu nehmen. Die Fahrzeuge und

Aus dem Sortiment der Lehmann-Groß-Bahn, kurz LGB genannt, stammt dieses Modell, dessen Vorbild als 99 5005 von der Deutschen Reichsbahn bei der Harzquerbahn eingesetzt wurde. Hier hat man wirklich etwas Schweres in der Hand.

Gleise sowie Zubehör wie Signale, Oberleitungsmasten nebst Fahrdrähten und Figuren sind tritt- und wetterfest. Sogar im Winter. Das macht dann besonderen Spaß, etwa wenn es frisch geschneit hat. Dann räumt der Gartenbahner mit einer eigens erhältlichen Lok mit großem Schneepflug die Gleise frei.
Ich selbst besitze zwei kleine Loks, mit denen ich im Sommer und bisweilen im Winter unter dem freien Himmel spiele. Dabei verlege ich die Gleise fliegend einfach auf dem Grasboden. Anspruchsvolle LGB-Bahner verlegen dagegen ihre Gleise fest in einem Planum.
Der Vorteil dieser Bahn ist ihre Größe. Hier hat man wirklich etwas in der Hand und der Selbstbau von Modellen ist vergleichsweise wesentlich einfacher.

2.1.3 Nenngrößen I und 0

Die Nenngröße I (Maßstab 1:32), eine der ältesten Maßstäbe bei der Modellbahn, gehört zu den größten heute hergestellten Bahnen. Nachdem sie lange Zeit als ausgestorben galt, belebte sie die Firma Märklin in den 1970er-Jahren wieder. Das schwäbische Traditionsunternehmen ist der einzige so genannte Vollsortimenter für diese Nenngröße: Im Programm finden sich Loks, Wagen, Gleise und weiteres Zubehör wie Gebäudemodelle.
Seitdem Märklin auch die so genannten Maxi-Fahrzeuge für die Nenngröße I anbietet, ist diese Nenngröße wieder erschwinglicher geworden. Diese Fahrzeuge sind zwar weniger detailliert als die »richtigen« 1:32-Modelle, aber dafür auch preiswerter. Über Inserate in Fachzeitschriften und das Internet

Eine Dampflokomotive der BR 01 von Märklin in der Baugröße I im Einsatz. In dieser Baugröße ist eine umfassende Detailfülle bei vorbildähnlichen Betriebseigenschaften möglich. Foto: Märklin

Eine Packung mit Blech-Fahrzeugen und -Gleismaterial in der Baugröße 0 von Märklin aus den 1930er-Jahren. Man beachte die zeittypische Verpackung mit künstlerisch gestaltetem Deckel.

kann man sich über weitere, zumeist Kleinserien-Anbieter für diese Nenngröße informieren.
Diese Nenngröße ist etwas für den Freund der Bahn zum Anfassen. Wer nicht die Schmalspurfahrzeuge von LGB möchte, sondern regelspurige Loks und Wagen bevorzugt, ist mit dieser Nenngröße gut bedient. Da man naturgemäß wegen des Platzes nur wenige Fahrzeuge benötigt, relativieren sich auch die auf den ersten Blick hohen Preise des rollenden Materials.
In den 1920er- und 1930er-Jahren galt die Nenngröße 0 (Maßstab 1:45) als die Spielzeugbahn mit der größten Verbreitung. Auf den nahezu unverwüstlichen Weißblechgleisen drehten bisweilen recht frei ihren Vorbildern nachempfunden Fahrzeuge ihre Runden. Auch mit der 0-Bahn ging es nach dem Zweiten Weltkrieg mangels Nachfrage bergab. Lange Zeit lebte diese Nenngröße im Verborgenen, war ein Tummelplatz für Kleinserienanbieter und Selbstbauer. Nun will aber die Firma Lenz, bekannt für ihr Digitalsystem, diese Nenngröße mit einem Vollsortiment in Großserientechnologie wiederbeleben. Zum Zeitpunkt der Drucklegung dieses Buchs waren aber noch keine Modelle greifbar.
Die bekannte Modellbahnfirma Fleischmann offeriert eine Schmalspurbahn in Nenngröße 0e, die auf dem hauseigenen H0-Gleis verkehrt. Denn hier gibt es eine Übereinstimmung: Die Nenngrößen H0 und 0e haben nämlich mit 16,5 mm dieselbe Spurweite. Auch wenn die Modelle in erster Linie für Kinder gedacht sind, stellen sie eine interessante Alternative für so manchen gestandenen Modellbahner dar, der einmal etwas anderes machen will. Mit einer Reihe von Zurüstsätzen von Kleinserienanbietern kann man die Modelle äußerlich verfeinern, sodass sie auch gehobenen Ansprüchen genügen. Keinen Anlass zur Klage geben die Antriebe.

2.1.4 Nenngröße H0

Die Nenngröße H0 (Maßstab 1:87) bedeutet »halbe Größe 0« und stellt heute die international am weitesten verbreitete Modellbahn dar. Allerdings dauerte es eine Weile, bis sich aus verschiedenen Bezeichnungen wie 00 oder 000 die Bezeichnung H0 durchsetzte.
Vor gut 70 Jahren begann der Siegeszug der Nenngröße H0. In Deutschland ist der Aufstieg der zunächst noch Nenngröße 00 genannten Tischbahn eng mit den Spielzeugherstellern Märklin und Trix verknüpft. Sie schufen die Voraussetzungen für die weite Verbreitung dieser Eisenbahn durch eine gut durchdachte Entwicklung ihrer Spielbahnen.

Die heutigen H0-Modelle gleichen ihren Vorbildern mehr als ihre eher freien Interpretationen ähnelnden Urväter aus den 1930er-Jahren. Foto: Frickel

Doch schon lange Zeit bevor Märklin und Trix Systembahnen konzipierten, waren Tischbahnen mit einer Spurweite von ungefähr 16 mm bekannt. Der Vorzug dieser Bahnen war es, dass buchstäblich auf dem Wohnzimmertisch eine ansehnliche Anlage aufgebaut werden konnte, die schon einiges an Fahrmöglichkeiten bot.
Bereits im Jahre 1923 stellte das Nürnberger Unternehmen Gebrüder Bing – um 1900 der größte Spielwarenhersteller der Welt – eine solche Tischbahn her. Diese Bahn war vom damals berühmten britischen Modellbahn-Pionier W. C. Bassett-Lowke angeregt worden. Bings Bahn war zunächst englischen Vorbildern nachempfunden und wurde in Großserie produziert. Freilich waren diese Fahrzeuge sehr einfach gehalten, was einen günstigen Preis ermöglichte.
Die Wirtschaftskrise Ende der 1920er-, Anfang der 1930er-Jahre führte zum Konkurs der Firma Bing. Die Werkzeuge und alle anderen Produktionsmittel übernahm der Nürnberger Konkurrent Karl Bub und brachte das Fahrzeugmaterial, ergänzt um weitere Modelle, unter dem eigenen Namen wieder auf den Markt. Doch diese Fahrzeuge fanden kein allzu großes Interesse und 1939 wurde die Produktion eingestellt.

Trix beginnt

Der Entwicklungsweg der eigentlichen H0-Bahn war ungleich verschlungener. Im Jahre 1929 war einer der Brüder Bing, Ronald, aus dem gemeinschaftlichen Unternehmen ausgestiegen. Er, offenbar ein modellbahnerischer Visionär, begann um 1932 mit der Entwicklung einer neuartigen Tischbahn, die mit den damals verbreiteten Tischbahnen technisch wie optisch kaum zu vergleichen war. Ronald Bing beschritt neue Wege.
Bereits 1929 hatte er eine Spielwarenfabrik erworben, die zuvor unter dem Namen Andreas Föstner & J. Haffners Nachfahren firmierte. Anders als die auf die hauptsächliche Verwendung von Blech setzenden Konkurrenten verwendete Ronald Bing Zinkdruckguss und das als Bakelit bekannten Pressmaterial. Diese Werkstoffe ermöglichten bessere Produkteigenschaften, die dem Siegeszug der Tischbahn Vorschub leisteten. Bing nannte sein Unternehmen »Trix Vereinigte Spielwarenfabriken«, die Tischbahn vertrieb die Firma unter dem Produktnamen »Trix Express«.
Die fortschrittlichste Eigenschaft dieser Bahn war das Dreischienen-Dreileitergleis. Auf einem schwarz gefärbten Bakelit-Gleisbett wurden insgesamt drei gegeneinander isolierte Schienen aufgebracht. Über die beiden Außenschienen wurde die Fahrspannung zugeführt, über die Mittelschiene floss der Strom zurück. Es war damit möglich, zwei Züge unabhängig voneinander auf ein und demselben Gleis zu betreiben. Die beiden gegeneinander isolierten Außenschienen konnten mit unterschiedlicher Polarität gespeist werden, da ja die mittlere Schiene als gemeinsamer Rückleiter diente.

Trix hatte Fahrgestelle und Aufbauten der Triebfahrzeuge erstmals in Zinkgusstechnik ausgeführt. Lediglich die Waggons waren aus konventionellem Blech hergestellt worden, das aber fein bedruckt und lackiert war und so eine gewisse Tiefenwirkung erreichen konnte. Eine Trix-Bahn fuhr damals mit Wechselstrom, der auf ein ungefährliches Maß heruntertransformiert worden war. In den Lokomotiven saß ein Schaltelement, das die Fahrtrichtungsänderung vornahm. Das geschah durch einfache Stromunterbrechung.

Schwäbische Konkurrenz

Die Traditionsfirma Märklin (gegründet 1859) im württembergischen Göppingen hatte bereits viel Erfahrung mit verkleinerten Eisenbahnen gesammelt und wegen seiner hervorragenden Fertigungsqualität einen guten Ruf, etwa mit den bereits damals legendären Nenngrößen 0 oder I, gewonnen. An einer Miniaturbahn der Nenngröße 00 hatte Märklin bereits gearbeitet, doch blieben die Forschungen in Ansätzen stecken. Wahrscheinlich rechnete man sich in den 1920er-Jahren noch keinen Markt für ein solches Produkt aus. Um 1934 begann man dann mit der Wiederaufnahme der Entwicklungsarbeiten für eine elektrische Tischbahn der Nenngröße 00, wie das damals hieß.

Wie in den 1930er-Jahren so fasziniert die prinzipiell auf einem Tisch aufbaubare Modellbahn auch heute noch durch die spielerische Umsetzung der Erfahrung von Vorbild und Alltag. Die Eisenbahn in der Stadt, wie auf diesem Foto zu sehen, kennt wohl jeder. Foto: Frickel

Das Besondere an der Entwicklung Märklins war die Solidität der neuen Tischbahn, die ganz in der für das württembergische Familienunternehmen erfahrungsreichen Tradition der Eisenbahnen der Nenngröße 0 und I vollzogen wurde. Märklin hatte zunächst ein Zweischienen-Zweileitergleis favorisiert. Das Serienprodukt besaß dann aber zwei Vollprofil-Außenschienen auf einer bedruckten Blechbettung sowie ein Mittelleitergleis. Die Fahrgestelle der Märklin-Maschinen waren ebenfalls aus Zinkdruckguss, die Aufbauten bestanden zunächst jedoch noch aus geprägtem und lackiertem Blech.

Auch die Märklin-Tischbahn fuhr mit Niederspannungs-Wechselstrom, zur Fahrtrichtungsänderung bediente der »Herr Operateur« einen Handschalter am Gehäuse seiner Lok. Im Gegensatz zu Trix besaßen die Märklin-Lokomotiven eine Stirnbeleuchtung, wenngleich diese sich auf je ein Lämpchen vor und hinten beschränkte. Auch die Waggons waren wie die Trix'schen Produkte aus Blech gefertigt, bedruckt und geprägt.

Trix und Märklin hatten die Vorstellung ihrer Produkte für das Jahr 1935 vorgesehen. Beide Anbieter hatten nicht nur Fahrzeuge und Gleise, sondern auch ein großes Sortiment an Zubehör im Programm, z.B. einen Trafo, Prellböcke, Schaltelemente. Diese Bahnen waren noch als reine Spielzeugeisenbahnen gedacht und gebaut worden. Solche Produkte sollten dem rauen Alltag im Umgang mit Kindern gewachsen sein. Das grundsätzlich Neuartige an diesen beiden Bahnen war neben ihrem Maßstab die Verwendung von Zinkdruckguss.

Nach dem Ende des Zweiten Weltkriegs begannen auch andere Hersteller mit der Produktion von H0-Modellen: 1952 starteten die Gebrüder Fleischmann in Nürnberg. Erst 1974 stieß aus Österreich die Firma Roco mit Produkten für den deutschen Markt hinzu.

2.1.5 Maßstab und Maßstäblichkeit

Die ersten H0-Fahrzeuge waren ihren Vorbildern noch sehr frei nachempfunden. Vor allem mit der Maßstäblichkeit haperte es, denn jedes Unternehmen wählte bei dem Start seines jeweiligen H0-Programms einen eigenen Maßstab: Fleischmann baute zunächst im Maßstab 1:82, Trix in 1:90 und Märklin lange Jahre in 1:85. Der international genormte Maßstab 1:87 setzte sich erst allmählich durch. In den 1970er-Jahren wurden exakt maßstäblich Modelle von den Redakteuren der Fachzeitschriften noch regelrecht gefeiert. Heute kommen neu erscheinende Modelle so maßstäblich wie möglich auf den Markt. Ganz exakt in 1:87 können Eisenbahnmodelle nicht hergestellt werden, denn sie sollen ja auch für den harten Spielbetrieb taugen. Dadurch fallen manche Details eben größer aus, als sie es von der Maßstäblichkeit her sein dürften. So mancher Hobbykollege, der seinen Fachhändler mit der Schieblehre besucht und die Modelle nachmisst, verliert diesen Gesichtspunkt leicht aus den Augen. Zudem sind bei manchen Vorbildern bestimmte Maße bzw. Farben recht umstritten und man verlangt von den Herstellern zuviel, wenn man ein kompromisslos maßstäbliches und in jeder Hinsicht perfektes Modell erwartet. Denn bezahlbar soll es ja auch noch sein.

Trefflich lässt sich in dieser Hinsicht z.B. über die Länge von Schnellzugwagen streiten. Ein im Vorbild 26,4 m langer Wagen müsste in der Nenngröße H0 30,3 cm lang sein. Doch auf vielen Modelbahnanlagen sind solche Waggons nicht einsetzbar. Sie blieben im Tunnel hängen oder ihr Überhang in den zu engen Kurvenradien wäre viel

H0-Schnellzugwagen werden in verschiedenen Längen angeboten, um auch platzbeschränkten Modellbahnern mit engen Anlagenradien den Spaß mit den »langen Kerls« zu ermöglichen. Anhänger der Baugröße N (Maßstab 1:160) haben diese Entscheidungsprobleme nicht. Im Bild die modernen IC-Waggons von Fleischmann.
Foto: Fleischmann

zu groß. Doch wer gleich von Anfang an großzügig geplant hat, bei dem mögen exakt 1:87 lange Wagen gut aussehen. In Nenngröße H0 sind daher derzeit vier Längenvarianten auf dem Markt: 30,3 cm lange Wagen (z.B. Roco) im Maßstab1:87, 28,2 cm messende Schnellzugwagen von Fleischmann im Maßstab 1:93,5, 26,4 cm lange Wagen (Fleischmann, Märklin, Roco) im Maßstab 1:100 und die älteren Märklin-Blechwaggons mit 24 cm Länge (Maßstab 1:110). Längere Wagen benötigen große Radien nicht nur aus technischen Gründen, sondern auch wegen der Optik: In engen Kurven wirkt ein solches Fahrzeug nicht so recht. In den kleineren Maßstäben stellen sich diese Probleme wegen der geringeren Größe nicht, hier werden von der Länge her maßstäbliche Schnellzugwagen angeboten. Güterwagen werfen hingegen diese Probleme nur selten auf, ihre Länge stellt in den unterschiedlichen Maßstäben meist keine Schwierigkeit dar.

Es ist bisweilen überraschend, was heutzutage an Detaillierung und Maßstäblichkeit möglich ist. Ein Gleisstopffahrzeug in dieser feinen Ausführung war vor gut 30 Jahren noch ein Wunschtraum.
Foto: Frickel

2.1.6 Warum H0?

Das Angebot an H0-Modellen ist mittlerweile fast unüberschaubar. Weltweit gibt es mehrere hundert Anbieter, die Modelle und Zubehör für diese Nenngröße herstellen. Warum setzte sich die Nenngröße H0 durch, warum ist sie heute die beliebteste Nenngröße? Die Fahrzeuge besitzen meist genügend Gewicht, um die Illusion des Vorbilds zu erzeugen. Zugleich gestatten sie eine ansprechende Detaillierung, die auch

ohne Lupe zu erkennen ist. Mit einer solchen Bahn ist es auch bei beschränkten Platzverhältnissen möglich, eine Anlage aufzubauen, die einen abwechslungsreichen Betrieb gewährleistet.
Außerdem ist die Auswahl an Fahrzeugen in dieser Nenngröße am größten, die Konkurrenz der zahlreichen Anbieter sorgt für einen gesunden Fluss am Markt und die Preise bleiben zumeist in nachvollziehbaren Grenzen. Gleichwohl besitzt diese Nenngröße auch Nachteile, die ich nicht verschweigen will. Zum einen gibt es im Wesentlichen zwei konkurrierende Antriebssysteme (Zweileiter-Gleichstrom und Mittelleiter-Wechselstrom), die wegen unterschiedlicher Radsätze und Betriebssysteme keinen einfachen Fahrzeugaustausch gestatten. Und es gibt keinen einheitlichen Kupplungstyp, sodass sich jeder Modellbahner für einen Kupplungstyp entscheiden muss, den er auf seiner Anlage verwenden möchte (vgl. Seite 34 ff.).

2.1.7 Der Radsatztausch

Märklin-Wagen sind für den Einsatz auf den Märklin-Gleisen unter Wechselstrombetrieb gebaut. Hierbei sind die beiden Schienenstränge nicht gegeneinander isoliert. Da sie nicht isolierte Achsen besitzen, verursachen sie auf Gleichstrombahnen, auf denen die Schienenstränge gegeneinander isoliert sein müssen, einen Kurzschluss. Sie müssen daher für den Einsatz auf einer solchen Bahn umgetauscht werden. Am einfachsten ist das beim Kauf eines neuen Waggons, weil der Fachhändler dann den Radsatz kostenlos umtauscht. Beim nachträglichen Umrüsten wird man wohl nicht umhin kommen, die Radsätze zu kaufen. Für Gleichstrombahnen gebaute Waggons besitzen gegeneinander isolierte Radsätze, wären aber auch ohne diese auf Wechselstromgleisen einsetzbar. Rein technisch ist das also möglich.

Roco-Waggons auf Märklin-Gleisen: Das geht nur nach einem Radsatztausch, der bei Neuerwerb eines Wagens kostenlos vom Fachhändler vorgenommen wird.

Aber da die Radsatzmaße von Gleichstromwaggons im Vergleich zu Märklin-Rädern differieren, kann ein solcher Wagen auf Märklinweichen entgleisen. Beim Neuerwerb eines Gleichstromwaggons tauscht der Fachhändler die Radsätze für das Märklinsystem um, nachträglich umgetauschte Radsätze dürften wohl auch wieder bezahlt werden müssen.
Auch das Trix-Express-System besitzt eigene Radsätze, doch ist dieses System heute kaum noch auf dem Markt präsent, sondern eher etwas für Sammler. Zwar bietet Trix alljährlich ein paar Fahrzeuge für die Express-Bahner an, doch Gleise stellt das Unternehmen nicht mehr her, sie sind bestenfalls noch auf Börsen oder bei Internetauktionshäusern zu kaufen. Dennoch müsste ein gut sortierter Fachhändler Waggons für den Einsatz auf Trix-Express-Gleisen umrüsten können. Dazu kommt aber auch noch ein Kupplungstausch, denn die Trix-Express-Kupplung ist nicht kompatibel. Dieses gilt auch für das Kupplungssystem, das die Firma Fleischmann für ihre H0-Modelle entwickelte.
Bei den Lokomotiven aller Hersteller ist ein Radsatztausch nicht so einfach zu machen. Denn zum allfälligen Radwechsel muss ja auch das Betriebssystem (Gleich- oder Wechselstrom) berücksichtigt werden. Der aufwändige Umbau wird von spezialisierten Fachhändlern oder Modellbaufirmen ausgeführt. Allerdings bieten die Großserienhersteller von Gleichstrommodellen zahlreiche Fahrzeuge für das Wechselstromsystem an, die von Grund auf für den Einsatz auf Märklin-Gleisen konstruiert und ausgerüstet sind.

2.2 Nenngröße TT

Der US-Amerikaner Harold L. Joyce hatte in den 1940er-Jahren die Idee, eine Modellbahn zu entwickeln, die gegenüber der Nenngröße H0 um ein Drittel kleiner sein sollte. Die Spurweite betrugt 12 mm, die Nenngröße nannte er TT (für table-top, das bedeutet in Deutsch soviel wie Tischplatte). 1946 kam die neue Modellbahn zunächst in den USA auf den Markt. Noch im selben Jahr begann in Deutschland Eugen Engelhardt am Niederrhein mit der Konstruktion einer TT-Bahn. Der Grund hierfür leuchtet ein: Die beengten Wohnverhältnisse im Nachkriegsdeutschland waren für Großanlagen in den Nenngrößen H0 und größer denkbar ungeeignet. Mit seinen ersten Musterfahrzeugen suchte er nach einem Vertriebspartner, den er in Robert Kahrmann und seiner Gussarmaturenfabrik im rheinländischen Lobberich auch fand. Mit den Initialen seines Partners (Robert Kahrmann Lobberich) kam die TT-Bahn bereits mit der Währungsreform 1949 in die Schaufenster. Bis 1970 konnte sich Rokal auf dem Markt halten, ehe das Aus kam.
Die Formen und Werkzeuge des in Konkurs gegangenen Unternehmens übernahm die Firma Röwa, die jedoch 1975 ebenfalls in Konkurs ging, noch ehe die ersten Modelle auf den Markt kommen konnten. Die Werkzeuge wurden nun von Roco übernommen, doch bis auf ein paar Modelle im Jahre 2000/2001 produzierte das Unternehmen keine weiteren TT-Fahrzeuge.
Im Osten Deutschlands befasste sich die Firma Zeuke & Wegwerth mit der Herstellung einer TT-Bahn und stellte dies 1957 der Öffentlichkeit vor. Bis 1945 war dieses Unternehmen im Bereich einer Modellbahn der Nenngröße 0 aktiv gewesen. Die Bahn wurde in der damaligen DDR und weiteren Staaten Osteuropas ein großer Erfolg, das Programm ständig ausgebaut und ergänzt. Mit der Zwangsverstaatlichung in den 1970er-Jahren wurde das Unternehmen in Berliner-TT-Bahnen umbenannt. Nach der

Eine Szene auf einer modernen TT-Anlage mit Fahrzeugen aus den Sortimenten von Brawa und Tillig.
Foto: Frickel

Wende 1989 kam nach finanziellen Problemen nach kurzer Zeit das Ende für die traditionsreiche Firma. 1993 übernahm Hans-Jürgen Tillig Teile aus der Konkursmasse der »BTTB-Zeuke GmbH«.
Zwar wurde die Produktion nach Sebnitz in Sachsen verlagert, aber durch die Übernahmen wurde diese Nenngröße gerettet, ihr Weiterleben gesichert. Inzwischen bietet Tillig ein umfangreiches Sortiment an Lokomotiven und Wagen nebst zwei Gleissystemen, einer Gleisbettung namens Styrostone für das Gleis ohne Bettung sowie weiteres Zubehör an.

2.3 Nenngröße N

Die Nenngröße N (Maßstab 1:160) wurde von der damaligen Firma Arnold 1960 auf der Nürnberger Spielwarenmesse der Öffentlichkeit vorgestellt. Die Maße dieser Modellbahn wurden bald zur internationalen Norm für diese Nenngröße gewählt. Die Bezeichnung N leitet sich von der Spurweite her, denn sie beträgt neun Millimeter und die Übersetzung der Zahl neun beginnt auch in vielen anderen Sprachen mit dem Buchstaben »N«. Wer

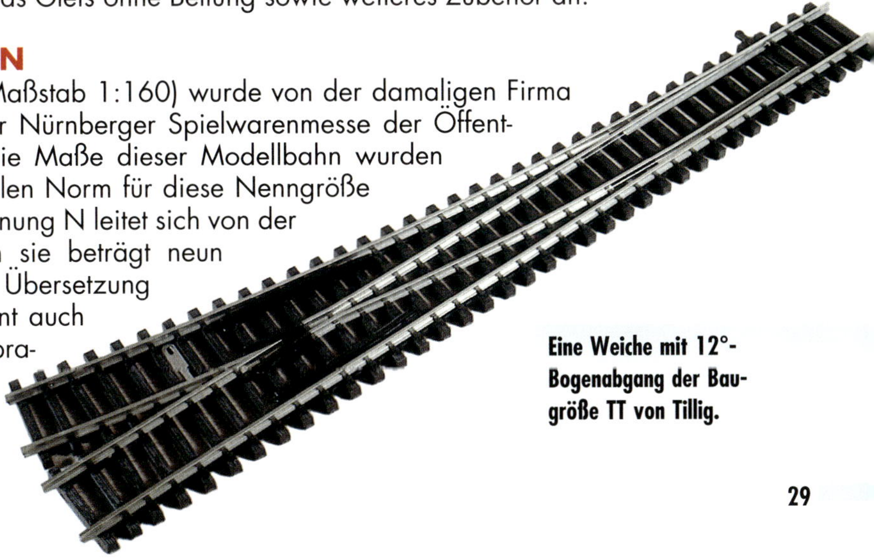

Eine Weiche mit 12°-Bogenabgang der Baugröße TT von Tillig.

Bahnhofsszene der Baugröße N auf der Anlage Schure. Dieses Foto belegt, dass in diesem Maßstab überzeugende Bahnhofsanlagen vor imposanter Stadtkulisse selbst bei beschränkten Platzverhältnissen möglich sind.

eine N-Bahn kauft, hat eine international genormte Modellbahn. Da die Kupplung, die Radsätze sowie das Betriebssystem (Gleichstrom) ebenfalls genormt sind, ist der freizügige Austausch des rollenden Materials gewährleistet.
Die N-Bahn hat den Vorzug selbst bei beschränkten Platzverhältnissen ein großzügig zu nennendes Gleisbild aufbauen zu können. Zudem gesellen sich die im Vergleich zur Nenngröße H0 besseren Möglichkeiten einer von der Ausdehnung her vorbildgerechten Landschaftsgestaltung. Der Begriff Eisenbahn in der Landschaft erhält bei N eine ganz neue Bedeutung. In N baut, wem bei nur wenig Platz eine großzügige Landschaftsgestaltung und umfassender Fahrbetrieb vorschwebt.
Da die Fahrzeuge etwas kleiner und damit leichter als in Nenngröße H0 sind, sind sie etwas staubempfindlicher, umfassende Pflege ist hier besonders wichtig. Besonders kurze und leichte Fahrzeuge können auf Kunststoffherzstücken Kummer machen. Wie man das Fahrverhalten solcher N-Modelle verbessern kann, steht im Kapitel 6 unter Fahrcharakteristik und ihre Verbesserung.
Seit 1969 produziert die Firma Fleischmann eine eigene N-Bahn unter dem Namen »Fleischmann piccolo« mit einem Vollsortiment, das auch ein eigenes Gleissystem mit fest angespritztem Schotterbett bietet. Zu den etablierten gehört auch das Unternehmen Trix, das unter dem Namen »Minitrix« ein umfassendes Vollsortiment mit Loks, Waggons, Gleisen sowie weiterem Zubehör im Programm hat. Hinzu gesellt sich noch Roco. Die »Erfinderin« der Nenngröße N, die Firma Arnold, existiert mittlerweile leider nicht mehr.

Auf einer Anlage der Baugröße Z Ist sehr viel Betrieb auf kleinstem Raum zu machen. Die Tiefenwirkung einer solchen Anlage ist immer wieder überraschend. Foto: Märklin

2.4 Nenngröße Z

Die knapp 30 Jahre alte Modellbahn der Nenngröße Z aus dem Hause Märklin gilt mit ihrem Maßstab von 1:220 nach wie vor als kleinste Systemeisenbahn der Welt, die der Hersteller mittlerweile durch den Einbau von Fünfpolmotoren in die Triebfahrzeuge aufgewertet hat. Das Erscheinen der Z-Bahn war damals die Sensation auf der Nürnberger Spielwarenmesse. Theoretisch sind die tollsten Großanlagen auf kleinstem Raum möglich. Gleichwohl macht die Detaillierung einer Maschine im Maßstab 1:220 unendlich viel mehr Mühe als in 1:87, sodass noch einige Kompromisse, vor allem bei der Steuerung von Dampfloks, nötig sind. Ihr Vorzug ist der absolut geringe Platzbedarf. Wer vorgibt, keinen Platz für eine Modellbahn zu haben, kommt an der Z-Bahn nicht vorbei. Allerdings ist bei ihr penible Gleispflege unabdingbar, wenn man in den Genuss des Fahrvergnügens kommen will.

Bemo bietet ein großes Programm nach Vorbildern der Rhätischen Bahn (RhB) an. Im Bild die »Aprilscherzlok« Ge 4/4 II vor modernen Aussichtswagen. Durch die vorbildgerecht engen Radien benötigt eine solche Bahn wenig Platz. Foto: Alkofer

2.5 Die Schmalspurbahn

Die Vorteile einer Schmalspurbahn im Modell liegen auf der Hand: Die Radien sind eng, die Züge vergleichsweise kurz, die Vorbildbahnhöfe in der Regel ebenfalls klein und daher mit relativ geringem Aufwand nachzubauen. Schmalspurbahnen gibt es z.B. in den Nenngrößen H0 (H0m und H0e), TT (TTm/f) und N (Nm). Ein größeres Angebot gibt es aber nur für H0m und H0e. Wer sich dagegen eine Schmalspurbahnanlage in den Nenngrößen TTm/f – »m« steht für Meterspur (Spurweite 9 mm) und »f« für Feldbahn (Spurweite 6 m) – oder Nm (Spurweite 6 mm) zulegen möchte, der ist meist auf den Selbstbau und das geringe Angebot einiger Kleinserienhersteller angewiesen.

2.6 Modellbahnen in der DDR

Im Gegensatz zum Westen Deutschlands mit seinen traditionsreichen Modellbahnunternehmen wie Trix oder Märklin gab es nach dem Zweiten Weltkrieg im Osten zunächst keine ver-

Auch die bunten Fahrzeuge der Montreux-Berner-Oberlandbahn (MOB) finden sich bei Bemo. Die originalgetreue Oberleitung stammt übrigens von Sommerfeldt.
Foto: Alkofer

gleichbare Modellbahnindustrie. Zu den Vorkriegsfirmen, die an ihre alte Modellbautradition anknüpfen konnten, gehörten Zeuke und Liebmann/Stadtilm, die Bahnen der Nenngröße 0 herstellten. Die Rohstoffknappheit führte bei diesen Unternehmen nach und nach zum Ersatz der Blech- und Gussmaterialien durch Kunststoffe oder so genannte Pressmassen wie Bakelit.
Im Jahre 1947 begann die Firma Ehlke in Dresden mit der Herstellung von H0-Schienenmaterial, Wagenbausätzen und –fertigmodellen. Nur kurze Zeit später bauten Herr (Berlin) und Dietzel (Leipzig) Waggons dieser Nenngröße. Genannt werden müssen auch Gebert (Altlandsberg) mit Länderbahnwagen, Dahmer (Bernburg) mit Güterwagen in Metallfertigung und Fahrbach (Leipzig), bekannt durch die bereits damals sehr fein detaillierten Signale.
Zu den bekannteren Unternehmen zählte auch Hruska in Glashütte. Eine Firma, die neben Gleismaterial auf Bakelitschwellen auch Loks und Wagen herstellte. Schicht in Dresden gehörte zu den ersten Produzenten von Schnellzugwagen im Längenmaßstab 1:100. Dieses Unternehmen erwarb sich mit seinen zahlreichen Waggonbauarten wie den Doppelstockwagen oder den Langenschwalbachern rasch auch im Westteil Deutschlands einen guten Ruf. Unter den Zubehörherstellern machten Pilz (Sebnitz) mit einem gut durchdachten Gleissystem, Swart (Plauen) mit bemerkenswert feinen Hochspannungsmasten sowie Auhagen (Marienberg) mit Gebäudebausätzen auf sich aufmerksam. Gützold in Zwickau stellte ab 1948 zunächst nur Triebfahrzeuge her, ab 1950 wurde ein Familienbetrieb aufgebaut und Kunststoff als Material für die modellgerechte Produktion ersetzte die allerersten Holzfahrzeuge. Bis 1955 stellte Gützold Wechselstromlokomotiven her, danach bis zum Ende der DDR nur noch Gleichstromfahrzeuge.
Im Jahre 1949 begann der staatlich unterstützte Aufbau einer DDR-Modellbahnindustrie, die zunächst in Chemnitz ihren Sitz hatte. Die PICO-Express genannten Produkte firmierten später unter PIKO, Abkürzung für »Pionierkonstruktion«. 1951 zog das Staatsunternehmen nach Oberlind, einem Vorort von Sonneberg, um. Ab 1955 stellte auch PIKO bis zum Ende der DDR nur noch Gleichstromfabrikate her. Unter dem Dach von PIKO produzierten dann viele der oben genannten Hersteller nach der staatlich angeordneten Enteignung Ende der 1960er-, Anfang der 1970er-Jahre ihre Modellbahnartikel her bzw. vertrieben sie unter der Bezeichnung PIKO.

2.7 Die elektrischen Systeme

Noch 1970er-Jahren existierten in der Nenngröße H0 drei Betriebssysteme: Märklin fuhr mit Wechselstrom, Fleischmann, Roco sowie Piko mit Gleichstrom und Trix-Express setzte auf sein ebenfalls mit Gleichstrom betriebenes Dreileitersystem. Ein freizügiger Austausch der Triebfahrzeuge war daher nicht möglich.
Das Trix-Express-System ist heute, wie bereits erwähnt, nahezu vom Markt verschwunden und wird nur noch von der verschworenen Gemeinschaft der Trix-Express-Bahner. Das optisch allein dem Vorbild entsprechende Zweileiter-Gleichstrom-System hat weite Teile des Marktes erobert. Offenbar sorgte seine Optik bei vorbildorientierten Modellbahnern für den Erfolg. Lokomotiven dieses Betriebssystems besitzen keine Schleifer am Fahrzeugboden oder an den Seiten. Sie nehmen den Gleichstrom an der einen Seite über die Räder auf und führen ihn an der anderen Seite über die Räder wieder zurück. Die Fahrtrichtungsänderung geschieht durch Umpolen am Transformator. Weil

Die Märklin-Mittelleitergleise besitzen Punktkontakte zur Übertragung des Fahrstroms auf das Fahrzeug.

das Zweileiter-Gleichstrom-System fast überall erhältlich ist und die meisten Anhänger besitzt, sind die technischen Hinweise in diesem Buch vor allem auf dieses Betriebssystem bezogen.

Beim Zweileiter-Wechselstromsystem von Märklin, das ebenfalls noch immer außerordentlich stark am Markt vertreten ist, wird den Loks die Fahrspannung über einen Mittelschleifer in der Mitte des Fahrzeugbodens zugeführt. Über die beiden Radseiten und Schienen wird der Wechselstrom wieder zurückgeführt. In älteren Lokomotiven von Märklin bewirkte die Fahrtrichtungsänderung ein so genannter Überstromimpuls von 24 V, der durch laut und vernehmliches »Täähp!« den Fahrtrichtungswechsel ankündigte. Die modernen Konstruktionen der Göppinger besitzen hierfür jedoch keine lautes Relais mehr, sondern geräuschlos arbeitende Elektronikbausteine. Ein Vorzug des Wechselstromsystems ist seine geringe Verschmutzungsanfälligkeit, denn die Stromaufnahme über den über die Punktkontakte gleitenden Schleifer ist eine sehr sichere Angelegenheit.

2.8 Die Kupplung

Vor noch gar nicht einmal so langer Zeit baute in der Nenngröße H0 fast jeder Hersteller seine eigene Kupplung. Es gab eine

Die Normkupplungsaufnahme unter einem H0-Waggon, links ohne, rechts mit eingesteckten Kupplungskopf.

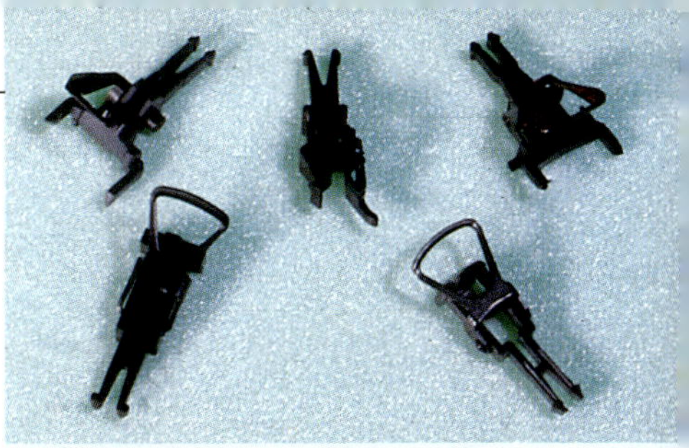

Eine Auswahl der gängigsten Kupplungen in H0. Links oben die Roco-, dann die Fleischmann- und die Märklin-Kurzkupplung. Darunter Bügelkupplungen von Trix und Roco.

Vielfalt verschiedener Bügel-, Klauen- und Sonstwie-Kupplungen. Dazu gesellten sich verschiedene Formen der Kurzkupplungen, die ein besonders vorbildgetreues Puffer-an-Puffer-Fahren gestatteten. Doch wer die verschiedenen Fahrzeugfabrikate untereinander kombinieren wollte, stand vor dem Problem, sich für eine Kupplungsart zu entscheiden.
Bisweilen ist in Zeitschriftenartikeln zu lesen, dass die H0-Originalkupplung alle Kupplungsprobleme löse. Gemeint ist dabei eine Kupplung, die in der Tat dem Vorbild entspricht und die Waggons untereinander bzw. die Waggons mit der Lok mittels Zughaken und Schraubenkupplung verbindet. Was in den Nenngrößen ab 0 noch angehen mag, die Nenngrößen TT, N und Z scheiden in diesem Zusammenhang aus. Allerdings sollte jeder Modellbahner vor dem Einbau bedenken, dass solche Kupplungen in der Praxis sehr viel Fingerspitzengefühl benötigen.
Seit einigen Jahren werden die Waggons und Lokomotiven der H0-Gleichstrombahnen, aber immer mehr auch der H0-Wechselstrombahnen mit einer so genannten Normkupplungsaufnahme nach NEM ausgerüstet, auch Normschacht genannt. Diese Kupplungsaufnahme stellt einen wichtigen Schritt in Richtung einer quer durch alle Anbieter verwendbare Kupplung dar. In diese Kupplungsaufnahme lassen sich alle Kupplungssysteme mittels einer Rastverbindung einsetzen, sofern sie eine schwalbenschwanzförmige Nase besitzen. Auf diese Weise kann jeder Modellbahner die Kupplungen einfach austauschen und sein favorisiertes System einsetzen.

Praxistipp Nachträglicher Einbau von Kurzkupplungskulissen

Für ältere Fahrzeugmodelle ohne Normaufnahme bieten z.B. Fleischmann, Roco oder Symoba Kurzkupplungskulissen zum nachträglichen Selbsteinbau an. Nachdem man sich über den zur Verfügung stehenden Platz am Wagenboden im Klaren ist, wählt man die passende unter den angebotenen Kulissen aus. Zuerst wird die alte Kupplung mitsamt ihrer Aufnahme entfernt. Man kann dabei ein Bastelmesser einsetzen und mit schabenden Bewegungen die Grate der alten Kupplungsaufnahme entfernen. Besser geht es natürlich mit einer Minibohrmaschine und Fräsaufsatz. Nach genauer Versäuberung der bearbeiteten Stelle klebt man die neuen Kurzkupplungskulissen mit Zweikomponentenkleber ein.

Ein älterer Roco-Güterwagen mit nachträglich eingebauter Kurzkupplungskinematik. Vor dem Waggon liegt diese Kinematik so, wie sie aus der Packung kommt.

Praxistipp Fahren mit verschiedenen Bügelkupplungen

Ich fahre übrigens mit ganz ordinären Bügelkupplungen, wie sie die meisten Waggons besitzen, wenn sie aus der Schachtel kommen. Sie sind kompatibel zur Roco-Bügel-Kurzkupplung und zur Kurzkupplung von Märklin/Trix. Da ich meine Züge ohnehin mit einem Handregler steuere und jederzeit in der Nähe des Zuges bin, entkupple ich meine Waggons untereinander mit einer Pinzette. Entkupplungsgleise besitze ich keine, da sie nur an bestimmten Orten ein Trennen der Waggons erlauben.
Bevor ich ganz entspannt den Rangierspaß mit verschiedenen Bügelkupplungen genießen konnte, veränderte ich die Kupplungen noch ein bisschen. Zunächst einmal habe ich die Kupplungshöhe im Normschacht überprüft, da hier bisweilen Abweichungen auftreten, sodass die Kupplungen nicht kuppeln. In der Regel genügt es, einen Papierstreifen auf der Unterseite des Kupplungskopfes mit in den Normschacht einzuschieben, wenn die Kupplung zu tief sitzt. Hängt die Kupplung zu hoch, so legt man einen Papierstreifen an der Oberseite des Kupplungskopfes und schiebt beides vorsichtig in den Normschacht.
Ältere Roco-Bügelkupplungen besitzen einen Kunststoffstreifen an der Unterseite des Kopfes. Er soll eigentlich verhindern, dass der Bügel zu weit hochgehoben werden kann und damit eventuell beim nächsten Kuppelvorgang offen bleibt. In der Praxis hat es sich jedoch gezeigt, dass diese Kupplung bisweilen schwer einkuppelt, da der Bügel nur bis zu einer gewissen Höhe anhebbar ist. Daher wird der betreffende Kunststoffstreifen mittels Bastelmesser abgetrennt. Übrigens: Die neueren Roco-Bügelkupplungen besitzen keinen angespritzen Kunststoffstreifen mehr und brauchen an dieser Stelle nicht mehr nachgearbeitet zu werden.
Wenn man schon das Messerchen gezückt hat, sollte auch gleich noch die Prallfläche des Kupplungskopfes eben geschabt werden. Dort befindet sich nämlich ein vom Spritzen herrührender, mal mehr mal weniger ausgeprägter Grat, an dem der hochgleitenden Bügel beim Einkuppeln hängen bleiben kann. Feines Schmirgelpapier, in Bewegungsrichtung des Bügels geführt, leistet hier gute Dienste. Wer viel in Bögen kuppelt, feilt den Haken der Bügelkupplung etwas schmäler. Abschließend biegt man die vordere Kante des Bügels leicht nach oben, damit der Bügel noch leichter an der Prallfläche hochgleiten kann. Am besten ist es, sich für ein Kupplungs-Fabrikat zu entscheiden.
Lediglich Schnellzugwagenverbände, die nicht getrennt werden müssen, besitzen bei mir Kurzkupplungen von Fleischmann. An jedem Ende einer solchen Garnitur stecken wieder Bügelkupplungen, sodass die Zug- bzw. Rangierlok an die Wagen angekuppelt werden kann.

2.8.1 Die Kurzkupplung

Seit einigen Jahren haben sich verschiedene Kurzkupplungen durchgesetzt. Sie gestatten bei Waggons und Loks mit entsprechender Kulissenführung der Kupplungsaufnahme ein echtes Puffer-an-Puffer-Fahren. Durch die unabdingbare Kulissenführung der Aufnahme erhält die Kupplung nämlich den notwendigen Spielraum in Kurven und kann sich nicht mit den Puffern verhaken. Derzeit hat fast jeder Großserienanbieter sein eigens Kurzkupplungssystem. Die Vorzüge der Bügel-Kurzkupplungen von Roco und Märklin sind ihre prinzipielle Verbindungsmöglichkeit mit konventionellen Bügelkupplungen anderer Hersteller. Die Roco-Kurzkupplung sowie die Fleischmann-Kurzkupplung kuppeln nicht mit anderen Systemen. In der Nenngröße N bietet Fleischmann eine Kurzkupplung an.

Eine Besonderheit stellt die Strom führende Kurzkupplung dar, wie sie z.B. Märklin, Fleischmann, Roco oder Viessmann im Programm haben. Sie gestattet die zur Innenbeleuchtung vorgesehene Fahrspannung bei nur einmaliger Stromabnahme von z.B. einem Drehgestell durch einen ganzen Wagenverband zu leiten. Man spart sich dabei mehrere Stromabnahmeschleifer, die den Reibungswiderstand der zu ziehenden Wagenkolonne sonst erheblich erhöhen können.

Gleich wird sich der Kupplungshaken der V 36 senken, um den angehängten Viehverschlagwaggon abzukuppeln.

2.8.2 Digitale Kupplung

Im Jahre 1998 stellte Roco sein erstes Lokmodell mit digitaler Kupplung vor. Die fernsteuerbare Universalkupplung wird über die Funktionstaste an der Bedieneinheit betätigt. Dabei wird der Kupplungshaken gesenkt und die Waggons abgehängt. Danach fährt die Lok in der Gegenrichtung davon und die Wagen bleiben stehen. Dieser Vorgang ist an jeder beliebigen Stelle auf der Anlage möglich. In den Roco-Loks mit einer solchen Kupplung befindet sich ein Spezialdecoder, daher ist eine solche Kupplung derzeit noch nicht zum nachträglichen Einbau erhältlich.

Auch die Firma Lenz, bekannt für ihr Digital-Programm, hat eine Rangiermaschine mit Digital-Kupplung im Programm, eine V 36. Ähnlich wie beim Roco-Modell funktioniert diese Kupplung durch Herabsenken des Kupplungshakens per Knopfdruck an der Bedienungseinheit. Dann wird die Fahrspannung umgepolt, die Lok zieht sachte ab und der Waggon bleibt stehen, wo er stehen bleiben soll.

Beide Maschinen sind durch die Verwendung von Decodern mit Lastregelung absolut rangiertauglich, da sie mit diesen Bauteilen sehr langsam und dennoch mit vollem Drehmoment fahren und Züge befördern können.

Der Waggons ist abgekuppelt, die Lok zieht sachte ab und der Kupplungshaken der V 36 kehrt in seine ursprüngliche Lage zurück.

2.9 Gleise und Weichen

Bei der Wahl des Gleissystems war es früher wichtig, dass eine einfache Gleissymmetrie einen problemlosen

Modellgleisprofile

Bezeichnung Code	Schienenkopfbreite in mm	Profilhöhe in mm	Schienenfußbreite in mm
40	0,5	1+0,1	0,9
55	0,7	1,4+0,1	1,3
70	0,8	1,8+0,1	1,6
83	0,9	2+0,2	1,8
100	1,1	2,5+0,2	2,2
125	1,3	3+0,2	2,7
148	1,6	3,5+0,3	3,2
172	1,9	4,2+0,3	2,87
208	2,3	5+0,3	4,06

Aufbau gestattet. Der zügige Baufortschritt erlaubt nur ein Gleissystem, das ich leicht erwerben kann, weil es bei zahlreichen Fachhändlern vorrätig ist oder zumindest in vertretbarer Zeit beschafft werden kann. Denn sonst bleibt womöglich der Aufbau stecken, weil kein Material den Weiterbau sichert. Das heißt dann monatelanges Warten, wobei die Lust auf die Modellbahn zu schwinden droht.

Nächstes Kriterium ist das Schienenprofil. Ist das Profil vorbildähnlich, können meine Fahrzeuge allesamt darauf verkehren? Wie sind die

Gleisprofile des Vorbilds

Land	Schienenbauartbezeichnung	Masse kg/m	Höhe in mm	Kopfbreite in mm	Fuß in mm	Höhe in 1:87	adäquates Gleis
Baden	129	36,2	129	60	105	1,48	Code 60
Baden	140	43,8	140	65	125	1,61	Code 65
Bayern	IX	34,87	135	58	105	1,55	Code 60
Bayern	X	43,5	140	65	125	1,61	Code 65
Preußen	5	24,39	115	53	90	1,32	Code 55
Preußen	6e	33,4	134	58	100	1,54	Code 60
Preußen	7	37,24	134	58	105	1,54	Code 60
Preußen	8d	41,38	138	72	110	1,59	Code 60
Preußen	15c	45,05	144	72	110	1,66	Code 65
Sachsen	Va	36,05	130	58	105	1,49	Code 60
Sachsen	VI	46,3	147	66	130	1,69	Code 55
Württemberg	D	33	130	58	104	1,49	Code 60
Württemberg	E	43,5	140	65	125	1,61	Code 65
DRG	S 45	45,25	142	67	125	21,63	Code 65
DRG, DB, DR	S 49	49,05	149	67	125	1,71	Code 70
DB	S 54	54,54	154	75	125	1,77	Code 70
International	UIC 60	60,34	172	72	150	1,98	Code 80
DR	R 65	64,64	180	72	150	2,06	Code 83
Feldbahnen (750 mm)	S 18	18,3	93	43	82	1,07	Code 40
Feldbahnen (750 mm)	S 24	24,43	115	53	90	1,32	Code 55
Privatbahnen	S 64	64,9	172	76	150	1,98	Code 80

Stromleiteigenschaften? Die Normen Europäischer Modellbahnen (NEM) haben die unterschiedlichen Profilhöhen geordnet und in so genannten Codes in der NEM 121 übersichtlich zusammengefasst.
Wer zahlreiche ältere Fahrzeuge mit hohen Spurkränzen besitzt, greift zum Code-100-Gleis mit einer Profilhöhe von 2,5 mm. Je vorbildgetreuer ein Gleisprofil sein soll, desto niedriger muss es sein. Allerdings fahren dann auf einem solchen Profil nur speziell dafür hergerichtete Fahrzeuge. Daher stellt ein Großserienschienenprofil immer einen Kompromiss im Hinblick auf Vorbildtreue und Funktionalität dar.
Ein Blick auf das Vorbild zeigt die wahren Dimensionen.

2.10 Weichen und Weichenformen

Wer sich beim Vorbild ein wenig umsieht, stellt fest, dass es höchst unterschiedliche Weichenbauformen gibt. Das betrifft die Länge der Weiche und die Form des Bogenabzweigs, also ob es sich um eine steile oder ein schlanke Abzweigung handelt. Das Vorbild kennt z.B. die Einfachen Weichen (EW) 190-1:9. Das ist eine 19 m lange Weiche mit einem Abzweig von 1:9. Das bedeutet, dass nach 9 m in der Geraden eine Abweichung von 1 m erreicht wird. Ein anderes Beispiel ist die EW 500-1:12. Diese 50 m lange Weiche hat erst nach 12 m in der Geraden eine Abweichung von 1 m erreicht, sie ist vergleichsweise schlank.
Bei Bogenweichen (BW), einer Sonderbauart, die heute vor allem bei Schweizer Schmalspurbahnen zu sehen ist, zweigen beide Gleisstränge in einer Richtung ab. Die Angabe BW 9°/12° bezieht sich daher auf eine Abweichung in Bezug auf die gedachte Gerade von 9° für den äußeren und 12° für den inneren Strang. Solch eine Bauform heißt auch Innenbogenweiche. Bei Außenbogenweichen (AW) führt ein Strang im Bogen nach links, der andere nach rechts. Die Angabe AW 7,5° bedeutet demnach, dass die abzweigenden Gleisstränge einen Weichenbogen von 7,5° Abweichung von der gedachten Geraden beschreiben.
Eine Platz sparende Verbindungsmöglichkeit von bis zu vier Fahrwegen stellt die Doppelkreuzungsweiche (DKW) dar. Sie ist ein Relikt aus der Epoche II und wurde von den deutschen Bahnen in den 1960er-Jahren durch einfache Weichenverbindungen ersetzt. Der Grund dafür leuchtet ein: Eine DKW kann nicht so schnell befahren werden wie eine Einfache Weiche. Sie stellt nämlich eine aufwändige Konstruktion dar, die zum einen einiges an Unterhalt und Pflege verlangt, zum anderen besteht auf ihr die vergleichsweise höhere Gefahr einer Entgleisung. So genann-

Kreuzungsreicher Verlauf einer Gleisstrecke des Vorbilds. Auf der Modellbahn stellen solche Gleiskombinationen Gefahren-Punkte dar.

te Einfache Kreuzungsweichen (EKW) verbinden drei Fahrwege. Bei dieser Weichenbauform, die ebenfalls vier Fahrwege zusammenführt, kann ein Strang vom Herzstück her gesehen nicht befahren werden. Blieben noch die so genannten Dreiwegweichen (DWW), eine Spezialität vor allem für Gütergleise oder im Betriebswerk. Sie gestatten von einem Gleis ausgehend die Befahrung dreier Stränge. Sie sparen dadurch eine Menge Platz, sind aber wie die DKW eine aufwändige Konstruktion.
Was ist dabei für den Modellbahner von Belang? Auf aufwändige Weichenkonstruktionen sollte er im Interesse eines reibungslosen Betriebs in den nicht zugänglichen Bereichen der Anlagen verzichten. DKW, EKW und DWW sind und bleiben Stellen, an denen kleine Loks hängen bleiben können und so mancher Waggon entgleist. Vor allem im Schattenbahnhof bringt dies Probleme. Auf allen Streckenabschnitten, die schnell befahren werden, vermeide ich ebenfalls solche Weichenbauformen. Das ist außerdem vorbildgerecht, denn auch das Vorbild reduziert seine Geschwindigkeit vor den DKW, EKW und DWW. Damit keine Missverständnisse aufkommen: Selbstverständlich sind die in diesem Buch vorgestellten DKW, EKW und DWW der unterschiedlichen Gleissysteme ausgereifte und betriebssichere Konstruktionen, die von den Modellen mit hoher Geschwindigkeit befahren werden können. Doch der Teufel steckt bekanntlich im Detail, das heißt, wenn ein Zug entgleist, tut er's höchstwahrscheinlich auf einer solchen Weiche.

Fleischmann Profi-Gleis und Modell-Gleis

Das 2,5 mm hohe Fleischmann-Profi-Gleissystem ist durch sein angeformtes Schotterbett auch für den Aufbau auf Boden oder Teppich sehr gut geeignet, da es eine Verschmutzung der Lokgetriebe durch Fusseln verhindert. Es besitzt alle Attribute des Vorbilds und ist trittfest, robust und kann fest miteinander verbunden werden. Da es jedoch auf die Breite eines herkömmlichen Gleises ohne Schotterbett gebracht werden musste, um keine Schwierigkeiten im Verzweigungsbereich der Weichen zu bekommen, wurde es zu schmal ausgeführt. Das heißt, dass die Schwellen zu kurz sind. Ein Umstand, den man nicht verändern kann. Das dürfte aber nur den hundertprozentigen Modellbahner interessieren.

Eine US-amerikanische GP 40 der Milwaukee Road mit Kadee-Klauenkupplung befährt das H0-Profi-Gleis von Fleischmann.

Im Angebot sind vier Radien von 35,6 cm bis 54,7 cm sowie ein Flexgleis und die passenden Weichen mit und ohne Antrieb (Einfache mit 18°-Bogenabgang, 36°-Bogenweichen sowie 18°-Dreiwegweichen und –Doppelkreuzungsweichen, alle mit kurzem Kunststoffherzstück; zudem Schnellfahrweichen genannte schlanke 18°-Weichen mit leitendem und beweglichem Herzstück), die zudem mit Weichenlaternen ausrüstbar sind. Mit speziellen Schienenverbindern kann man auch auf das Roco-Line-Gleis sowie Piko-Gleis überwechseln. Das Modellgleis genannte zweite Gleissortiment von Fleischmann hat eine Profilhöhe von 2,7 mm. Drei Radien von 25 cm bis 41,5 mm und Flexgleise sowie Weichen (darunter Dreiwegweiche und Doppelkreuzungsweiche) mit 15°-Bogenabgang komplettieren das Gleissystem. Zudem gibt es schlanke Einfache Weichen mit beweglicher Herstückspitze, die ein lückeloses Befahren des Herzstücks gestatten. Übergangsgleise gestatten eine Verbindung zum Profi-Gleis aus demselben Hause, spezielle Schienenverbinder stellen einen Übergang zum Roco-Line-Gleis her.

Märklin C-Gleis und K-Gleis

Im Jahre 1996 führte Märklin das C-Gleis ein. Es trat damit die Nachfolge des legendären Märklin-M-Gleises dar, das aus bedrucktem und geprägtem Blech Generationen von Modellbahnern ausgedehnten Fahrspaß ermöglichte. Bei Internet-Auktionshäusern oder auf Second-hand-Märkten findet man das unverwüstliche M-Gleis noch heute.

Ziel bei der Gestaltung des C-Gleises war eine Verbesserung der Gleisgeometrie. Die Grundabmessungen des 1935 eingeführten M-Gleises waren bewährt und sollten daher auch beim neuen Gleissystem beibehalten werden: Das heißt, der Grundradius beträgt weiterhin 36 cm, die Länge der Standardgeraden beläuft sich jetzt aber auf 18,83 cm. Der Parallelgleisabstand beträgt 77,5 mm, der Weichenwinkel der Standardweichen beträgt 24,3°. Diesen Winkel haben auch die Doppelkreuzungsweiche und die Dreiwegweiche, eine Kreuzung mit 48,6° gestattet die Verwendung als doppelte Gleisverbindung. Darüber hinaus sind Bogenweichen mit 30° sowie schlanke Weichen mit einem Weichenbogen von 12,1° sowie eine dazu passende Kreuzung im Programm. Mit insgesamt fünf Radien von 36 cm bis 64,36 cm bietet Märklins C-Gleis für jeden Anspruch etwas. Ein Flexgleis ist derzeit nicht im Programm, aufgrund der Hartkunststoffausführung des C-Gleises wohl auch nicht zu erwarten.

Die Weichen zeichnen sich durch gegossene Weichenzungen und ein Metallherzstück aus. Sie werden konsequent als Handweiche geliefert, eine nachträgliche Ausrüstung mit An-

Eine DKW des Märklin-C-Gleises auf einer Wechselstrom-Anlage. Oberhalb der Weiche liegen die kleinen Bedienungshebel. Mit diesem Schotterbett-Gleissystem lässt sich ein rascher Baufortschritt erzielen.

trieben nebst beleuchteter Weichenlaterne ist jederzeit möglich. Der Antrieb kann unsichtbar unter der Bettung eingebaut werden, wo genügend Raum zur Verfügung steht. Die Weichen besitzen in der Lieferform einen Sockel, der den Handschalthebel aus Metall trägt.
Seit dem Jahre 2000 bietet Märklin auch schlanke Weichen für sein neues C-Gleis-System an. Der Weichenbogen dieser Produkte beläuft sich auf 12,1°, sie sind damit sehr schlank ausgefallen. Das bedeutet allerdings, dass auf der Herzstückseite der Weiche Ausgleichsstücke (Märklinartikel Nr. 24071) nötig sind, um diese Weichen mit anderen Elementen des C-Gleises verbinden zu können. Diese Ausgleichsstücke dienen jedoch nur dazu, die Seitenböschung anzugleichen. Die Handhabung dieser Gleise ist völlig unkompliziert: Sie werden an die herzstückseitigen Weichenenden angeklipst, in die Mitte zwischen den beiden Ausgleichsgleisen kommt ein den Weichen beiliegendes dreieckiges Passstück und schon besitzt die schlanke Weiche ein optisch befriedigendes, weil durchgehendes Schotterbett.
Das 40 mm breite Schotterbett aus Hartkunststoff trägt das Gleis mitsamt dunkelbrauner Schwellen und den Kleineisenimitationen. Die dunkelgrau durchfärbte Schotterböschung fällt damit weniger steil als beim alten M-Gleis aus. Das trittfeste Schienenprofil ist 2,3 mm (Code 90) hoch. Der Einsatz aller Märklin-Produkte seit dem Produktionsjahr 1953 ist damit gewährleistet.
Der Vorzug des C-Gleis-Systems ist seine schnelle Auf- und Abbaubarkeit. Sehr gut zu handhaben ist die Verbindung der Gleise untereinander. Dazu trägt der patentierte Schnappverschluss entscheidend bei. Enge, sich verbiegende Schienenverbindungslaschen gehören beim C-Gleis der Vergangenheit an, es gibt sie nämlich nicht mehr. Zwei Doppelkontaktsätze für Schiene und Mittelleiter sichern die Stromübertragung von Gleisstück zu Gleisstück. Der Clou sind die in die Verbindungselemente eingearbeiteten Kontakte für die Fahrspannungszuleitung, langes Rumlöten entfällt damit. Stromkreistrennungen nimmt man mit speziellen knallroten Isolierhütchen vor, die einfach über die Kontakte gestülpt werden. Den Übergang zum M-Gleis sichern Übergangsgleise, die auch eine Verbindung zu K-Gleis herstellen.

K-Gleis

Wer sich nicht davor scheut, sein Gleis selbst einzuschottern, greift zum Märklin-K-Gleis, dessen Standardgerade 18 cm misst. Das 30 mm breite Gleis ist in fünf Gleisradien von 29,54 cm bis 61,85 cm erhältlich. Auch ein Flexgleis mit 90 cm Länge ist im Angebot. Nicht ganz den Geschmack aller trifft die Farbgebung des K-Gleises, seine Schwellen gelten als zu dunkel. Wer mag, kann das mit etwas Farbe ändern.
Das Gleisraster beruht auf einem Parallelgleisabstand von 64,6 mm, der immer beibehalten wird, auch bei diagonalem Einbau der Weichen.
Die Standardweichen werden mit oder ohne elektromagnetischem Antrieb geliefert, ihr Weichenbogen beträgt 22° 30′. Diesen Winkel besitzen auch die Doppelkreuzungs- und die Dreiwegweiche, die jedoch nur mit elektromagnetischem Antrieb geliefert werden. Darüber hinaus sind noch je eine Kreuzung mit 22° 30′ und 45 ° zur Bildung von doppelten Gleisverbindungen im Programm. Ambitionierte Modellbahner greifen wohl eher zu den schlanken K-Gleis-Weichen mit einem Weichenbogen von 14° 26′. Dazu passend gibt es eine Doppelkreuzungsweiche sowie eine Kreuzung mit demselben Weichenbogen von 14° 26′. Die schlanken Weichen werden ohne Antrieb

Gealtertes und eingeschottertes K-Gleis von Märklin auf der Anlage Vogt. Beim Schotter handelt es sich um echte Steinchen.

geliefert, ein spezieller elektromagnetischer Antrieb kann aber nachträglich eingebaut werden. Speziell für diese Weichen hat Märklin noch einen Unterflurzurüstsatz im Programm, zu dem ein beleuchteter Weichenlaternensatz passt. Natürlich gibt es ein Übergangsgleis, das die Verbindung zu alten M-Gleis bzw. zum C-Gleis herstellt.

Peco

Für manche Hobbykollegen ist es ein Nachteil, dass Peco nach englischen Vorbildern baut, sowohl was die Weichenformen wie auch die Gleisausführung anbelangt. Das sieht man besonders gut an der gegenüber kontinental-europäischen Gleisen veränderten Schwellenlage. Aber seien wir ehrlich, wer beachtet das? Andererseits gestattet Peco durch sein riesengroßes Gleissortiment das Nachbilden nahezu aller Weichenstraßen des Vorbilds. Das ist ein Vorzug für denjenigen Modellbahner, dem der realistische Gesamteindruck einer solchen Anlage wichtiger ist als bestimmte Details.

Piko-A-Gleis

Das neue Piko-A-Gleis baut auf einem Gleisraster von 47 cm auf, der Parallelgleisabstand beträgt 6,18 mm. Es besteht aus einer rostfreien und korrosionsbeständigen Neusilberlegierung. Federstahlschienenverbinder sorgen für die dauerhafte Verbindung der Gleise untereinander; die Schwellen bestehen aus ABS-Kunststoff.
Die Profilhöhe beträgt 2,5 mm (Code 100), ein Übergang zu den Gleisen anderer Hersteller ist problemlos möglich, wenn es sich dabei um bettungslose Schienen desselben Profils handelt. Spezielle Übergangsgleise gestatten die Verbindung zum alten Piko-Hohlprofilgleis. Aber auch der Übergang auf das Roco-Line-Gleis ohne Bettung mit seinen 2,1 mm hohen Profilen sind mit speziellen Schienenverbindern möglich.
Das A-Gleis stützt sich auf zwei Geraden, die mit ihrer Länge von 23,907 und 23,093 cm Länge zusammengesteckt wieder das Rastermaß von 47 cm ergeben. Ein

Das Piko-A-Gleis nebst der dazugehörigen Weiche mit einem 15°-Bogenabgang. Die Handweichen besitzen werksseitig eine Raststellung, auch ohne Antrieb bleiben sie in der angewählten Position.

Flexgleis mit 94 cm Länge ist im Angebot. Piko stellt derzeit vier Radien her von 36 cm bis 54,5 cm her. Um einen Kreis zu bilden, benötigt man zwölf Gleisstücke.

Die Weichen des A-Gleises haben einen Weichenbogen von 15°, derzeit sind neben den Standardweichen eine Doppelkreuzweiche, eine Kreuzung und Bogenweichen im Programm. Alle Weichen sind als Hand- wie als Elektroweichen verwendbar. Alle Handweichen benötigen keinen gesonderten Handweichenantrieb, nach Durchfahren der Weichen bleiben die Handweichen in der Durchfahrtsrichtung fix positioniert. Die elektrischen Weichenantriebe besitzen jedoch eine Rückstellfunktion, sodass sie aufgeschnitten werden können, also von der Herzstückspitze her befahren werden können. Die Herzstücke bestehen aus Kunststoff und sind nicht polarisierbar. Der stromlose Bereich beträgt jedoch nur 2,5 cm

Roco-Line-Gleis

Das Roco-Line-Gleis mit Bettung wurde genau dem Vorbild nachgestaltet, das gilt vor allem für das Schotterbett, dessen Neigung es exakt imitiert. Die großen Radien brauchen sehr viel Platz, Roco-Line gestattet daher nicht soviel an Gleisen unterzubringen, wie die Gleissysteme von Märklin oder Fleischmann. Da das Gleis maßstäblich breit ausgefallen ist, muss das Schotterbett im Verzweigungsbereich der Weichen beschnitten werden. Das wird aber im Beipackzettel, der jeder Weiche beiliegt, gut beschrieben und ist zu bewerkstelligen.

Die Roco-Line-Gleise mit Bettung wurden mit Wasserfarben gealtert. Die im Bahnhofsbereich obligatorischen Zwischenräume wurden mit Korkstreifen aufgefüllt und in der passenden Farbe beschottert. Auch dieses Schotterbett-System garantiert rasche Baufortschritte.

Es unterscheidet sich nur durch die Ausführung mit oder ohne Bettung. Fünf Radien von 35,8 cm bis 60,4 cm sind im Angebot, die Standardgerade misst 23 cm. Die Weichen (Einfache und Einfache Kreuzungsweichen mit 15°- und 10°-Bogenabgang sowie 15°-Dreiweg- und 10°- bzw.-15° Doppelkreuzungsweiche; dazu gesellen sich noch zwei 30°-Bogenweichen für den Radius 2 (35,6 cm) bzw. 5 (54,2 cm)) werden ohne Antrieb geliefert, ein Antrieb kann aber nachträglich eingebaut werden.

Pilz/Tillig-Elite-Gleis

Die Gleise dieses Herstellers aus der früheren DDR haben sich einen legendären Ruf erworben und galten bereits in den 1970er-Jahren als Geheimtipp wegen ihrer konkurrenzlos günstigen Preisgestaltung. In den 1980er- und frühen 1990er-Jahren wurde es still um diese Produkte, die einigen Modellbahnern nicht mehr zeitgemäß erschienen. Da erschien 1994 bei Tillig ein komplett neues Gleissystem unter dem Namen Tillig-Elite-Gleis.

Das sehr zierlich wirkende Tillig-Elite-Gleis in Baugröße H0.

Es zeichnet sich durch eine Profilhöhe von 2,1 mm aus, der Parallelgleisabstand beträgt 5,9 cm. Das fein detaillierte Gleis (Schienenkopfbreite nur 0,8 mm) entspricht dem Code 83 und wirkt zierlicher als das Produkt Roco-Line. Die schmalen Schwellen wirken absolut vorbildgetreu, sie sind derzeit die zierlichsten Großserienprodukte auf dem Markt. Das gilt auch für die Kleineinsenimitationen, die überzeugend ausfielen. Das Profil wurde zudem brüniert, was der Optik sehr entgegenkommt. Zur Befestigung sind üblicherweise Nägel vorgesehen. Manche Schwellen tragen zu diesem Zweck von oben nicht sichtbare Sacklöcher, also nicht ganz durchgebohrte Öffnungen. Will man damit das Gleis festnageln, muss zuerst das Sackloch etwa mit einer Nadel durchstochen werden. Diese Lösung hat den Vorteil, dass bei anderer Befestigungsart das Erscheinungsbild des Gleises nicht durch irgendwelche Löcher leiden muss. Diese Öffnungen bohrt man nur, wenn man sie auch wirklich braucht. Das ist für Modellbahner wichtig, die besonders auf die Optik ihres Gleises achten. Die wird es auch freuen, dass die Kunststoffstege nicht bis an den Schienenfuß herangeführt wurden. Das gestattet den freien Durchblick unter den Gleisprofilen hindurch.
Zur Verbindung der Gleisstücke untereinander liefert Tillig passende Schienenverbinder, die ebenfalls brüniert sind, sowie die adäquaten Isolierverbinder. Diese Verbinder gestatten jedoch keine Verbindungen mit Roco-Line, da dieses Gleissystem am Schienenfuß breiter als das Pilz-Gleis ist. Eine Verbindung mit dem Code-83-Peco-Gleis ist jederzeit möglich. Erfahrene Modellbahner empfehlen die Roco-N-Gleis-Schienenverbinder. Mit diesen ist es möglich Pilz-Gleise mit Peco-Code-83- und/oder Roco-Line-Gleisen zu verbinden.

Bleibt die Frage nach den Weichen und deren Funktionalität. Standard sind 15°-Weichen mit einem Radius von 86,6 cm. Die Weichen besitzen gelenklose Federzungen, diese sind mit einer Stellschwelle verbunden. Dazu liefert Tillig einen passenden Weichenmotor mit sehr guter Beschreibung, da für eine solche Stellschwelle ein umspringender Spulenantrieb wohl nicht das Richtige ist. Das nicht befahrbare Schienenende des Herzstücks der Weiche besteht aus Kunststoff, das gilt auch für die Radlenker. Die Herzstücklücke wurde auf das mindestmögliche Maß verringert, sodass Stromabnahmeprobleme besonders kleiner Loks kaum zu erwarten sind. Allerdings müssen Zungen und Herzstück polarisiert werden, da sonst kein Fahrbetrieb mit den Weichen möglich ist. Beim probeweisen Auslegen während des Baus sind daher ohne Polarisierung keine Probefahrten möglich, da auf der Weiche alles stehen bleibt. Über das Herzstück fahren NEM- wie RP-25-Radsätze. Auch nicht diesen Normen entsprechende Radsätze sind meist einsetzbar, allerdings bilden ältere Modelle mit ihren zu hohen Spurkränzen eine Ausnahme.
Darüber hinaus sind eine Vielzahl weiterer Weichenbauformen im Programm: Einfache Weichen mit 12°-Weichenbogen, mehrere Innenbogenweichen mit Weichenbögen von 9°/12° bis zu 29,3°/41,3° sowie eine symmetrische Außenbogenweiche mit 7,5°-Weichenbogen und eine 9°/12°-Außenbogenweiche.
Einen außergewöhnlichen Vorzug der Weichen möchte ich kurz erwähnen: Sie sind in Maßen flexibel und können für den individuellen Anspruch in geringem Maße gebogen werden. Das heißt aber nicht, dass aus einer Linksweiche ganz einfach eine Rechtsweiche gebogen werden kann. Gedacht wurde dabei eher an geometrische Korrekturen im Millimeterbereich, z.B. wo zwei Flexgleise einmünden und ein paar Millimeter Anpassungsarbeiten nötig sind.
Die vier Weichenradien des Pilz-Elite-Gleises (von 36,6 cm bis 54,3 cm) sind kleiner als die des Roco-Line-Gleises, das ist ein großer Vorzug für platzbeschränkte Modellbahner. Im Pilz-Elite-System finden sich zudem so genannte Dreischienengleise, also kombinierte Normalspur-Schmalspur-Weichen und -Gleise. Solche Produkte gestatten den gleichzeitigen Betrieb von Regelspur- und Schmalspurmodellen auf ein und demselben Gleis.

Selbstbau – eine Alternative?

Der reine Selbstbau von Gleisen und Weichen ist eine Möglichkeit exakt maßstäbliches Schienenmaterial zu bekommen. Der Preis ist allerdings Geduld und gute Nerven, denn die kleinen Teile wie die Schienenstühlchen oder die Kleineisen kann man nicht einfach irgendwie zusammenschustern, wenn es nachher funktionieren soll. Ich meine, wer bereit ist, für das Erreichen seines Ziels Modellbahnanlage sehr viel Zeit und persönlichen Einsatz aufzubringen und dabei einen sehr hohen Anspruch an das Material hat, für den mag der Selbstbau von Gleisen und Weichen der richtige Weg sein. Soll es jedoch eine große Anlage werden, ist man handwerklich nicht ganz so geschickt oder besitzt die erforderliche Geduld nicht und möchte es vor allem noch selbst erleben, wie der erste Zug fährt, so ist der Kauf von Fertiggleisen mit oder ohne Bettung der bessere Weg.

2.11 Die Qual der Wahl

Nun sind dem Freund der kleinen Züge die wichtigsten Hersteller bekannt und die elektrischen Systeme sowie diverse Betriebssysteme sind auch kein Buch mit sieben Siegeln mehr für ihn. Aber eine Frage steht noch immer im Raum: Womit fang' ich an? Eine Erstausstattung an Gleisen ist keine billige Anschaffung. Und später, wenn man vielleicht dank gewonnener Erfahrung oder veränderter Ansprüche auf ein anderes Fabrikat ausweichen will, war die ganze Investition für die Katz. Insofern will die Entscheidung für oder gegen ein Gleissystem genau überlegt sein. Diese Zeit sollte sich jeder Modellbahner nehmen, auch wenn der Weg zur Anlage damit länger dauert. Die wichtigsten Fragen, die der angehende Modellbahner bei der Wahl seines Gleissystems für sich selbst – ehrlich! – beantworten muss, lauten:

- Bin ich handwerklich geschickt?
- Was gestatten die räumlichen Gegebenheiten?
- Wie steht es mit den Finanzen?
- Was möchte ich mit den Gleisen anfangen? Will ich vor allem fahren oder doch eher nur basteln, ist mir das Betrachten der Gleise wichtig oder bestehe ich auf absoluter Vorbildtreue?

Das absolut vollkommene Großseriengleis gibt es nicht, denn die Hersteller müssen mit ihren Produkten immer auch Rücksicht auf das zuverlässige Funktionieren der Fahrzeuge nehmen. Für den Modellbahner dürften daher die Gleissysteme am interessantesten sein, die preislich vertretbar und einfach sowie in ausreichender Zahl zu beschaffen sind. Sie müssen zuverlässig sein und optisch ansprechen.

Rasch zum Fahrbetrieb: Gleise mit Schotterbett

Für denjenigen, der rasch zum Fahrbetrieb kommen möchte oder sich handwerklich nicht für begabt hält, bieten sich Gleise mit eigenem Schotterbett an. Aufwändiges Selbsteinschottern entfällt bei diesen Systemen. Aber natürlich werden sie

Fertigbettungsgleise wie hier von Roco-Line stellen die richtige Wahl dar, wenn man wenig Zeit hat oder ein rascher Baufortschritt erwünscht ist.

Auch mit dem Märklin-C-Gleis geht es beim Anlagenbau zügig voran.

nie so vorbildgetreu aussehen wie selbst eingeschotterte Gleise, doch das mag auch eine Geschmacksfrage sein.

Wenn es eine große Anlage werden soll, empfehlen sich ebenfalls Fertigbettungsgleise, denn das Einschottern einer solch ausgedehnten Anlage kann zur Sisyphusarbeit werden, wobei man die Lust verliert und die Anlage nie fertig wird. Naturgemäß sind Gleise mit Fertigbettung teurer als »normale« Gleise. In solch einem Falle heißt es abwägen: Wenn es eine kleine Anlage mit wenig Gleisen werden soll, ist der Griff zu Fertigbettungsgleisen richtig. Bei einem Gigantenprojekt wie dem Anhalter Bahnhof wird man wohl zum Normalgleis greifen.

Schotterbettgleise in H0: Märklin C-Gleis (Wechselstrom); Fleischmann Profi-Gleis, Roco-Line mit Bettung (Gleichstrom)

TT: Tillig Bettungsgleis

N: Fleischmann Profi-Gleis

Wenn die Optik im Vordergrund steht

An dieser Stelle bietet sich die Klassifikation der Gleise nach der Profilhöhe an, denn wer Wert auf eine gute Optik seiner H0-Gleise legt, achtet auf möglichst niedrige Profile. Märklin und Fleischmann bauen nach wie vor mit einer Profilhöhe von 2,5 mm. Nur noch 2,1 mm hoch sind die Gleisprofile von Peco, Roco-Line, Tillig (Pilz-Elite). Peco bietet darüber hinaus Gleissysteme mit noch niedrigerem Profil an (Peco-Fine-Scale), doch auf diesem fahren dann nicht mehr alle Fahrzeuge, man muss die Radsätze abdrehen – keine einfache Arbeit.

In den Nenngrößen TT, N und Z gibt es bei den leicht zu erwerbenden Großseriengleisen nur eine Profilhöhe. (Natürlich gibt es von Peco ein N-Gleis mit niedrigem Pro-

Die Mühe des Selbsteinschotterns führt zu solch überzeugenden Ergebnissen.
Foto: Frickel

fil, auch spezielle TT-Gleise kann man auftreiben, aber dieser Anbieter ist nicht überall erhältlich. Wer eine größere Menge solcher Gleise braucht, wird Schwierigkeiten bekommen.)
Wem es um die Optik seines Gleises geht und der daher nicht vor dem Selbsteinschottern zurückschreckt, der greift zu folgenden Systemen:
H0: Märklin K-Gleis (Wechselstrom), Fleischmann, Roco-Line, Peco, Piko A-Gleis, Tillig (Pilz-Elite) (alle Gleichstrom)
TT: Peco, Tillig
N: Peco, Roco, Trix
Z: Marklin

Schlechte Qualität gibt es nicht
Eines sei aber nochmals hervorgehoben: Bei den angebotenen Gleisen gibt es hinsichtlich des Preis-Leistungsverhältnisses keine schlechte Qualität! Das hilft bei der Entscheidung also nicht. Wer sich für das Gleichstromsystem entscheidet, hat die größte Auswahl an Fahrzeugen, Gleisen und Zubehör, da sich auf diesem Markt mehrere hundert Anbieter tummeln. Das Gleichstromgleis ist das einzige nahezu originalgetreue Gleis auf dem Markt, zudem ist es preisgünstiger als das Wechselstromgleis.
Wer sich für die Wechselstrombahn von Märklin entscheidet, ist im Wesentlichen auf die Gleise dieses Anbieters angewiesen. Wer andere Gleise mag, muss selbst bauen. Lediglich Peco bietet Punktkontakte zum Selbsteinbau in Form eines Schwellenbandes an, das ist aber nicht einfach zu bewerkstelligen und setzt Erfahrung voraus. Allerdings entsprechen die Punktkontaktgleise optisch nicht dem Vorbild.
Das Lokomotivenangebot für die Wechselstrombahner ist nicht ganz so groß wie bei

den Gleichstromkollegen. Doch die großen Anbieter wie z.B. Roco, Fleischmann oder Liliput stellen viele ihrer Loks auch für das Wechselstromsystem her. Waggons sind ohnehin durch Radsatztausch und die Verwendung bestimmter Kupplungen frei untereinander verwendbar.
Das Märklingleis hat gegenüber dem Gleichstromgleis den Vorzug, weniger schmutzempfindlich zu sein. Gleichstrombahner müssen etwas mehr Schienenpflege betreiben. Das Wechselstromsystem besitzt einen symmetrischen Stromverlauf, Kehrschleifen oder Gleisdreiecke sind daher ohne Schaltungen zu betreiben. Beim Gleichstromgleis müssen Kehrschleifen u.Ä. so geschaltet werden, dass sie keinen Kurzschluss verursachen. Dafür bietet die Industrie spezielle Bauteile an, die z.B. als Schrankenübergang getarnte ganz einfach eingesetzt werden können.
Zum Schluss sei noch ein Gedanke aufgeführt, der vor allem preisbewussten Modellbahnern bei ihrer Entscheidung behilflich sein könnte: Seit vielen Jahren eingeführte Gleissysteme von Märklin, Fleischmann oder Roco können auf Second-hand-Märkten oder bei Internet-Auktionshäusern bisweilen preisgünstig erstanden werden!

Praxistipp Drei Weichenmotorsysteme im Einsatz

Ich selbst habe drei verschiedene Weichenmotoren ausprobiert: Den Bemo-Antrieb, den Weichenmotor von Tillig und den Repa-Antrieb. Das sehr flach ausgeführte Aggregat von Bemo (Maße: 99x30x20mm) gehört schon zu den älteren Konstruktionen. Über eine Schneckenwelle wird bei ihm ein Schieber betätigt. Der Antrieb wird in Mittelstellung von unten auf der Anlagenplatte parallel zum Gleis (durch Findbohrungen von oben festlegen) montiert. Alle Justierungsarbeiten werden in der Mittelstellung des Schiebers vorgenommen. An den Schieber wird ein beiliegendes Gestänge wie im Foto zu sehen montiert, der Stelldraht sollte etwa 7 bis 8 cm Abstand zur Stellschwelle besitzen. Dann wird der Stelldraht passend gekröpft. Nun wird ein zweiter Stelldraht abgelängt und an seinem Ende zu Ösen gebogen. Er wird nun am Stelldraht eingehängt und mit der Stellschwelle verbunden. Dann sind alle Verbindungen (Schieber-Stelldraht, Stelldraht-Federdraht und Federdraht-Stellschwelle) mit Sekundenkleber zu sichern. Dieses Gestänge verrichtet die notwendige Drehbewegung und zieht die Stellschwelle zur Seite, die Weichenzunge folgt und die Weiche steht auf Abzweig. Darüber hinaus besitzt der für 14-16-V-Wechselspannung gebaute Bemo-Antrieb serienmäßig vier Umschalter z.B. zur Herzstückpolarisierung. Montiert wird der vergleichsweise laut arbeitende Motor über vier Löcher, die man vor der Justage aber zu Langlöchern aufbohren sollte. Damit kann der Antrieb noch leicht verschoben werden, um die Anpassung zu erleichtern.
Der für 14-16-V-Wechselspannung ausgelegte, völlig gekapselte und leise arbeitende Tillig-Weichenmotor (Maße: 62x49x23 mm) besticht durch seine flache Bauweise. Die umfangreiche Betriebsanleitung kann bedenkenlos auch Anfängern empfohlen werden. Die Kraft wird über eine Schnecke übertragen. Der Motor besitzt einen Schalter zur Herzstückpolarisierung, zudem gehört er zu den Produkten, die eine konventionelle Dreileiter-Weichenschaltung anwenden: ein Kabel für den Linksabzweig, eines für rechts und eine Rückleitung. Die Endjustage geschieht, indem der Antrieb wie in der Beschreibung gezeigt demontiert wird. Dann wird die Schleifkontaktplatte verschoben, bis die Endlage der Weichenzungen erreicht ist. Die Taste am Stellpult muss solange gedrückt werden, bis der Motor die Endlage erreicht hat und sich selbst abschaltet.

2.12 Weichenantriebe: Motor oder Magnetspulenantrieb?

Zwei verschiedene Philosophien gibt es bei den Weichenantrieben: Motor und Magnetspulenantrieb. Ein Weichenmotor unterscheidet sich vom Magnetspulenantrieb durch die weitaus geringere und damit vorbildnähere Geschwindigkeit, mit der er seine Arbeit verrichtet. Dabei wird die Drehbewegung des Motors über Gestänge o.Ä. in eine Linearbewegung umgewandelt. Die motorischen Antriebe schonen darüber hinaus die Stromversorger der Anlage, die Trafos. Bei Magnetspulenantrieben fließen nämlich relativ hohe Ströme. Die stromdurchflossene Spule speichert die elektrische Energie und wenn der Strom abgeschaltet wird, weil die Endlage der Weichenzunge erreicht ist oder der Entkupplungsbügel die Kupplungen getrennt hat, so entsteht an den Schaltkontakten in Abhängigkeit von der Höhe des soeben noch geflossenen Stroms ein Funke, der mit der Zeit die Kontakte verzundern kann, die aufwändig gereinigt werden müssen. Bei der Verwendung von Weichenmotoren tritt dieser Umstand nicht auf. Für den langsamen Stellvorgang benötigen sie in der Regel weitaus kleinere Ströme und der Abschaltfunke fällt ebenfalls geringer aus.

Von Vorteil ist, dass die Weichenmotore in eine Weichenstraßenschaltung eingebunden werden können. Dabei schalten alle Weichenmotore nacheinander, sodass keine besonders ausgelegte Stromversorgung nötig ist. Empfehlenswert ist der sehr kräftige Repa-Antrieb. Er besteht nur aus einem Motor, der in einem vergleichsweise tiefen Gehäuse (Maße: 44x62x51 mm) untergebracht ist. Der Motor wirkt auf eine Welle, die bei erreichen eines bestimmten Drehmoments (z.B. Endlage der Weichenzungen) von allein stehen bleibt. Daher besitzt dieser Antrieb keine Endabschaltung. Ein Umschalter zur Herzstückpolarisation wird mitgeliefert. Ein Vorzug des Repa-Antriebs ist seine geringe Geräuschentwicklung.

Der Tillig-Weichenmotor ist besonders für Anfänger geeignet, da er neben einer sehr guten Beschreibung über einen zuverlässigen Antrieb verfügt.
Foto: Tillig

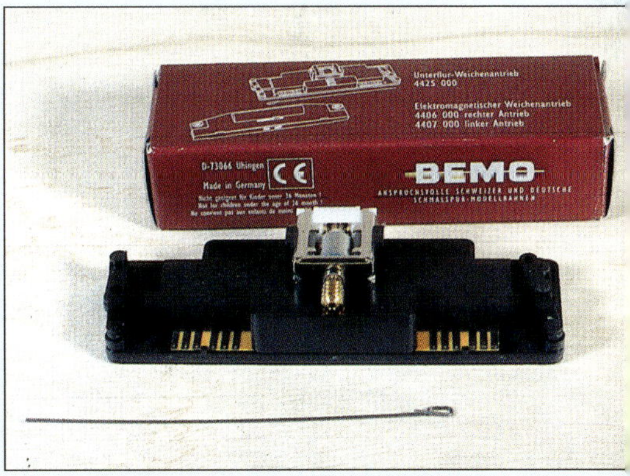

Der Bemo-Antrieb gehört zwar nicht zu den leisesten Weichenstellmotoren, er ist jedoch robust und tut unter zahlreichen meiner Weichen seit Jahren zuverlässig seinen Dienst.

3. Der erste

Die Begeisterung für die Modellbahn ist da, und solche begeisternde Motive wie auf der Anlage Dr. Loidol machen so richtig Lust, mal selbst etwas auszuprobieren – wenn die Platzfrage geklärt ist.

Bauabschnitt

Wen es erst mal gepackt hat, der wird weder rasten noch ruhen bis er endlich eine Anlage besitzt. Keine gute Idee wäre es, jetzt gleich Holz und anderes Baumaterial einzukaufen. Vielmehr sind wichtige Fragen vorab zu klären: Wo im Haus oder der Wohnung soll die Anlage ihren Platz haben? Welche Bauform soll sie haben?

3.1 Das leidige Platzproblem

Immer wieder hört man bei den Planungen einer Modellbahn, dass der Platz nicht ausreiche. Ich denke aber, dass auch bei noch so wenig Platz mit etwas Phantasie, gutem Willen und einer Bereitschaft zu unkonventionellen Lösungen eine betriebsfähige Modellbahnanlage kein Traum bleiben muss.
So mancher Modellbahner beneidet einige seiner Hobbykollegen, weil diese angeblich »soviel Platz« für ihre Anlage zur Verfügung haben. Aber es ist gar nicht so leicht, mit viel Platz umzugehen, ganz im Gegenteil. Oftmals ist es einfacher, mit beschränkten Platzverhältnissen zu planen, weil hierbei die Wahl auf ein bestimmtes Thema ungleich leichter fällt als dem vermeintlichen Besitzer einer größeren Halle für die Modellbahn. Und noch was: Wer sich dem Hobby Modellbahn widmen möchte, wird schon bald die große Vielfalt dieses Bereichs kennen und schätzen lernen, sodass der ausschließliche Bau einer Anlage oftmals zu kurz kommt. Da widmet sich der eine seiner Vitrinensammlung, der andere verschönert seine Modelle mit Umrüstsätzen oder Anbauteilen. Ein Dritter kommt wiederum zu dem Schluss, dass nichts mehr Spaß macht, als das Spiel mit der Modellbahn auf dem Teppich. Also, wer vor lauter Ideen und Plänen nicht zum Bauen kommt, findet sich in guter Gesellschaft – und der Grund ist nur selten das Platzproblem.

3.1.1 Dachboden

Wo kann die künftige Modellbahn aufgebaut werden? Die Möglichkeiten sind größer, als man zunächst denkt. Fangen wir oben an. Die vielerorts kaum oder nur teilweise genutzten Quadratmeter unter den Dachschindeln, dem Dachboden also. Wem das Haus gehört, ist fein raus, alle anderen können vielleicht diesen Ort anmieten. Für so manchen meiner Hobbykollegen gibt es nichts schöneres, als hoch droben, über den Dächern der Stadt und dem Himmel so nah ihrem Hobby nachzugehen. Die vielen Quadratmeter an Platz gestatten im Prinzip den Aufbau Atem beraubender Anlagen.
Allerdings muss der Dachboden einige Voraussetzungen erfüllen, ehe man dort seiner Leidenschaft frönen kann. Er sollte eine helle künstliche Beleuchtung haben, denn: »Gute Arbeit braucht gutes Licht!«, wie mein alter Chef zu sagen pflegte. Nicht zu vergessen ist, dass ein Dachboden im Winter sehr kalt und im Sommer brütend heiß werden kann. Die Temperatur- und Feuchtigkeitsschwankungen lassen die Unterbauhölzer einer Modellbahnanlage stark arbeiten. Doch es ist teuer, das Dach entsprechend zu dämmen oder auf dem Dachboden eine Heizung zu installieren. Zudem muss der Dachboden staubfrei oder zumindest leicht zu reinigen sein. Beim nicht ausgebauten Dach rieseln ständig Staub und Schmutz durch die Dachplatten, Kontaktprobleme oder gar ernste Schäden an Getriebe und Motoren der kleinen Loks sind damit vorprogrammiert. Der Fußboden könnte mit Linoleum oder niederflorigem Teppich belegt sein, beide sind leicht zu reinigen.
So mancher Interessent für eine Modellbahn wird angesichts der unverhofften Investitionsmöglichkeiten erschrecken, aber die Freude mit der Bahn hängt ganz eng mit ihrer

zuverlässigen Funktion zusammen. Und die wird vom Raumklima sowie von Staub und Schmutz nun mal beeinträchtigt, ob uns das gefällt oder nicht.
Ein weiteres Problem könnte beim Betrieb der Modellbahn auf dem Dachboden entstehen. Sollten später beim Betrieb Funken entstehen, z.B. durch schlecht gereinigte Kontaktbahnen oder schlecht gepflegte Gleise, so können diese Funken wie Hochfrequenzsender wirken und im ungünstigsten Fall den Antennen-Fernsehempfang der Nachbarschaft stören. Abhilfe schafft in einem solchen Fall das Ausschlagen des Dachbodens mit Metallfolie. Allerdings lässt der beständige Vormarsch des Kabelfernsehens und des Satellitenempfangs dieses Problem zunehmend sekundär erscheinen.

3.1.2 Keller

Zu den meisten Mietwohnungen, und seien sie noch so klein, gehört ein Keller, vorgesehen zur Aufbewahrung von Fahrrädern und Eingemachtem. Wer seinen Kellerraum nicht als Lagerplatz für allerlei Dinge braucht, hat die Möglichkeit zum Bau einer Eisenbahn im Keller. Fein raus sind auch Hausbesitzer, für die es leichter sein dürfte, einen freien Kellerraum zu finden. Die Hobbyräume in Neubauten sind im Durchschnitt an die 25 m^2 groß. Eine Menge Platz, wenn man sich da eine Anlage reinbauen kann. Viele Kellerräume haben aber einen

Fein detaillierte Szenen sind auch in der Baugröße Z möglich, wie dieses Haus am Berg auf der Z-Anlage Bayer beweist. Gerade diese Baugröße ist das Richtige für platzbeschränkte Modellbahner, die viel Betrieb machen möchten.

Praxistipp

Als die Gleise rosteten und die Landschaft schimmelte

Nachdem ich meine Modellbahnanlagen viele Jahre immer nur für ein paar Wochen an Weihnachten aufbauen konnte, änderte sich dies 1978, als ein 16-m^2-Kellerraum frei wurde. Endlich war es möglich, eine stationäre Anlage aufzubauen. Mit viel Enthusiasmus wurde der dunkle Kellerraum, der zuvor nur Eierbriketts, Gurkenfässer und Kartoffelsäcke sowie ein paar Spinnen und Kellerasseln gesehen hatte, ausgebaut. Zunächst wurde mit einem geliehenen Bohrhammer das Loch für den Einbau eines großen Fensters in die Mauer gebrochen. Das bedeutete einen Nachmittag voller Krach und Staub. Doch dann konnten endlich ein paar Sonnenstrahlen herein. Zudem bauten mein Vater und ich einen Heizkörper ein und schlossen ihn an die häusliche Zentralheizung an. Besonders wichtig für ein Modellbahnzimmer ist ein möglichst geringes Staubaufkommen. Dauernd staubig sind Räume ohne Feinputz. Daher versahen wird als nächstes den Kellerboden mit Feinestrich. Ein paar Tage später erhielten die Wände einen Feinputz. Schließlich wurde auf den Boden eine gut abwischbare PVC-Auflage gelegt, denn ein Teppich staubt ziemlich. Zum Schluss tapezierten wir noch und das Modellbahnglück konnte beginnen.
Der Raum wurde zum Herbst fertig, gerade als die Heizperiode begann. Dank der Heizung hielt man es dort unten gut aus und ich baute meine erste stationäre Anlage. Endlich konnte ich auch noch nach Weihnachten an meiner Anlage bauen und mit den Zügen spielen. Alles ging dann auch gut und funktionierte prächtig. Bis zum Frühjahr.
Im April oder Mai stellten wir die Heizung ab und dann begann es: Zunächst einmal wollten die Züge nicht mehr so richtig fahren, Aussetzer wurden die Regel. Dann begann es muffig zu riechen und die Landschaft wurde lappig und zerfiel. Dann entdeckte ich die ersten Roststellen an den damaligen Märklin-M-Gleisen. Schließlich hatten auch die Weichenantriebe erste Aussetzer. Was war geschehen?
Durch die zu hohe Luftfeuchtigkeit im Kellerraum begannen die Metalle zu korrodieren, die Laufflächen der Gleise liefen an. Die Kontakte in den Weichenantrieben liefen ebenfalls an, Kontaktschwierigkeiten allerorten waren die Folge. Schließlich kam der Rost. Die Folge beim jungen Modellbahner: Frust pur!
Die wohl meisten Oberflächen von Gebrauchsgegenständen reagieren auf den Kontakt mit Feuchtigkeit negativ bzw. verändern ihre Beschaffenheit: Metalle beispielsweise korrodieren, das heißt, ein Flüssigkeitsfilm hat sich auf die Metalloberfläche gesetzt und das Metall reagiert damit. Wenn sich dann noch eine elektrochemische Spannungsreihe aufbaut, oxidiert das Metall, es rostet. Strom leitet es dann nicht mehr.
Die zu hohe Luftfeuchte wird aber auch am übrigen Raum sichtbar. Das Wasser kondensiert an den Wänden, löst die Tapeten und zerstört Holz, beispielsweise kann es die Leimung von Sperrholz auflösen, das Holz quillt dann regelrecht auf. Doch warum ist das so?
Meinem geplagten, desillusionierten Physiklehrer sei dank und ich freue mich, damals offenbar nichts Überflüssiges gelernt zu haben – womöglich ist er nun auch noch stolz: Warme Luft, wie sie bisweilen im Frühjahr und Sommer vorkommt, ist in der Lage, viel mehr Feuchtigkeit aufzunehmen als kalte. Öffne ich im Hobbyraum das Fenster, etwa weil Farbdämpfe oder sonstiger Mief den Raum verlassen sollen, dringt diese sehr feuchte Luft in den Raum ein. Aber auch durch den Winddruck kann solche feuchte Luft ins Zimmer kommen. So weit, so gut. Im Erdgeschoss oder im ersten Stockwerk passiert dann in einem gut isolierten Haus gewöhnlich nichts. Anders ist's im Keller: Da er meist einige Grade kälter als das übrige Gebäude ist – darum nutzte ich ihn ja als Vorratsraum –, kühlt die feuchte, warme Luft rasch auf die dort im Keller vorkommende Temperatur ab. Diese abgekühlte Luft ist nun aber nicht mehr in der Lage ihre Feuchtigkeit zu halten.

Ähnlich einer Sprudelflasche, die im Sommer aus dem Kühlschrank geholt wird, kondensiert die Feuchtigkeit aus der Luft auf der kalten Oberfläche, schlägt sich also nieder und läuft in Tropfen herab. Nichts anderes passiert nun im Hobbyraum. Die abgekühlte Luft lässt ihre Feuchtigkeit los und die schlägt sich überall als dünner, nahezu unsichtbarer Wasserfilm mit den oben beschriebenen Folgen nieder. Zudem wird diese Feuchtigkeit von den so genannten hygroskopischen Stoffen – so lautet der Fachausdruck! – wie Putz, Holz oder Stoff regelrecht aufgenommen.
So eine Kellerluft hat zumeist 70-75 % relative Feuchtigkeit. Um nun Schäden an der Anlage und dem Raum zu vermeiden, muss diese Luftfeuchtigkeit auf mindestens 50-55 % abgesenkt werden. Dafür eignen sich meiner Erfahrung nach Salz, das man in großen Mengen ausstreuen soll, wenig. Es sei denn man ist Besitzer einer Saline und verfügt über die entsprechenden Mengen des Gewürzes. Auch die immer wieder angebotenen »Super-Luftentfeuchter« in Form eines Plastikkästchens, das mithilfe eines geheimnisvollen »Granulats die Feuchtigkeit aus der Luft saugt«, ist für unsere Zwecke zu wenig leistungsfähig. So genannte Wasserdampf sperrende Tapeten sind ebenfalls nicht das Richtige für unsere Zwecke, da sie nicht die zu feuchte Luft beseitigen. Optimal ist es, zu feuchte Luft richtig zu entfeuchten. Mobile, elektrische Luftentfeuchtungsgeräte sind daher am besten geeignet. Das sind rollfähige Raumlufttrockner. Die sind allerdings nicht billig, doch wer zigtausende in seine Modellbahn investiert und sie dann buchstäblich verschimmeln sieht, sollte diese Investition tätigen.
Was habe ich damals gemacht? Alljährlich im Frühjahr wurde das rollende Material eingepackt und vom Keller auf den Dachboden geschleppt. Als im Herbst wieder geheizt wurde – gleichbedeutend mit trockener Luft im Hobbyraum und gleich bleibender Temperatur – schaffte ich die teuren Loks und Wagen wieder auf die Anlage. Dann begann das große Entrosten der Gleise mit Bürste, Spiritus und Rostumwandler. Auch die elektromagnetisch betriebenen Weichen nahm ich auseinander und reinigte die Kontakte. Das ging jahrelang so. Während der Heizperiode funktionierte alles bestens. Ein

Ehe der Modellbahnspaß und das Gestalten von Szenen beginnen können, lauert so mancher Feind wie eine zu hohe Luftfeuchtigkeit. Belässt man die Modellbahn in einem zu feuchten Klima dürfte die Dampflok ihr Ladegeschäft nur unter Kontaktschwierigkeiten ausführen. Foto: Frickel

Auch die kleinen Fahrzeuge der Baugröße N sind keine Freunde zu hoher Luftfeuchtigkeit. Die Anlage Schure, von der diese Aufnahme stammt, befindet sich ebenfalls im Keller. Der Betreiber schwört inzwischen auf einen Luftentfeuchter.

Ein steckerfertiger Luftentfeuchter für Räume bis 80 m², wie er seit acht Jahren bei mir im Keller seinen unauffälligen, aber wirkungsvollen Dienst tut. In schwülen Sommern muss bisweilen wöchentlich der 5-l-Tank geleert werden.

Kompliment an die hohe Betriebssicherheit des damaligen Märklin-Blechgleises. Zugleich behalf ich mir mit wahren Lüftungsorgien: Wenn im Sommer die Luftfeuchtigkeit gering war – das zeigte ein Hygrometer an – lief ich in den Keller und riss das Fenster tagsüber auf. Bei feucht-heißem Wetter hielt ich es geschlossen. Damit konnte ich die Luftfeuchtigkeit im Keller einigermaßen in Grenzen halten, sodass die Landschaft zumindest nicht schimmelte. Pech hatte ich allerdings in den regenreichen Sommern. Dann musste ich im Herbst oftmals auch die Landschaft erneuern.
Nun bin ich seit 1996 stolzer Besitzer eines Luftentfeuchtungsgeräts, es kostete allerdings soviel wie zwei große Dampfloks. Doch seitdem kann ich das ganze Jahr über im Keller meiner Modellbahnleidenschaft frönen, die Loks fahren zu jeder Jahreszeit, alle Weichenkontakte funktionieren, die Landschaft muss seitdem nicht mehr erneuert werden, die Gleispflege beschränkt sich auf die Beseitigung des Staubs und es riecht nicht mehr muffig. Und das trockene Raumklima ist sicher auch besser für den Körper als die feuchte Kellerluft.

gravierenden Nachteil, den jedoch viele Hobbykollegen zu spät oder gar nicht beachten: die hohe Luftfeuchtigkeit in diesem Teil des Hauses (siehe Kasten).
Abhilfe bietet ein so genannter Luftentfeuchter. Wie arbeitet ein Luftentfeuchter? Ein solcher Raumlufttrockner ist mittels kleiner Rollen beweglich und für 220-V-Betrieb vorgesehen. Mein Gerät leistet knapp 150 W und vermag dabei etwa 200 g Wasser pro Stunde aus der Luft zu holen. Solch ein Apparat ist für Räume bis zu etwa 80 m² geeignet. Erhältlich ist ein solcher Luftentfeuchter in Baumärkten, im Elektrohandel oder direkt vom Hersteller, die oft in Modellbahnzeitschriften inserieren. Man stellt das Gerät einfach in den zu entfeuchtenden Raum und lässt es seine Arbeit tun. In der Regel besitzen solche Apparate einen eingebauten Hygrostaten, ein Feuchtigkeitsmessgerät. Damit lässt sich die erwünschte Raumtrockenheit einstellen. So habe ich meinen Luftentfeucher auf eine Trocknung des Raumes bis zu einer relativen Luftfeuchte von 50 % eingestellt.
So ein Gerät besitzt einen eingebauten Lüfter, der die Luft ansaugt. Diese Luft wird dann über Kühllamellen geführt, wobei sie kondensiert. Das kondensierte Wasser tropft in einen Auffangbehälter. Wenn dieser voll ist, leuchtet eine Kontrolllampe auf, zugleich schaltet der Luftentfeuchter automatisch ab, ein Überlaufen ist also nicht möglich. Es gibt auch Geräte, die über einen eingebauten Schlauch die sofortige Abfuhr des Kondenswassers in einen Abfluss oder dergleichen gestatten. Die entfeuchtete Raumluft wird dann über einen Kondensator geführt, dabei wieder auf die Raumtemperatur erwärmt und in den Raum geblasen. Natürlich muss man während der Arbeit des Geräts die Türen und Fenster geschlossen halten, da es dem Luftentfeuchter sonst erst nach lan-

ger Zeit gelingt, die Luftfeuchtigkeit im Raum zu senken.
Wer von den Kosten für ein solches Gerät zurückschreckt, kann sich einen Entfeuchter z.B. bei Baumärkten mit Maschinenverleih auch ausleihen. Da gibt es wahre Herkules-Raumtrockner mit einer Leistung, die dem feuchtesten Kellerloch ein gnadenloses Wüstenklima verschaffen. Wenn die Raumluft ausreichend getrocknet ist (mit dem Hygrometer überprüfen), gibt man den Apparat wieder zurück. Jedoch wird es nicht allzu lange dauern, bis wieder Feuchtigkeit für Probleme sorgt. Auf Dauer ist daher die Anschaffung eines Entfeuchters empfehlenswert, vor allem wenn die Anlage eine gewisse Größe, einen hohen Wert besitzt oder man häufig im Kellerraum baut und fährt.
Allerdings darauf hingewiesen, dass es auch andere Gründe für eine zu hohe Feuchtigkeit im Keller geben kann als das natürliche Raumklima in diesem Teil des Hauses. Wenn das Fundament z.B. durch Bauschaden oder altersbedingt feucht ist, nützt selbst der Einsatz eines Raumlufttrockners wenig. Dann muss erst mal die Ursache der Feuchtigkeit beseitigt werden: Man gräbt das Fundament von außen auf, bringt eine Drainage ein und schützt die Wand mit Bitumen. In einem solchen kostenintensiven Fall, den man allein schon wegen dem Gebäuderehalt durchführen muss, wendet man sich am besten an eine Spezialfirma. Für einen solchen Keller ist ohne entsprechende, teure Maßnahmen der Betrieb einer Eisenbahnanlage jedenfalls nicht empfehlenswert.

Wem es im Sommer zu feucht wird und dessen Anlage darum nicht so recht funktioniert, der macht eben Fotos vom großen Vorbild. Im Winter geht es dann an die farbliche Umsetzung der gesammelten Eindrücke an den Modellen.

3.1.3 Weitere Standorte

Wer weder einen Dachboden noch einen Kellerraum zur Verfügung hat, muss deshalb nicht gleich resignieren. Man muss ja nicht gleich die Eisenbahn in der Hutschachtel – ein Werbegag aus den 1970er-Jahren – realisieren. Zumindest eine Bahn der Nenngröße Z ist allemal drin, wie die Bilder zeigen. Der Erbauer dieser Kofferanlage in der genannten Nenngröße brachte immerhin eine Doppelschleife unter, sodass zwei Züge gefahren werden können. Unter dem Berg und unter der Anlagenkonstruktion ist Stauraum für Loks, Waggons und allerlei Krimskrams vorhanden.
Wem ebenfalls nur wenig Platz zur Verfügung steht – ich denke da z.B. an das 1-Zimmer-Appartement oder die Einliegerwohnung –, aber der Sinn nach einer Bahn der

Die Z-Anlage von Stefan Bayer befindet sich Platz sparend in einem alten Koffer. Sie ist schnell aufgebaut und in Betrieb genommen.

Nenngröße H0 steht, muss noch erfindungsreicher sein. Man könnte beispielsweise eine Eisenbahn im Regal installieren, die zudem noch als Zimmerschmuck fungieren kann. Auch eine Aufstellung auf einem Schrank ist denkbar. Selbstverständlich bieten solche Anlage keine großartigen Fahrmöglichkeiten, doch etwas Rangierbetrieb ist allemal drin. Man kann solche Kleinstanlagen auch transportabel gestalten. Dann kann sie der Erbauer zu einem Bekannten mit großer Anlage mitnehmen und dort über geeignete Übergangsgleise an die stationäre Anlage anschließen.

Wieder andere bauen nur einzelne Anlagenteilstücke, so genannte Segmente oder Module (dazu weiter unten mehr), die sie zu Treffen mit anderen Teilstückmodellbahnern mitnehmen und dort in Sport- oder Mehrzweckhallen, aber auch unter dem freien Himmel zu gigantischen Anlagen verbinden. Es sei jedem Modellbahnern empfohlen, einmal ein solches Treffen zu besuchen und sich von der Atmosphäre anstecken zu lassen, vielleicht baut dann so mancher ebenfalls Teilstücke.

Den Hobbyschreinern stehen wieder andere Möglichkeiten offen: Wer geschickt ist, kann eine Anlage in klappbarer Form gestalten, die zum Aufräumen einfach in einen Schrank geklappt wird. Auch über Modellbahnen, die mitsamt ihrer Grundplatte einfach an die Wohnraumdecke hochgezogen werden, ist schon berichtet worden. Eine interessante Lösung wurde in einer längeren Serie im Jahre 1989 in der inzwischen eingestellten Modellbahnzeitschrift »Bahn & Modell« vorgestellt. Der vierteilige Beitrag beschrieb den Bau einer an der Wand entlang verlaufenden Modellbahnanlage aus kleinen, relativ einfach herzustellenden Bauelementen, z.B. Streckenbretter mit nur 20 cm Tiefe. Der Clou ist der

Unter dem abnehmbaren Berg werden die Fahrzeuge bei Betriebsruhe aufbewahrt bzw. transportiert.

Dass auch bei relativ wenig Platz ein hoher Detaillierungsgrad erreicht werden kann, beweisen zahlreiche Szenen auf der Anlage Vogt.

Aufbau der einzelnen Anlagenbretter an fest mit der Wand verschraubten Auflageleisten. Nach dem Spiel werden die einzelnen Anlagenteile einfach wieder entfernt und an geeigneter Stelle verstaut. Die Auflageleisten bleiben und fallen nicht weiter auf. Ein sehr empfehlenswerter Vorschlag für platzbeschränkte Modellbahner.

3.2 Der Anforderungskatalog

Schließlich hat man einen Raum gewählt, der von seinen Gegebenheiten (hell, trocken, ziemlich staubfrei, leicht zu reinigen) für den stationären Aufbau einer Modellbahn geeignet ist oder durch bestimmte Umbaumaßnahmen in finanziell und zeitlich vertretbarem Aufwand hergerichtet werden kann. Mit dieser Entscheidung ist sich der angehende Anlagenbauer über den zur Verfügung stehenden Platz im Klaren, der wiederum die Wahl der Anlagenform bestimmt. Die nächsten Fragen lauten also: Welche Anlagenformen gibt es und welche ist die Richtige für mich und meine Vorstellungen bzw. Anforderungen an eine Modellbahn? Bewährt hat sich in dieser Hinsicht die Anlegung eines persönlichen Anforderungskatalogs, auch wenn das dem einen oder anderen ein Zuviel an Bürokratismus sein mag. Aber anhand von niedergeschriebenen Gedankengängen kann ich jederzeit meine Ideen überarbeiten bzw. weiterentwickeln.

Diese Ladeszene auf der Anlage Vogt hat ihren Platz auf einem nur 50 cm tiefen Anlagenschenkel gefunden. Der Erbauer hat sich dabei eng am zur Verfügung stehenden Platz orientiert, sich auf kleinere Szenen konzentriert und auf einen zu großen Betrieb verzichtet.

Die erste Feststellung, die zu treffen ist, lautet, ob das Zimmer, in dem die Anlage aufgebaut werden soll, allein für die Modellbahn zur Verfügung steht oder nicht. Finden darin noch andere Aktivitäten, etwa Schularbeiten der Kinder oder Kaffeekränzchen, statt? In solchen Fallen kann die Modellbahn nicht die Hauptrolle spielen. Zugleich scheiden damit Zimmer füllende oder zumindest weit ausragende Anlagenformen aus. Schließlich möchte man ja nicht, dass ständig an die Anlage angestoßen wird und dabei Beschädigungen entstehen können.

Dann gilt es, sich Gedanken über den thematischen Schwerpunkt der künftigen Anlage zu machen. Will ich vor allem fahren oder bevorzuge ich eine aufwändige Landschaft mit nur wenigen Gleisen. Oder gehört mein Herz einem Spezialthema wie einem Containerbahnhof z.B.

In diese Basisentscheidungen wirken natürlich immer auch weitere Kriterien mit hinein. Bin ich handwerklich in der Lage, das gesteckte Ziel zu erreichen? Wie sieht es mit den Finanzen aus, wird die Wunschanlage zu teuer? Sind die benötigten Materialien mit vertretbarem Aufwand aufzutreiben und in das vorgesehene Zimmer zu transpor-

tieren? Wie sieht es mit dem Lärm aus, den ich beim Bau verursache, stört das irgendjemanden? Denn nichts ist schlimmer als die Errichtung einer »Modellbahndiktatur« gegen den Rest der Familie.
Mit der Zeit kommt da ein schöner Anforderungskatalog zusammen. Dabei soll man aber immer ehrlich zu sich selbst sein. Wie ärgerlich und teuer zugleich, wenn das Projekt ins Stocken gerät, weil man sich übernommen hat. Fahren kann man dann nur mit dem Finger im Staub auf der Platte, von ansprechender Modelllandschaft keine Spur.

3.3 Die verschiedenen Anlagenformen

3.3.1 Geschlossene Anlagenform

Die bekannteste Anlagenform stellt nach wie vor das Rechteck dar, es repräsentiert die so genannte geschlossene Form. In vielen Gleisplanungsbroschüren der Modellbahnindustrie sind solche kompakten Anlagen beschrieben, die sich besonders für Anfänger eignen. In der Regel befindet sich ein Oval mit mehr oder weniger Abstellgleisen auf einer solchen rechteckigen Platte, die die üblichen 1 x 2 m misst. Das ist eine Größe, die man noch ins Auto kriegt. Im Laufe der Zeit wächst so eine Platte natürlich durch Anbauten, irgendwann steht man vor einem Riesentisch wie für eine Festgesellschaft.
Was passiert, wenn an der gegenüber liegenden Wand etwas nicht funktioniert, ein Wagen entgleist ist oder auf den Gleisen ein Bäumchen liegt. Wie kommt man da ran? Manche Modellbahner benutzen dafür Zangen mit Verlängerungsgestellen, andere lassen einen Wartungsraum rund um die Anlage frei, der aber kostet wertvolle

Fehlplanung?

Bei der Planung einer Modellbahn geht's also vorausschauend zu. Nun sind Modellbahner ja erfinderisch, das betrifft nicht nur die Anlagenformen. In meinem Wohnort hat in der Nachbarschaft ein älterer Herr vor einigen Jahren begonnen, sich mit einer Modellbahn zu beschäftigen. Er baute im Keller eine größere Anlage, die er auf dem Dachboden unterbringen wollte. Dort oben zu bauen schied wegen der Dachneigung und der geringen Stockhöhe aus. Kurzerhand ließ er einen Teil des Dachs abdecken und mit einem Leihkran hievte er die Anlagenteile in ihr neues Domizil. Zugleich muss ich dann aber auch an einen in der Zwischenzeit leider verstorbenen Verwandten denken, der im Keller eine phantastische Nachbildung der Burg Hohenzollern bei Hechingen auf der Schwäbischen Alb gebaut hatte. Die wollte er draußen im Vorgarten aufstellen. Als er sie aus dem Kellerrauem nach oben transportieren wollte, merkte er, dass die Burg zu groß geworden war und nicht durch die Tür passte. Sie wieder abzureißen war wohl Frevel. Auch ein Zerlegen war nicht möglich. Kurzerhand griff er sich den größten im Keller lagernden Hammer und schlug den hölzernen Türrahmen sowie ein Stück der angrenzend Wand heraus, um die Burg nach draußen zu transportieren. Das gelang dann auch. Diese Beispiele sollen nochmals illustrieren, wie wichtig eine genaue Planung in Form eines Anforderungskatalogs ist, damit es einem nicht wie den Modellbaukollegen geht.

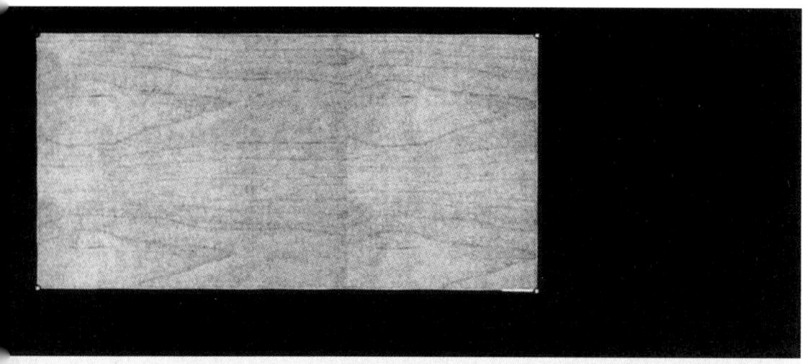

Ein Anlagentisch mit den Maßen 2 x 1 m wirkt schon fast wie eine festliche Tafel. Der Raum, in dem er sich befindet, wird von ihm in der Regel dominiert.

Anlagennutzungsfläche. Denkbar wäre daher eine Lagerung der Rechteckanlage auf Rollen, die ein Herausziehen der ganzen Konstruktion gestattet. Wenn man mal ans gegenüber liegende Ende muss, zieht man die Anlage von der Wand und schon erledigt man, was dort zu erledigen ist. Auf einer solchen beweglichen Anlage muss man allerdings das Zubehör wie Männchen und Tännchen gut festkleben, sonst sieht es nach jeder Bewegung der Anlage wie nach einem Wirbelsturm aus.

Problematisch an geschlossenen Anlagenformen ist auch ihre Übersichtlichkeit. Man hat alles jederzeit im Blick, sodass sich der Eindruck eines aus der Wirklichkeit herausgestochenen Stückchens Landschaft nicht einstellen mag. Außerdem gehört zum befriedigenden Spiel mit der Modellbahn, dass die Fahrt vom einen Bahnhof in den nächsten einige Zeit dauert. Auf geschlossenen Anlagenformen kann es sein, dass ich schon nach wenigen Sekunden im Nachbarbahnhof ankomme. Das Fahrerlebnis ist daher wenig spektakulär. Auch ein Fahrerlebnis will sich nicht einstellen, den Zug verfolge ich jederzeit mit den Augen, aber ich »fahre« nicht mit ihm über die Anlage.

Mit der festgestellten Übersichtlichkeit solcher Anlagen geht eine gewisse Mühe in der Gestaltung einher. Auf einer Rechteckanlage tut man sich schwer, eine abwechslungsreiche, überzeugend wirkende Landschaft darzustellen. Entsprechend schwierig gestaltet sich die Überwindung von Höhenunterschieden, da hierfür oftmals unrealistisch steile Rampen angelegt werden müssen. Die Illusion einer realitätsnahen Modellbahn zerstöre ich dann auch noch mit einem Kehrtunnel, den man in der Absicht etwas mehr Fahrstrecke zu gewinnen – das Problem jeder Rechteckanlage – angelegt hat. Die Lok hat den Tunnel bereits verlassen und fährt bereits in westlicher Richtung weiter, während der letzte Waggon noch in östlicher Richtung unterwegs ist. Da macht es dann auch schon nichts mehr aus, wenn der Zug, der soeben nach Westen abgefahren ist, kurze Zeit später von Osten her wieder auftaucht.

Doch auf lange Sicht gehört zum befriedigenden Spiel mit der Modellbahn auch ein Streckenkonzept mit Verkehrsidee, und die orientieren sich an der Realität. Nur damit lässt sich ein auf lange Zeit hin angelegtes, spannendes Spiel aufziehen. Mehr dazu im Kapitel 4.

Aus diesen Gründen empfiehlt sich eine geschlossene Anlagenform immer für kleinere Anlagen, z.B. für Anfänger oder Experimentierfreudige, die darin ein Testgelände sehen, auf dem sie neue Techniken erproben. Das Grundbrett sollte eine maximale Tiefe von 1 m, besser noch weniger nicht übersteigen.

3.3.2 Offene Anlagenform

Die in jeder Hinsicht bessere Lösung stellen so genannte offene Anlagenformen dar, also all diejenigen Anlagenformen, die kein kompaktes Rechteck beschreiben, sondern sich an den Wänden eines Zimmers entlangziehen. Dazu gehören die kammförmige Anlage, die Rundum-Anlage, die U- und die L-förmige Anlage. Sie gestatten, die Verkehrsidee des Vorbilds nachzugestalten. Züge verbinden hier in nie langweilig werdender Weise einzelne Punkte wie beim großen Bahnbetrieb, ein irgendwann an Reiz verlierender Kreisverkehr findet nicht statt.

Eine Anlage in Winkelform. Sie nimmt nicht mehr Fläche ein als die beschriebene Rechteckanlage, ermöglicht jedoch eine vielseitigere Landschaftsgestaltung. Zugleich ist nicht alles sofort überschaubar, ich muss mich mit dem fahrenden Zug mitdrehen, um ihn mit den Augen verfolgen zu können – das Fahrerlebnis stellt sich somit ein.

Ein Beispiel mag das illustrieren. Nehmen wir die oben beschrieben Rechteckanlage mit den Grundabmessungen von 1 x 2 m, also 2 m^2. Sie wirkt von der Größe her wie ein Schreibtisch oder ein Esstisch und dominiert einen kleineren Raum. Sägt man diese Fläche in der Mitte durch, so erhalten wie zwei Schenkel mit den Maßen 0,5 x 2 m. In L-Form übers Eck zusammengestellt ergibt dieses Arrangement eine Anlagenlänge von 4 m. Die Tiefe von 0,5 m reicht aus, um ein Nebenbahnmotiv durchzugestalten. Und auf 4 m Länge kann man eine Landschaft gestalten, deren Vielseitigkeit die Phantasie ganz schön fordert. Zugleich ist das Zimmer besser nutzbar, denn der dominierende Tisch ist ja nicht mehr vorhanden, sondern in zwei nur 50 cm tiefe Schenkel aufgelöst worden, die einen Raum weitaus weniger bestimmen als eine Plattenform.

Die offenen Anlagenformen gestatten eine bessere Ausnutzung eines Zimmers und gewähren überzeugendere Fahrerlebnisse als geschlossen Anlagenformen. Durch die besondere Form der kammförmigen Anlage ist es möglich, auf engem Raum mehrere auch grundverschiedene Landschafts- wie Eisenbahnmotive glaubhaft unterzubringen. Durch die Zungenform einer solchen Anlage erscheinen die einzelnen Motive ausreichend weit voneinander entfernt, um die Illusion des Vorbilds zu erzeugen. Man gerät dadurch nicht in Gefahr, seine Anlage zu überladen, da eine optische Trennung eher verwirklicht werden kann. Da man die Bereichen zwischen den einzelnen Anlagenzungen begehen kann, ergeben sich für den Spielenden immer neue Perspektiven. Das gilt auch für U- oder L-förmige Anlagen.

Das Fahrerlebnis ist mit dem auf geschlossenen Anlagen nicht zu vergleichen, man muss es erlebt haben. Langsam zieht die Lok vor ihrem Zug an, rumpelt schwer arbeitend über die Weichen und nimmt Fahrt auf. Wenn man dem Zug einer offenen Anlagenform folgen will, so muss man sich mitdrehen. Ganz von selbst stellt sich ein vorbildgerechtes Fahrerlebnis ein.

3.3.3 Die mehrstöckige Anlage

In den USA ist eine Anlage in mehreren eigenständigen Stockwerken weit verbreitet,

hierzulande sind solche Formen allerdings noch selten zu finden. Bequem und relativ einfach erziele ich mit einer solchen Anordnung mehrere Spielebenen und verlängere Fahrzeiten und Streckenlängen. Die Verbindung der einzelnen Ebenen erreicht man mit den üblichen Tricks wie Gleiswendeln oder aber über einsehbare Rampen.
Der gravierende Nachteil einer mehrstöckigen Anordnung ist die als »Guckloch« am treffendsten zu bezeichnende Perspektive. Vor allem wenn die Ebenen nicht durch eine ausreichende Distanz voneinandergetrennt sind, kann das ganze Anlagenarrangement wie ein Regal wirken. Die einzelnen Ebenen liegen dann im Schatten und mit einer realitätsnahen Anlage hat das nicht mehr viel zu tun. Dem hilft man durch genügend große Distanzen der einzelnen Ebenen zueinander ab. Eventuell notwendige Stützen zum Tragen der einzelnen Ebenen könnte man in Form von hoch aufragenden Gebäuden (z.B. einem Siloturm) kaschieren.

3.3.4 Segmente und Module

Eine bemerkenswerte Entwicklung bei den Anlagenformen stellen die Segmente und Module genannten, mit Teilstücke zusammengestellten Anlagen Arrangements dar. Unter Modul versteht man dabei ein nach Normen erstelltes Anlagenteilstück, ein Segment ist ein Teilstück, das nach eigenen Vorgaben gebaut worden ist.
Der Vorteil einer solchen Konzeption ist einleuchtend und erklärt den Erfolg dieser Anlagenbauphilosophie: Zuhause gestaltet man sich ein solches Projekt oder auch mehrere überschaubare Anlagenteile. Dadurch stellt sich ein Bauerfolg früher ein als bei Großanlagen. Und preisgünstiger ist ein solches transportables Teilstück auch noch. Dann fährt man mit seinen Modulen zu einem Treffen eines nach Normen bauenden Modelbahnvereins, z.B. des Fremo genannten »Freundes-

Das optische Fahrerlebnis fällt auf Segment- und Modulanlagen sehr überzeugend aus. Wenn sich das Geschehen zudem in Augenhöhe abspielt, ist die Illusion der Wirklichkeit perfekt.
Foto: Frickel

kreises europäischer Modellbahnen« und gesellt sich mit seinem Anlagenteil zum großen Hallen füllenden Arrangement hinzu.
Segmentbahner hingegen bauen nach individuellen Vorstellungen ein eigenes Anlagenarrangement z.B. für die Terrasse oder die Garage, wo sie ihre Anlage dann zusammenstellen und betreiben. Vorstellbar ist hierbei natürlich auch ein Kreis von drei oder vier Modellbahnern, die nach eigenen Normen ihre Segmente bauen und sich gelegentlich treffen und ihre Segmente zu einem Privatarrangement zusammenstellen und betreiben. Wer sich für die Normen der großen Modellbauvereine interessiert, kann sie im Internet finden.
Solche Teilstücke ruhen auf handelsüblichen Böcken, die es in jedem Baumarkt zu kau-

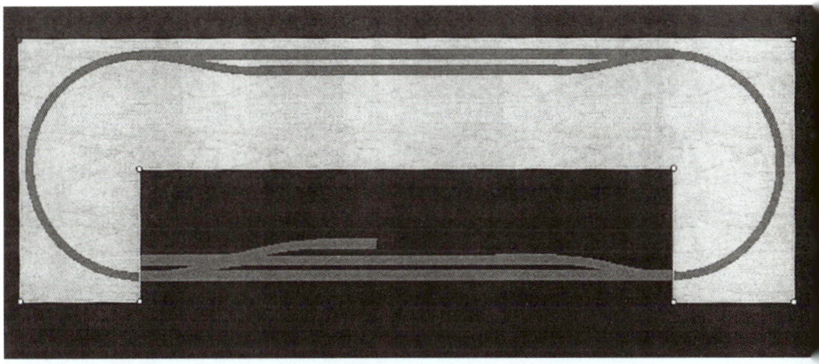

Das Prinzip einer Wechselrahmenanlage: Fest installiert wird nur der Rahmen, hier hell unterlegt. Der Bahnhof, hier dunkel dargestellt, kann ausgewechselt werden.

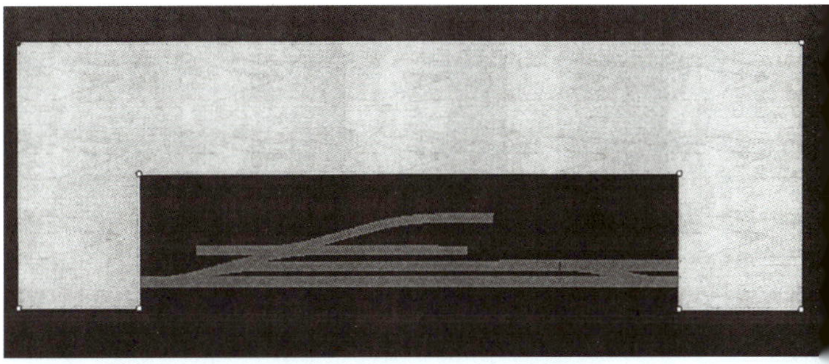

Auf der Wechselrahmenanlage wurde soeben ein anderes Bahnhofsbrett installiert. Der Betrieb erreicht so eine hohe Vielseitigkeit.

fen gibt. Die Segmente und Module sind damit jedoch nicht auf die vorgesehene Betriebshöhe bei Treffen zu bringen. Daher muss man sich selber Standbeine zusammenbauen. Für die wirkungsmächtige Illusion des späteren Modellbahnspiels ist es ohnehin günstig, wenn die Züge in Augenhöhe verkehren. Das verschafft zusätzlich aufregende Perspektiven. In der Regel ist dieses Kriterium jedoch nur bei sitzender Bedienung zu erfüllen, denn nur wenige werden ihre Anlage 1,80 m hoch bauen und anordnen wollen.
Ein interessanter Bauvorschlag für platzbeschränkte Modellbahner stellt die Bauausführung eines Segments mit einem so genannten Wechselrahmen dar. Dabei werden unterschiedliche Segmente mit verschiedener Gleisentwicklung in einen U-förmigen Rahmen (siehe Abbildung) eingeschoben. Der Vorzug: Man hat den Abwechslungsreichtum eines Modultreffens im eigenen Heim.

3.4 Der Unterbau

Wenn man sich für eine Anlagenform entschieden hat, geht es an die Konstruktion eines geeigneten Unterbaus, denn irgendwo drauf müssen die Anlagenbretter ja ruhen. Da eine detaillierte Darstellung aller Möglichkeiten zur Herstellung eines funktionalen Unterbaus den Rahmen dieses Buch bei weitem übersteigt (es gibt zu diesem Thema eine ganze Menge Spezialliteratur), sei hier kurz die Konstruktion meines Anlagenunterbaus dargestellt.
Meine U-förmige Anlage wurde auf 8-mm-Sperrholz aufgebaut. Diese Platten ruhen auf einem Untergerüst aus Quer- und Längsstreben. Dieses Untergerüst ruht an der an die Wand grenzenden Seite auf Konsolen, die mit der Wand verdübelt wurden. Am vorderen Anlagenende wird dieses Gerüst durch Holzbeine abgefangen.
Ein gelungener Unterbau muss mehrere Kriterien erfüllen. Er muss stabil genug sein, um nicht nur das Gewicht der Modellbahnanlage zu tragen, sondern bisweilen auch etwas mehr. Bei geschlossenen Anlagenformen ist das besonders wichtig, da zum Beseitigen von Störungen schon einmal der Modellbahner selber aufs Brett steigt um aufzuräumen. Der Unterbau muss verwindungssteif sein. Holz arbeitet, und dies umso mehr, je höher die Luftfeuchtigkeit ist. Um die Eigenbewegungen des Holzes aufzufangen, erhalten die Anlagenbretter ein Untergerüst, das die Verwindungen des Holzes verhindert bzw. einschränkt – im obigen Beispiel das Gerüst aus Längs- und Querstreben.
Bei aller Stabilität sollte er jedoch selbst nicht zu schwer werden. Das ist wichtig, wenn man die Anlage bewegen will, weil sie z.B. auf Rollen lagert. Ebenso wichtig ist es, dass der Unterbau zugänglich bleibt. Günstig ist es, wenn der Unterbau jederzeit erweiterungsfähig ist, etwa weil man die Anlagenfläche erweitern will. Abschließend achtet man noch darauf, dass die Kosten für den Anlagenunterbau nicht zu hoch werden. Für gewöhnlich investiert man ja lieber in das rollende Material und nicht in Holz und Schrauben.

3.4.1 Holz, Alu und Schaumstoffe

Ein geeignetes Material für einen Unterbau, der die genannten Kriterien erfüllt, ist Holz. Es erfreut sich nach wie vor hoher Beliebtheit. Sein Vorzug ist seine ständige Verfügbarkeit und relativ leichte Bearbeitbarkeit. Es findet Verwendung bei der Konstruktion des Unterbaus wie für die Platten, auf denen später einmal die Züge fahren sollen. Für die Anlagenbretter bieten sich zwei Arten von Holz an: Spanplatten und

Sperrholz. Die Spanplatten verziehen sich nicht, sind vergleichsweise preisgünstig und lassen sich relativ leicht bearbeiten. Allerdings haben Spanplatten ein relativ hohes Eigengewicht, das bedingt einen stabilen Unterbau. Das Gewicht ist vernachlässigbar, wenn man nur Trassenbretter aus diesem Material aussägt. Es ist jedoch dann von Ausschlag gebender Bedeutung, wenn die Anlagengrundplatte aus diesem Holz bestehen soll. Dicke Spanplatten hängen nämlich leicht durch und müssen daher durch Unterleimen von Holzleisten stabilisiert werden. Andernfalls fahren die auf der Platte verkehrenden Züge ständig auf und ab, weil sich der Untergrund verzieht.
Sperrholzplatten sind teurer als Spanplatten, aber ebenso leicht zu bearbeiten. Gegenüber den Spanplatten hat es den Vorzug, dass Schrauben in ihm besser halten und nicht zum Ausreißen neigen.
Noch relativ neu ist die Möglichkeit eines Anlagenunterbaus aus Alurahmenteilen. Die Firma Noch z.B. bietet die Lieferung eines kompletten Unterbausatzes aus nach Vorgaben des Auftragsgebers exakt abgelängten Aluzargen an. Nur zusammenschrauben muss man die Teile noch selber. Der Vorteil einer solchen Konstruktion ist neben ihrer hohen Tragkraft noch ihre Unempfindlichkeit gegen Temperaturschwankungen. Nachteilig ist ihr vergleichsweise höherer Preis. Auch aus Regalsystemteilen kann man sich einen Anlagenunterbau erstellen. Da solche Teile in jedem Baumarkt vorrätig sind, dürfte die Beschaffung kein Problem darstellen. Auch sie sind sehr belastungsfähig. Als Anlagenbasis verwendet man Holzplatten, die auf die Aluzargen geschraubt werden.
Als Anlagenbasis noch recht neu, aber nichts desto mehr empfehlenswert sind handelsübliche Schaumstoffe wie Jackodur bzw. Styrodur. Diese festeren Schaumstoffe bringen im Gegensatz zu Styropor genügend Eigenstabilität mit, um als Basis für eine Anlage zu dienen. Sie sind zudem noch sehr leicht zu bearbeiten und mit vielen Klebstoffen (Weißleim, Schaumstoffkleber) verarbeitbar.

Unterschiedliche, für den Unterbau geeignete Materialien auf einen Blick: Unten die 8-mm-Sperrholzplatte, auf die z.B. Bahnhöfe gebaut werden können. Darauf ruht eine 6-mm-Spanplatte, die sich z.B. für Trassenbretter eignet. Und oben drauf liegt eine Platte Styrodur, ein noch neues Material im Anlagenbau. Es ist ab einer Plattenstärke von 4 cm fest genug, als Basis für die verkehrenden Züge zu dienen.

4. Der

Die Streckenführung auf der Anlage Dr. Loidol wurde vorbildlich gelöst: Wenig Gleise durchziehen im Bahnhof die Kleinstadt. Es blieb viel Platz für die Landschaft bzw. städtische Bebauung.

Streckenplan

Wenn die Fragen geklärt sind, welche Fläche für die Anlage zur Verfügung steht und welche Nenngröße dafür die Richtige ist, beginnt die eigentlich Planung, allerdings wieder mit zwei Fragen: Welches Anlagenthema eignet sich am besten und wie sieht der optimale Gleisplan dafür aus?

Bei der Streckenplanung einer Modellbahn müssen die meisten Kompromisse geschlossen werden. Damit man diesen Umstand der Bahn hinterher nicht ansieht, besteht die Kunst nun darin, genau das zu verschleiern. Es geht dabei vor allem darum, möglichst sinnvolle Kompromisse zu schließen. Denn zum befriedigenden Spiel mit der Modellbahn, das auf Jahre hinaus interessant bleiben soll, sind eine Reihe von Voraussetzungen zu erfüllen. Sicher, für den maßstäblichen Nachbau einer Vorbildstrecke fehlt den Modellbahnern zumeist der Platz. Es ist aber auch nicht der Sinn einer Modellbahn, eine Vorbildstrecke bis ins Kleinste zu imitieren. Die Vielzahl der Betriebsmöglichkeiten und die damit verbundene Vielseitigkeit einer Modellbahnanlage werden vielmehr durch die kreative Umsetzung einer Vorbildsituation garantiert.

4.1 Nochmals die Platzfrage

Die Faktoren Nenngröße, Anlagenthema und verfügbare Fläche stehen bei der Planung einer Modelleisenbahn in gegenseitiger Abhängigkeit. Die dabei zu treffenden Kompromisse fallen beim Bau einer offenen Anlagenform weitaus weniger quälend aus. Sie gestattet eine Vielfalt an landschaftlicher Gestaltung, bei der die Phantasie gefordert ist. Und zudem ermöglicht sie ein vielseitiges Fahrmotiv, denn schon allein optisch wird nach Fahren und Rangieren getrennt, da nicht alles auf einen Blick zu sehen ist. Wir fahren über die Anlage und wir rangieren auf der Anlage, beides ist aber bei einer offenen Anlagenform optisch voneinander getrennt. Entsprechend glaubwürdiger wirkt eine solche Modellbahn.

Beim großen Vorbild werden Menschen und Güter von A nach B transportiert, entsprechend vielfältig sind die Verkehrsaufgaben. Eine Eisen-

Anlagenabmessungen in m	
1 x 0,5	Z
1 x 0,5	N, Z
1,25 x 0,6	Z
1,25 x 0,6	N, Z
1,25 x 0,6	N, H0e/H0m
1,7 x 0,75	N, Z
1,7 x 0,75	N, H0e/H0m
1,7 x 0,75	H0e/H0m
2 x 1	Z
2 x 1	N, H0e/H0m
2 x 1	H0e/H0m
2 x 1	H0, H0e/H0m
2,5 x 1,25	Z
2,5 x 1,25	Z
2,5 x 1,25	H0e/H0m
2,5 x 1,25	H0, H0e/H0m
2,5 x 1,25	H0
3 x 1,5	Z
3 x 1,5	N
3 x 1,5	H0, H0e/H0m
3 x 1,5	H0
3 x 1,5	H0, 0m
4 x 1,5 und mehr	N
4 x 1,5 und mehr	H0
4 x 1,5 und mehr	H0
4 x 1,5 und mehr	H0, 0m
4 x 1,5 und mehr	0
5 x 1,5 und mehr	H0
5 x 1,5 und mehr	H0
5 x 1,5 und mehr	H0, 0m
5 x 1,5 und mehr	0
5 x 1,5 und mehr	I, IIm

Anlagenbau

Platz und Nenngröße

Diese Zahlen beziehen sich auf eine Anlage, bei der nicht eine Menge Gleise unterzubringen sein sollen, sondern die dem zur Verfügung stehenden Platz entsprechend eine ausgewogene Aufteilung nach Landschaft und Gleisen gerecht wird. Was beispielsweise in H0 vielleicht nur mit einem Gewimmel an Gleisen zu erreichen ist, mag in N ausgewogen erscheinen. Dann sollte man zur nächst kleineren Nenngröße greifen. Denn wesentlich zum befriedigenden Spiel mit der Bahn trägt ein gut proportioniertes Verhältnis zwischen Landschaft und Gleisen bei.

Nenngröße	Anlagenthema
	Anlage mit Nebenbahncharakter und mittlerem Bahnhof sowie 1-2 Gleisanschlüssen
	Anlage mit Nebenbahncharakter und Bahnhof mit 2-3 Gleisen
	Anlage mit mittelgroßem Bahnhof und zweigleisiger Paradestrecke
	Anlage mit Nebenbahncharakter und mittlerem Bahnhof sowie 1-2 Gleisanschlüssen
	Anlage mit Nebenbahncharakter und Bahnhof mit 2-3 Gleisen
	Anlage mit mittelgroßem Bahnhof und zweigleisiger Paradestrecke
	Anlage mit Nebenbahncharakter und mittlerem Bahnhof sowie 1-2 Gleisanschlüssen
	Anlage mit Nebenbahn- bzw. Hauptbahncharakter (bei der RhB) und Bahnhof mit 2-3 Gleisen
	Anlage mit Haupt- und Nebenstrecke sowie einem Bahnhof mit Schnellzughalt und Bahnbetriebswerk
	Anlage mit mittelgroßem Bahnhof und zweigleisiger Paradestrecke
	Anlage mit Nebenbahn- bzw. Hauptbahncharakter (bei der RhB und mittlerem Bahnhof sowie 1-2 Gleisanschlüssen
	Anlage mit Nebenbahn. bzw. Hauptbahncharakter (bei der RhB) und Bahnhof mit 2-3 Gleisen
	Größere Anlage mit mehreren vorbildgetreuen Bahnhöfe und verschiedenen Streckenverläufen
	Anlage mit Haupt- und Nebenstrecke sowie einem Bahnhof mit Schnellzughalt und Bahnbetriebswerk
	Anlage mit mittelgroßem Bahnhof und zweigleisiger Paradestrecke
	Anlage mit Nebenbahn- bzw. Hauptbahncharakter (bei der RhB und mittlerem Bahnhof sowie 1-2 Gleisanschlüssen
	Anlage mit Nebenbahn. bzw. Hauptbahncharakter (bei der RhB) und Bahnhof mit 2-3 Gleisen
	Größere Anlage mit mehreren vorbildgetreuen Bahnhöfe und verschiedenen Streckenverläufen
	Anlage mit Haupt- und Nebenstrecke sowie einem Bahnhof mit Schnellzughalt und Bahnbetriebswerk
	Anlage mit mittelgroßem Bahnhof und zweigleisiger Paradestrecke
	Anlage mit Nebenbahn- bzw. Hauptbahncharakter (bei der RhB und mittlerem Bahnhof sowie 1-2 Gleisanschlüssen
	Anlage mit Nebenbahn. bzw. Hauptbahncharakter (bei der RhB) und Bahnhof mit 2-3 Gleisen
	Größere Anlage mit mehreren vorbildgetreuen Bahnhöfe und verschiedenen Streckenverläufen
	Anlage mit Haupt- und Nebenstrecke sowie einem Bahnhof mit Schnellzughalt und Bahnbetriebswerk
	Anlage mit mittelgroßem Bahnhof und zweigleisiger Paradestrecke
	Anlage mit Nebenbahn- bzw. Hauptbahncharakter (bei der RhB und mittlerem Bahnhof sowie 1-2 Gleisanschlüssen
	Anlage mit Nebenbahn. bzw. Hauptbahncharakter (bei der RhB) und Bahnhof mit 2-3 Gleisen
	Größere Anlage mit mehreren vorbildgetreuen Bahnhöfe und verschiedenen Streckenverläufen
	Anlage mit Haupt- und Nebenstrecke sowie einem Bahnhof mit Schnellzughalt und Bahnbetriebswerk
	Anlage mit mittelgroßem Bahnhof und zweigleisiger Paradestrecke
	Anlage mit Nebenbahn- bzw. Hauptbahncharakter (bei der RhB und mittlerem Bahnhof sowie 1-2 Gleisanschlüssen
	Anlage mit Nebenbahn. bzw. Hauptbahncharakter (bei der RhB) und Bahnhof mit 2-3 Gleisen

bahn fährt ja meist nicht nur zum Spaß herum, sondern hat die Aufgabe, Personen und Güter zu transportieren. Und genau diese Überlegung ist beim Entwickeln eines Streckenplans hilfreich. Dazu weiter unten mehr.
Doch ehe man jetzt damit beginnt, die tollsten Ideen zu entwickeln, muss ich schon wieder bremsen. Denn der zur Verfügung stehende Platz ist nun mal nicht auszutricksen. Was ist bei welcher Größe möglich? Die Zahlen in der nebenstehenden Tabelle gibt einen groben Anhaltspunkt zur Beantwortung dieses Frage.

4.2 Das Eisenbahndrehbuch

Mit den oben genannten Anlagenabmessungen konfrontiert, ahnt man, welches Thema die künftige Modellbahn haben wird. So mancher wird nun ziemlich ernüchtert sein. Eigentlich hat man sich ja eine Hauptbahn mit großem Betriebwerk, 30 Loks und großer Güteranlage vorgestellt. Aber der Platz lässt es nicht zu. Nur eine mickrige Nebenbahn ist nach der obigen Tabelle drin? Das ist schmerzlich, aber der Verzicht ist nützlich. Führt er doch auf lange Sicht zu einer den Möglichkeiten der häuslichen Umgebung optimal entsprechenden Modellbahn. Und deren Spielmöglichkeiten sind nicht von der Anzahl der Gleise abhängig.
Manche Modellbahner erschrecken beim Begriff Nebenbahn, weil sie sich den Betrieb dort langweilig vorstellen. Dem ist aber nicht so. Auch auf der Nebenbahn kann ganz schön was los sein. Und dabei hilft ein so genanntes Eisenbahndrehbuch. Mit einem solchen Ratschlag wurde auch ich vor vielen Jahren

Die wohltuend zurückhaltende Gleisentwicklung auf der Z-Anlage Bayer unterstreicht, was ich unter einem ausgewogenen Verhältnis zwischen Bahn und Landschaft verstehe.

Wie beiläufig wirkt die Eisenbahn auf der Anlage Dr. Loidol: Nicht zu viele Gleise auf zu wenig Raum. Die vorbildgerechte Wirkung entsteht durch die exzellente, detailreiche Gestaltung ebenso wie durch die geschickte Anordnung der Siedlung hoch über den Bahnanlagen.

konfrontiert, als ich bei einem befreundeten Modellbahner Hilfe suchte. Meine damals entstandene Hauptstreckenbahn auf einer rechteckigen Grundfläche war unbefriedigend ausgefallen: Die Zuglängen zu groß, die Bahnsteige zu klein, sinnloses im-Kreis-Fahren, kurz: das Spiel war schnell langweilig geworden.

Da kam der Tipp mit dem Eisenbahndrehbuch. Dort sollte ich zunächst alle Probleme hineinschreiben, die mir im Zusammenhang mit meiner jetzigen Bahn einfielen. Dabei kristallisiert sich meine Wunschbahn nämlich schon heraus. So kam ich darauf, dass mir eine Anlage mit viel Rangierverkehr vorschwebte. Ein vorbildgerechtes Fahren von A nach B war mir auch wichtig. Und realistische Zuglängen. Daraufhin fragte mich mein Bekannter, warum ich dann nicht eine Modellbahn nach meinen Wünschen gebaut habe?

Nun also wusste ich, was ich wollte. Natürlich war ich mir bewusst, dass beim zur Verfügung stehenden Platz nur eine Nebenbahn in H0 drin war. Wie in einem Drehbuch für den Film schrieb ich über mehrere Abende verteilt die Geschichte meiner Bahn auf und formulierte ihre Verkehrsidee. Warum wurde hier eine Bahn gebaut und was sind ihre Aufgaben? Genau auf diese Fragen gab ich Antworten und langsam wuchs die Anlage: Heraus kam eine rangierintensive Fahranlage mit

Nebenbahnverkehr muss nicht langweilig sein. Abwechslungsreichen Verkehr garantieren liebenswerte Zuggarnituren wie der Schienenbus.
Foto: Fleischmann

mehreren kleinen Kopfbahnhöfen – was das ist, dazu gleich mehr – und den Transportaufgaben entsprechender Gleisentwicklung in den Bahnhöfen.
Die dargestellte Gegend ist bei Erholungssuchenden sehr beliebt. Das bedingt den Einsatz von zahlreichen Personenzügen mit abwechslungsreichen Wagengarnituren und ab und zu einem Sonderzug mit Sommerfrischlern. Die Landschaft ist waldreich, deshalb gibt es Sägewerke und die entsprechenden Transportfahrzeuge vom Pferdefuhrwerk bis zu Drehschemelwaggons zum An- und Abtransport des Holzes. Zur Bedienung des Sägewerks ist ein umfangreicher Rangierverkehr zu bewältigen. Darüber hinaus hat sich in der dargestellten Urlaubsgegend eine große Nachfrage nach Lebensmitteln ergeben, die verschiedene Fabriken befriedigen. Dieser Verkehr einen verhältnismäßig umfangreichen Güterwagenpark.
Das für die kleinen Bahnhöfe erstaunliche Verkehrsaufkommen muss erst einmal bewältigt werden. Der Betrieb auf meiner Nebenbahn ist durch die Planung nach meinen genauen Vorstellungen unter Berücksichtigung der räumlichen Gegebenheiten noch nie langweilig geworden. Ich denke, dass jeder Modellbahner mehr oder weniger genau weiß, was er möchte. Mit einem Eisenbahndrehbuch kann er diese Wünsche unter Einbeziehung der in der Tabelle genannten platzbedingten Einschränkungen präzisieren.

4.3 Mindestabmessungen

Eine weitere Hilfe beim Planen der eigenen Modellbahn und dem Präzisieren der eigenen Vorstellungen können die notwendigen Mindestabmessungen der Bahnsteige darstellen. Ein überzeugender Schnellzug besteht aus mindestens acht Wagen. Damit die nicht wie ein Ring Bratwürstchen in einer zu kleinen Pfanne aussehen, weil das Gleisoval viel zu kurz ist, muss der Bahnsteig schon entsprechende Abmessungen haben.
Wenn man sich von Schnellzugwagen lösen kann, den Hauptbahn-Personenverkehr aber dennoch zumindest andeuten will, so empfiehlt sich der Einsatz von kürzeren Waggons, z.B. Umbauvierachsern oder Donnerbüchsen.
Auf einer Nebenbahnanlage sehen die Bahnsteiglängen schon wieder anders aus: Bei 1,4 m Länge in Nenngröße H0 können schon eine Lok und bis zu acht Zweiachser halten, eine überzeugende Zuglänge.
In der folgenden Tabelle sind die Maßangaben für die Bahnsteige in Abhängigkeit von den Nenngrößen und den vorgesehenen Zugarten zusammengestellt.

Zug- und Bahnsteiglänge

Baugröße	Z	N	H0	0	I	II
1 km entspricht im Modell in m	4,55	6,25	11,5	22,2	31,2	44,5
Mindestmaß Bahnsteiglänge bei Schnellzugeinsatz	1,1	1,5	2,75	5,35	7,5	10,7
Mindestmaß Bahnsteiglänge bei Personenverkehr	0,9	1,3	2,4	4,6	6,5	9,3
Mindestmaß Bahnsteiglänge bei Nebenbahnverkehr	0,5	0,75	1,4	2,65	3,75	5,3
Mindestmaß Bahnsteiglänge bei Schweizer Schmalspurbahn	-	-	1,3	2,5	-	5
Mindestmaß Bahnsteiglänge bei deutscher Schmalspurbahn	-	-	0,6	1,1	-	2,3

4.4 US-Modellbahnen

Wem all diese Vorschläge für Anlagenthemen nicht so recht gefallen, der findet vielleicht beim Blick über den Atlantik seine modellbahnerische Bestimmung: Ein Geheimtipp unter den Eisenbahnfans stellen US-Modellbahnen dar. In den letzten zehn Jahren wandten sich immer mehr Hobbykollegen einem US-amerikanischen Motiv zu und bauten eine entsprechende Anlage.

US-Modellbahner sind große Freunde des umfassenden Selbstbaus, sie greifen daher mit Vorliebe zu Waggonbausatzmodellen. In den Vereinigten Staaten gibt es viele Waggonbauarten in Bausatzform, die in der Regel mit einfachen Mitteln und normalen Fähigkeiten zusammenzustellen sind. Jeder, der einen Kunststoffbausatz zusammenkriegt, wird diese Bausätze erfolgreich meistern.

4.4.1 US-Anlagen

Auffällig viele Modellbahner, die nach US-Vorbild bauen, gestalten Anlagen in offener Form, die einen Punkt-zu-Punkt-Verkehr zulassen. Das ist eine gute Möglichkeit, einen vorbildnahen Betrieb durchzuführen. Dabei sind maßvolle Anlagenabmessungen die Regel, die ausufernde Riesenanlage stellt eher die Ausnahme denn die Regel dar. Das Argument, US-Modellbahnen benötigten zuviel Platz, zieht daher nicht. Man wird daher weniger die bisweilen kilometerlangen Güterzüge nebst dreier vorgespannter Lokomotivriesen nachbilden. Eine gemütliche Nebenbahn mit ein paar Lokveteranen und vorbildgetreuem Punkt-zu-Punkt-Verkehr macht einen Riesenspaß. In den USA wurde auch das Fahren mit Wagenkarten und –zetteln erfunden, also der vorbildähnliche Modellbahnbetrieb. Dazu in Kapitel 7 mehr.

Diesellokriesen, oft in Doppeltraktion wie auf dem Foto eingesetzt, beeindrucken vor allem bei den US-Modellbahnen.
Foto: Frickel

Da die US-Loks in der Regel Dieselmaschinen mit großen Ausmaßen sind, stellt die Unterbringung von Schwungmassen und großen Motoren zur Erzielung eines hohen Drehmoments bei exzellentem Auslaufverhalten selten ein Problem dar. Natürlich gibt es auch zahlreiche Dampfloks, hingegen stellen E-Loks die Ausnahme dar. Die gute Qualität dieser Erzeugnisse ist mit den europäischer Modellbahnen zu vergleichen. Bereits in der werksmäßigen Ausstattung besitzen solche Maschinen einen beneidenswerten Auslauf. In der Regel haben diese Loks auch zahlreiche Stromabnahmepunkte, sodass einem unbeschwerten Fahr- und Rangiervergnügen nichts im Wege steht. Die meisten modernen US-Modellbahnloks besitzen zudem eine digitale Schnittstelle.
Für die US-Modellbahnen spricht oftmals auch der Preis, denn zahlreiche Loks der bedeutenden Anbieter wie Atlas, Kato, Life Like oder andere sind gemessen an ihrer Technik (Schnittstellen, feine Detaillierung, sehr gute Lackierung, ausgewuchteter Fünfpolmotor und oftmals Doppelschwungmasse) preisgünstig, das heißt z. T. nicht einmal halb so teuer wie ein europäisches Modell, allerdings werden sie meistens in Ostasien produziert. Das gilt auch für die Waggons. Für etwas einfacher ausgestattete Modelle zahlt man z. T. wahre Dumpingpreise.
Beliebt sind Modellbahnen aus den USA auch wegen ihrer oft sehr bunten Farbgebung, wie die Fotos eindrucksvoll beweisen. Da beim Vorbild viele Gesellschaften durch Aufkauf von anderen geschluckt wurden, deren Lokomotiven aber noch lange Zeit in ihrer ursprünglichen Lackierung unterwegs waren, kann der Modellbahner absolut vorbildgerecht eine Bahngesellschaft betreiben, die ein Sammelsurium an Loks verschiedener Lackierungsschemata beheimatet.
Im Angebot der renommierten Hersteller finden sich außerdem zahlreiche »undecorated«-Modelle. Das sind Fahrzeuge, die in einer Grundfarbe ausgeliefert werden, um dem Modellbahner die Lackierung nach seinen eigenen Vorstellungen zu gestatten. Um die beim Vorbild häufigen Doppeltraktionen einfach nachgestalten zu können, werden viele Modelle als so genannter »Dummy« – ein Lokmodell ohne Motor – angeboten. Rein äußerlich sind diese Maschinen von den motorisierten Einheiten nicht zu unterscheiden, aber natürlich wesentlich billiger. So kommt man zu einer bezahlbaren Dreifachtraktion.

4.4.2 Besonderheiten US-Loks

Das Besondere an den US-Modellbahnen ist ihre Mittelpufferkupplung. Sie besitzen keine Seitenpuffer wie europäische Bahnen. Die Mittelkupplung übernimmt sozusagen die Pufferfunktion. Zugleich erlaubt diese Kupplungsbauart enge Wagenabstände ohne die Gefahr, dass sich die Kupplung oder die Puffer miteinander verhaken und die Wagengarnitur entgleist. Die modernen Erzeugnisse der US-Modellbahnindustrie werden in der Regel mit einer vorbildähnlichen Klauenkupplung von Kadee oder einer ihr ähnelnden ausgeliefert. Dieses Kupplungssystem gestattet eine enge Wagenverbindung und funktioniert wie das Vorbild. Entkuppelt wird per Hand, es gibt auch Entkuppler sowie magnetische Entkuppler, die beim Überfahren die Kupplungen voneinander lösen. Das funktioniert aber nur bei den Magne-matic-Kupplungen von Kadee. Auch in Nenngröße N werden Klauenkupplungen verwendet, z.B. von Unimate, Roundhouse, Kadee oder Kato.
Der US-Amerikaner baut seine Gebäudemodelle auch aus Kunststoff wie wir in Europa, aber es gibt auch einen kleinen Markt an etwas teureren Holzbausätzen, die

Eine US-Dampflok mit der erwähnten Kupplung, die neben der Fahrzeugverbindung zugleich die Mittelpufferfunktion übernimmt.
Foto: Frickel

natürlich etwas mehr bastlerisches Geschick erfordern, aber prinzipiell phantastische Bauwerke ermöglichen.
Für ein US-Motiv spricht auch das in den Staaten stark vereinfachte Signalwesen. Bisweilen hat sogar jede Bahngesellschaft ihr eigenes Signalbuch. Die Gleise sehen etwas anders aus als bei uns. Die US-Bahn-Gleise haben mehr und enger beieinander liegende Schwellen, zudem differierte die Schwellenlage im Hinblick auf eine europäische Bahnanlage. Auch die Weichen weisen Besonderheiten auf: US-Bahner bezeichnen die Weichen mit Nummern, aus denen ihr Abzweigwinkel hervorgeht. Die Weiche Nr. 5 hat den Abzweigwinkel 1:5, also auf fünf Metern in der Geraden weicht das Bogengleis um einen Meter von der Geraden ab. Eine Spezialität der US-Bahnen ist die Verwendung von 90°-Kreuzungen.
Die Bibel des US-Modellbahnfreaks ist der Katalog der Firma Walthers, der auf vielen hundert Seiten ein gigantisches Programm rund um US-Modellbahnen bereithält. In Deutschland erhält man den Katalog und US-Modelle beim spezialisierten Fachhandel, im Internet bzw. über Inserate in den Fachzeitschriften findet man eine Anzahl von Versendern, die direkt in den USA bestellen und hierzulande einen umfassenden Service anbieten.

4.5 Bahnhofsarten

Wenn geklärt ist, welches Anlagenthema zum Platz und den eigenen Wünschen am besten passt, stellt sich die Frage nach dem Bahnhofstyp. Auch ist wieder die Maßgabe, dass es sich nur um eine Station handeln sollte, die auf Modellbahnen mittlerer bis kleiner Größe noch glaubhaft wirkt.

4.5.1 Durchgangsbahnhof

Der Durchgangs- oder Zwischenbahnhof ist der bekannteste Bahnhofstyp, weil er beim Vorbild am häufigsten vorkommt. Er gestattet dort eine rationelle Betriebsabwicklung, deshalb suchten die Ingenieure beim Bau der Bahnhöfe vor hundert Jahren oder mehr Jahren Durchgangsstationen zu planen und erstellen.
Dieser Bahnhofstyp besteht in der Grundform aus einem Hauptgleis und einem Stumpfgleis oder einem Überholgleis, wie auf den Abbildungen zu sehen. Ein solches Überholgleis muss natürlich so lang sein wie der darauf einzusetzende Zug. Überholgleise liegen bei zweigleisigen Bahnen immer rechts des Hauptgleises, damit ein überholen-

Ein Durchgangsbahnhof in der einfachsten Ausführung. Auf dem Stumpfgleis kann ein Güterwagen zum Be- oder Entladen abgestellt werden.

Durchgangsbahnhof mit Überholgleis. An zweigleisig befahrenen Strecken liegt das Gleis für den zu überholenden Zug immer rechts vom Stammgleis, damit der überholende Zug seine Geschwindigkeit nicht reduzieren muss.

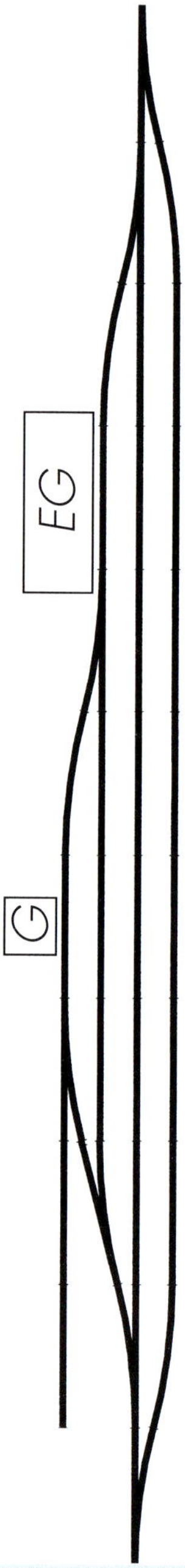

Kleinerer Durchgangsbahnhof mit räumlich vom Personenbahnhof getrennter Güterabfertigung. Eine solche Gleisentwicklung rechtfertigt bereits den Einsatz einer Rangierlok.

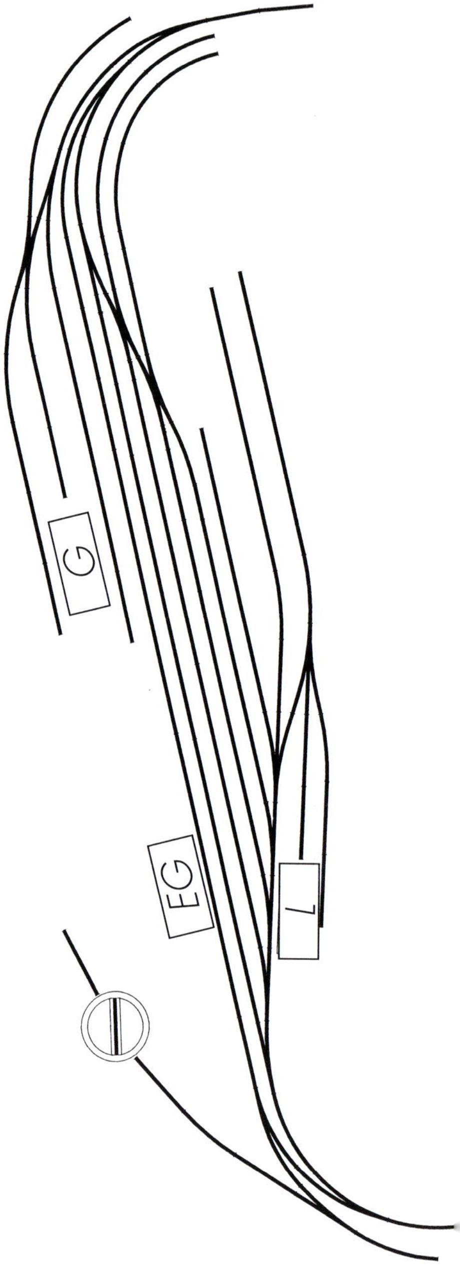

Großer Durchgangsbahnhof mit umfangreichen Betriebsabläufen. Wichtig ist eine räumliche Trennung von Personen- und Güterbahnhof. So kann im Güterbereich (siehe rechts oben bzw. links unten) rangiert werden, ohne den Personenverkehr zu behindern.

der Zug auf dem Hauptgleis bleiben kann und seine Geschwindigkeit nicht zu verringern braucht.
Ab einer gewissen Größe der Durchgangsstation ist es notwendig, den Personen- und Güterverkehr räumlich und betrieblich zu trennen. Das ist umso wichtiger, je umfangreicher der Personenzugverkehr angelegt ist. Das Vorbild mutet seinen Passagieren ja auch nicht zu, beim Ladegeschäft der Güterwagen Zeuge sein zu müssen. Auf kleineren Stationen ist – oder besser war – das jedoch an der Tagesordnung.
Zu beachten ist, dass zumindest auf der Modellbahn der Güterverkehr umfangreicher ist als der Personenverkehr, auch wenn das Vorbild mittlerweile das Gegenteil anstrebt. Viele handelsübliche Gleisplanbroschüren, vor allem die der Gleishersteller, suggerieren hier ebenfalls Merkwürdiges. Eine aufwändige Weichenstraße führt zu sechs Personenbahnhofsgleisen, ein oder zwei Gleise dienen dem Güterverkehr. Wer seinen Wagenpark vorbildgerecht zusammengestellt hat, kann mit so einem Bahnhof nur Schiffbruch erleiden.
Wenn der Güterverkehr also eine gewisse Rolle auf der Durchgangsstation spielen soll, sind ausreichend Gütergleise anzulegen. Damit der Rangierverkehr die Durchgangsgleise nicht behindert, legt man die Güterverkehrsgleise nach der Abbildung an.

4.5.2 Kopf-, Sack- oder Endbahnhof

Bei dieser Bahnhofsart enden alle Gleise stumpf, eine Durchfahrt ist nicht möglich. Das bedeutet einen erhöhten Rangieraufwand, der beim Vorbild zu erhöhten Kosten führt, vielen Modellbahnern aber Spaß macht. Von angekommenen Personenzügen ist die Lok abzukuppeln und vom Betriebswerk her ist eine neue Lokomotive an den Zug zur Weiterfahrt anzukuppeln. Eventuell muss ein Kurswagen beigestellt oder abgezogen werden. Bei Güterzügen schließt sich nach dem Abkuppeln der Zuglok eine rangierintensive Verteilung der Waggons auf die Ladegleise an.
Auch bei Endbahnhöfen tut man gut daran, den Personen- vom Güterverkehr betriebstechnisch zu trennen. Auf kleineren Stationen läuft beides natürlich wieder zusammen. Aber genau das sorgt ja für Abwechslung: Wie ist die Rangierabteilung mit Lok und ihren vielleicht drei Wagen am Schienenbus auf dem Hauptgleis der dreigleisigen Endstation unserer Nebenbahn vorbeizukriegen? Schließlich hat der Personenverkehr immer Vorrang. Knifflige Aufgaben, die den Spaß beim Spielen mit der Eisenbahn ausmachen.
Kopfbahnhöfe sind keine Spezialität von Großstädten wie Leipzig oder München, obwohl sie dort gehäuft vorkommen. Das Vorbild kennt eine ganze Reihe kleiner Endbahnhöfe, denn wo endeten all die Stichstrecken und Nebenbahnen? Das ist für den betriebsorientierten Modellbahner ein reizvolles Thema. Anders als beim Vorbild lautet die Maxime: den größtmöglichen Rangieraufwand durchführen.
Da in Endbahnhöfen, wie der Name schon sagt, alle ankommenden Züge enden, muss man eine Anzahl von Abstellgleisen vorsehen. Denn einen Kopfbahnhof in der Absicht zu bauen, damit eine Menge an Weichen und Gleise einsparen zu können, führt zum Verstopfen des Bahnhofs in kürzester Zeit. Selbst kleine Vorbild-Kopfbahnhöfe besitzen zu diesem Zweck umfangreiche Abstellgleisanlagen.

4.5.3 Verzweigungsbahnhöfe

Diese Bahnhofsart ist aus vielerlei Gründen dankbar, denn mit ihr lässt sich viel Be-

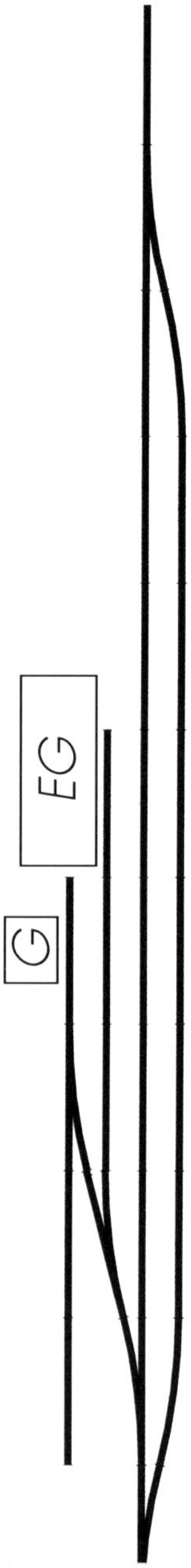

In diesem Endbahnhof enden die von links kommenden Züge. Wichtig ist das Überholgleis, das ein Umsetzen der Zuglok eines eingefahrenen Zugs gestattet, denn sonst bleibt die Maschine blockiert und muss für die Rückfahrt durch eine neue ersetzt werden. Letzteres kann aber als Alibi für einen umfangreichen Lokpark herhalten…

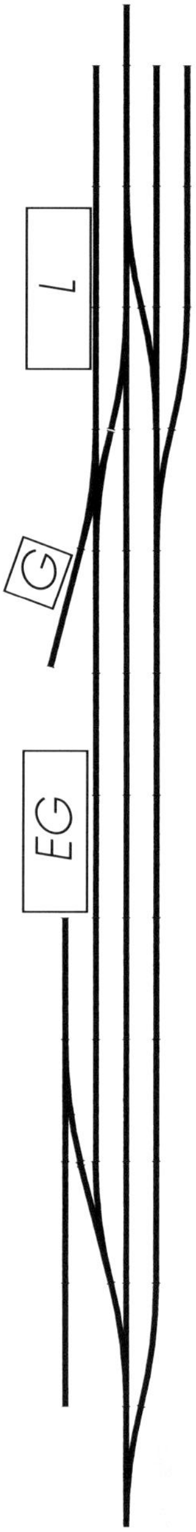

In diesem Endbahnhof spielt sich der Güterverkehr im rechten Bahnhofskopf ab. Zwei Umfahrungsgleise gestatten ein Umsetzen der Zugloks. Die wichtigen Abstellanlagen nehmen hier bereits eine Menge Platz ein. Vergisst man sie, ist der Bahnhof in kürzester Zeit verstopft.

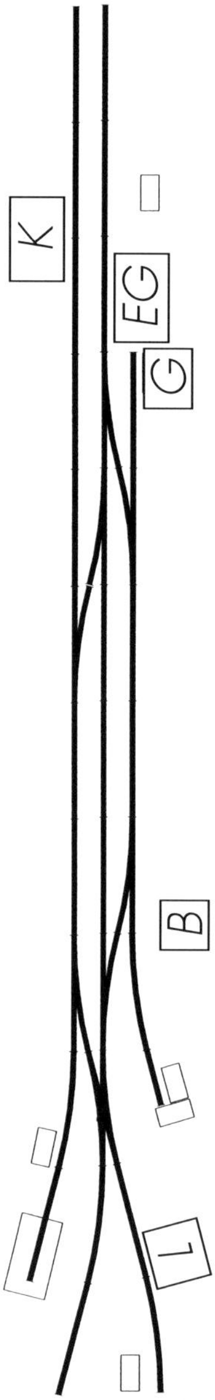

Einer meiner Lieblingskopfbahnhöfe ist der real existierende Bahnhof Gefrees in Bayern. Dem Bahnhof mit kleiner Güterabfertigung liegt eine Kohlehandlung (K) gegenüber. Im linken Bahnhofskopf sind neben einer Ladestraße nebst Kopf- und Seitenrampe eine Baustoffhandlung (B) und ein Lagerhaus (L) zu finden. Alles Voraussetzungen für einen umfangreichen Güterverkehr, der das Spiel mit der Bahn lange spannend erhält.

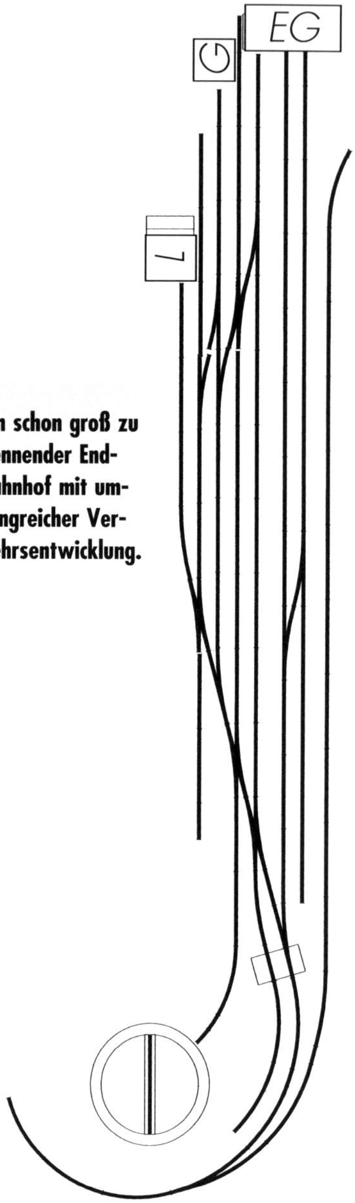

Ein schon groß zu nennender Endbahnhof mit umfangreicher Verkehrsentwicklung.

trieb entwickeln. Meistens liegt der Verzweigungsbahnhof an der Hauptstrecke, von der eine Nebenbahn abzweigt. Der Vorteil einer solchen Bahnhofskonzeption liegt darin, dass man die Hauptstrecke nur andeutet, das Modellbahnspiel aber auf und mit der leichter glaubhaft zu verwirklichenden Nebenbahn abwickelt. Die ein- oder zweigleisige Hauptbahn liegt z.B. zwischen zwei als Zugspeicher fungierenden Schattenbahnhöfen (dazu weiter unten mehr) und liefert Züge für die Oberwelt. Die bleiben im Verzweigungsbahnhof stehen, weil ein Reisendenwechsel bzw. Güterumschlag auf die Nebenstrecke ansteht, die möglichst großzügig durch die Landschaft verlegt ist.
Fahren ganze Züge ohne Traktionswechsel z.B. auf die Nebenstrecke, so handelt es sich bei dem Verzweigungsbahnhof um einen Trennungsbahnhof. Wenn aber nur einzelne Wagen auf die Nebenstrecke übergehen oder ein Traktionswechsel auf die nicht elektrifizierte Nebenbahn z.B. stattfindet, so handelt es sich um einen Anschlussbahnhof.
Bei geschickter Anordnung der Gleise muss ein solcher Bahnhofstyp nicht einmal viel Platz benötigen. Die Abbildungen geben ein paar Beispiele. Verzweigungsbahnhöfe zweier Hauptbahnen sind in der Regel jedoch nur für Clubanlagen oder bei viel Platz möglich.

4.5.4 Verschiebebahnhof mit Eselsrücken

Der Wunschtraum so manchen Güterverkehrsfreaks stellt der Rangierbahnhof nebst Ablaufberg dar. Da seine Dimensionen jedoch gewaltig sind, ist er wohl eher etwas für Clubanlagen. Doch der Betrieb ist faszinierend vielseitig und stellt das Non-plus-ultra für Modellbahner, die gerne ausgiebig rangieren. Nachdem der Güterzug eingefahren ist und die Zuglok abgehängt worden ist, übernimmt eine Rangierlok die Wa-

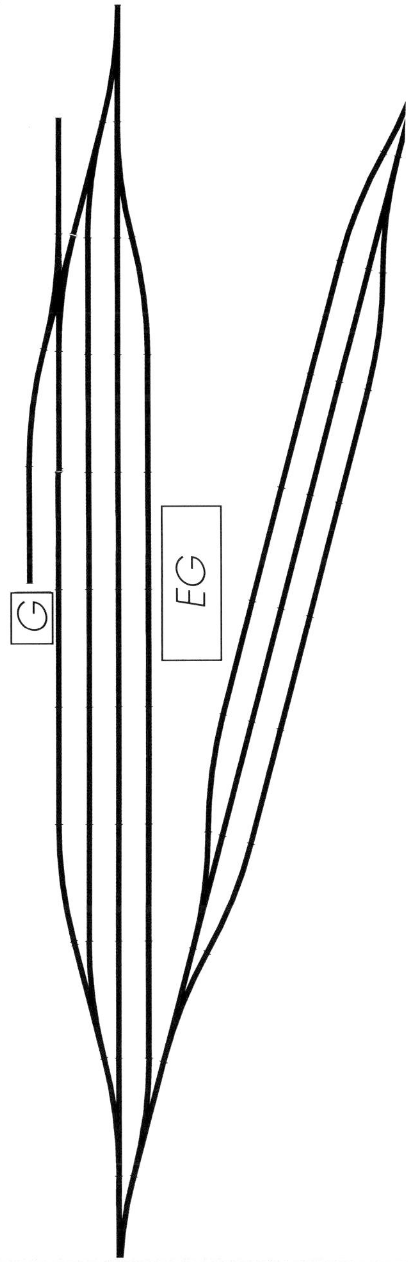

Das Prinzip eines Verzweigungsbahnhofs, mit dem sich eine Menge Fahrbetrieb machen lässt. Nicht zu vernachlässigen ist jedoch die Bautiefe eines solchen Bahnhofstyps.

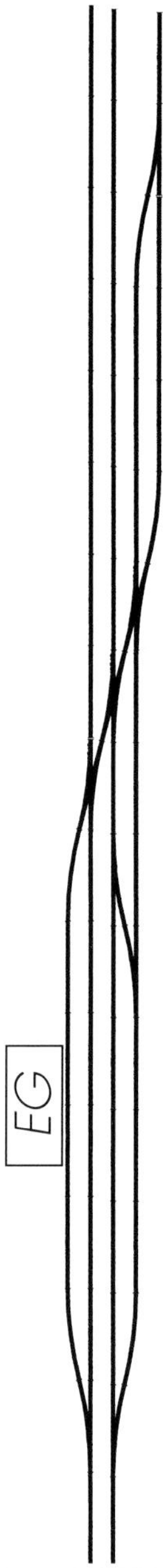

Ein Vorortbahnhof, wie er nur auf ganz wenigen Anlagen zu finden ist. Dabei ermöglicht er viel Betrieb. Zudem können zahlreiche Zuggarnituren, auch Güterzüge, eingesetzt werden, sie müssen ja nicht alle im Bahnhof halten.

gen. Sie fährt sie über den Ablaufberg, womit die Zerlegung des Zuges beginnt. Nach und nach rollen die Wagen über den Eselsrücken und werden über die Weichen auf die ihnen zugedachten Richtungsgleise zugeordnet. Auf diesen Gleisen entstehen so nach und nach neue Güterzüge.

4.5.5 Vorortbahnhof

Wer den S-Bahnverkehr der Gegenwart gerne nachstellen möchte oder für Wendezuggarnituren schwärmt, ist mit diesem Bahnhofstyp gut bedient. Ein solcher Vorortbahnhof ist bei wenig Platz ein geeignetes Anlagenthema. Langweilig muss der Betrieb dabei nicht sein. Mit einer Reihe von speziellen Gleisen kann ein umfangreicher Betrieb erreicht werden. Abstell- und Wendeanlagen sind für solch einen Bahnhof typisch, sie werden wie in der nebenstehenden Abbildung zu sehen, entweder in Innen- oder in Außenlage angeordnet.

4.5.6 Schattenbahnhof

Diese Bahnhofsart ist eine Spezialität der Modellbahn und kommt in der Realität nicht vor. Dabei handelt es sich um eine Art Zugspeicher. Im Dienste einer Abwechslung des Fahrbetriebs auf der Anlage ist ein solcher »Vorratsspeicher« – keine andere Funktion erfüllt ein Schattenbahnhof – vonnöten, weil sonst nur wenige Züge verkehren können, da es an geeigneten Abstellanlagen fehlt. In kürzester Zeit bekommt man dann Probleme, weil kein Zug den einsehbaren Teil der Anlage jemals verlassen kann. Sicher, es gibt Anlagenkonzepte, die keinen Schattenbahnhof benötigen, etwa Lokalbahnen mit vielleicht nur zwei, drei verkehrenden Zügen. Wer möglichst viele Triebfahrzeuge und viele Züge einsetzen will, kommt um den Bau eines Schattenbahnhofs nicht herum.
Da solche Zugabstellanlagen zumeist unter der Anlage oder im Tunnel, wo es dunkel ist, versteckt werden – daher der Name –, ist es wichtig, dass dort die Betriebssicherheit besonders hoch ist. Entgleisungsanfällige Modell schicke ich nicht dorthin, denn wenn's dort unten kracht, habe ich ein Problem. Dort unten muss alles funktionieren, dort unten installiere ich Weichen mit Antrieben, auf deren Funktion ich mich verlassen kann. In Schattenbahnhöfen verwende ich grundsätzlich nur Weichen mit Herzstückpolarisation, Weichen mit Kunststoffherzstück möchte ich weniger empfehlen, es sei denn

man betreibt nur Lokomotiven mit einer jederzeit ausgezeichneten Stromabnahme. Außerdem schicke ich nur solche Fahrzeuge in den Schattenbahnhof, auf deren Fahrtüchtigkeit ich mich verlassen kann.
Bedenken sollte der Modellbahner bei der Planung auch, dass er dort unten auch einmal reinigen muss, also Gleise absaugen bzw. die Profile mit Reinigungsflüssigkeit behandeln. Mit anderen Worten: Beim Bau eines Schattenbahnhofs muss man sich nicht nur Gedanken über die technische Ausführbarkeit machen, auch an die spätere Pflege muss gedacht werden. Komm ich da jederzeit noch ran, ohne ein Schlangenmensch zu sein, etwa weil ein Waggon entgleist ist? Andernfalls hieße das, dass ich meinen Schattenbahnhof peu à peu stilllege, weil da unten zwar Züge rein fahren, aber nie mehr rauskommen, da sie irgendwo im allgegenwärtigen Staub stecken bleiben.

4.5.6.1 Schattenbahnhofsbau

Damit wieder zurück zum Schattenbahnhofbau: Ich verwendete für meinen Zugspeicher im Wesentlichen die längsten Gleisstücke, die der Anbieter meines Gleissystems im Angebot hatte. Das sind 92 cm lange Teile. Warum? Damit kann man den Spannungsverlust, der ja an den Schienenenden beim Übergang von Gleis zu Gleis immer auftritt, beschränken. Damit ein gleichmäßiger Stromfluss sichergestellt werden konnte, speise ich alle zwei Meter Fahrstrom ein. Manche empfehlen dabei Abstände von drei, vier Meter, aber ich wollte sicher gehen. Eine solche Einspeisung ist Geld sparend zu machen: Man verlegt eine zweipolige Ringleitung, von der in den entsprechenden Abständen die Fahrspannung abgegriffen und zum Gleis geführt wird. Manche empfehlen die Verwendung zweier nicht isolierter Drähte als Ringleitung. Das habe ich nicht gemacht, weil ich davon ausgehe, dass doch irgendwann mal ein Kurzschluss droht, etwa weil ein Kabel rumhängt und mit dem nicht isolierten Teil an die Drähte gerät. Daher verwendete ich einen zweipoligen isolierten Draht, den ich mit Krampen unter der Schattenbahnhofplatte befestigte. An den Stellen, von wo aus Anzapfungen vorgesehen waren, entfernte ich mit dem Bastelmesser die Isolierung und lötete die entsprechenden Kabel an.
Meinen Schattenbahnhof namens Grünstadt plante ich als selbstständige Einheit. Damit kann er bei einem allfälligen Umbau oder einer Erweiterung der Anlage von den zuführenden Strecken getrennt und anderswo wieder angeschlossen werden. Zugleich habe ich ihn so groß wie möglich angelegt, da auch die längsten Zuggarnituren, die auf meiner Anlage herumfahren können, noch dort unten aufnehmbar waren. Denn es ist ärgerlich, wenn der längste Zug nicht in den Schattenbahnhof kann, weil dort die Gleislängen zu kurz sind. Man muss dann ständig rechnen, ob der Zug auch nicht zu lang ist.
Ich habe jedes Abstellgleis mit einer Trennstelle ausgerüstet. Wenn ein Zug herunterkommt, bleibt er auf dem stromlosen Abschnitt stehen. So muss ich mich nicht darum kümmern, wie weit der Zug schon in den Schattenbahnhof eingefahren ist und ob er schon abgestellt werden kann oder nicht. Der stromlose Abschnitt misst zwei Gleislängen (= 46 cm), sodass auch längere Loks sicher stehen bleiben. Die Trennstelle habe ich mit einem einpoligen Schalter verbunden. Soll der Zug nun weiter fahren, schalte ich einfach die Fahrspannung über den Schalter wieder zu und der Zug kann ausfahren. Während der langjährigen Betriebszeit hat es sich gezeigt, dass für diesen Zweck ein Momenttaster besser geeignet ist. Denn oft habe ich es vergessen, den

Schalter erneut zu betätigen, sodass die Trennstelle wieder stromlos war. So mancher Zug, den ich gar nicht mehr beachtete, weil ich davon ausging, dass er auf seinem abgeschalteten Gleis stehen geblieben ist, tauchte plötzlich wieder auf der Schattenbahnhofausfahrt auf. Ein Momenttaster lässt dagegen den Strom nur so lange fließen, so lange man die Taste drückt. Solche wichtigen Bauteile erhält man en gros bei Elektronikversendern.
Optimal ist es, wenn die bloße Nutzlänge des Gleises plus einem Sicherheitsabstand von gut 15 cm, besser mehr, in H0 die Einstellung des längsten Zuges gewährleistet. Da man ja selten einen Einblick in seinen Schattenbahnhof hat, muss ich mich darauf verlassen können, dass meine Zuggarnituren dort unten auch mit einem Auslauf bei Stromunterbrechung auf der Trennstelle von etwa fünf oder noch mehr Zentimetern nicht schon in den Weichenbereich des Nachbargleises rutschen.
Um jederzeit an die Gleise des Schattenbahnhofs zu kommen oder um zu reinigen oder aufzuräumen hat sich ein Abstand von mindestens etwa 15 cm von der Schienenoberkante bis zur Anlagenplatte als günstig erwiesen. Dieses Maß gilt auch für die kleineren Nenngrößen, denn die Hände ihrer Besitzer sind ja nicht kleiner als die ihrer H0-Kollegen.
Die Zu- und Abfahrten des Schattenbahnhofs kann man natürlich nicht in dem optimistischen Winkel wie eine Schweizer Zahnradbahn anlegen. Maximal 4 %, also 4 cm Höhengewinn auf einen Meter Strecke, besser weniger, dürften genügen.
Erstrebenswert ist es, dass alle Abstellgleise die gleiche Nutzlänge aufweisen. Das sichert die freie Gleisauswahl für meinen Zug.
Durch einen diagonal ausgerichteten Aufbau kann man eine Menge Platz sparen und vielleicht ein Gleis mehr unterbringen. Die Ein- und Ausfahrweichen müssen immer so angeordnet werden, dass man sie bei eventuell Betriebsstörungen gut erreichen kann. Komplizierte Weichenstraßen verbieten sich im Hinblick auf einen störungsfreien Betrieb von allein. Auf den Abbildungen sind eine Auswahl an Schattenbahnhofformen zusammengestellt, sodass sich jeder seinen Favoriten aussuchen kann.

4.5.6.2 Schattenbahnhofsarten

Fiddleyard

Welche Schattenbahnhofsarten kann man unterscheiden? Die folgenden Beschreibungen und Zeichnungen stellen das jeweilige Bauprinzip dar:
Das Fiddleyard – eine englische Erfindung, wie der Name schon sagt – ist wohl die bekannteste Form eines Schattenbahnhofs. Dabei handelt es sich in der ursprünglichen Bauform um einen Kopfbahnhof, dessen bisweilen sehr eng anzuordnende Gleise über eine Schiebebühne erreichbar sind. Man baut ein solches Fiddleyard auf einem Brett oder einem Schrank auf, die man entlang des vorgesehenen Anschlusses an die übrige Anlage verfahrbar gestaltet. Der Vorteil des Fiddleyards ist die preisgünstige Aufbaumöglichkeit, da Weichen entfallen. Zudem lassen sich relativ einfach neue Züge zusammenstellen, da dies per Hand geschieht. Das ausgewählte Gleis erhält über Kontaktbleche Strom und der vorgesehene Zug kann ausfahren. Hervorragend geeignet ist das Fiddleyard für An-der-Wand-entlang-Anlagen und für Anlagen mit einem Einsatz kurzer Züge, da die ganze Konstruktion bei Zuglängen von 1,3 m unhandlich wird.

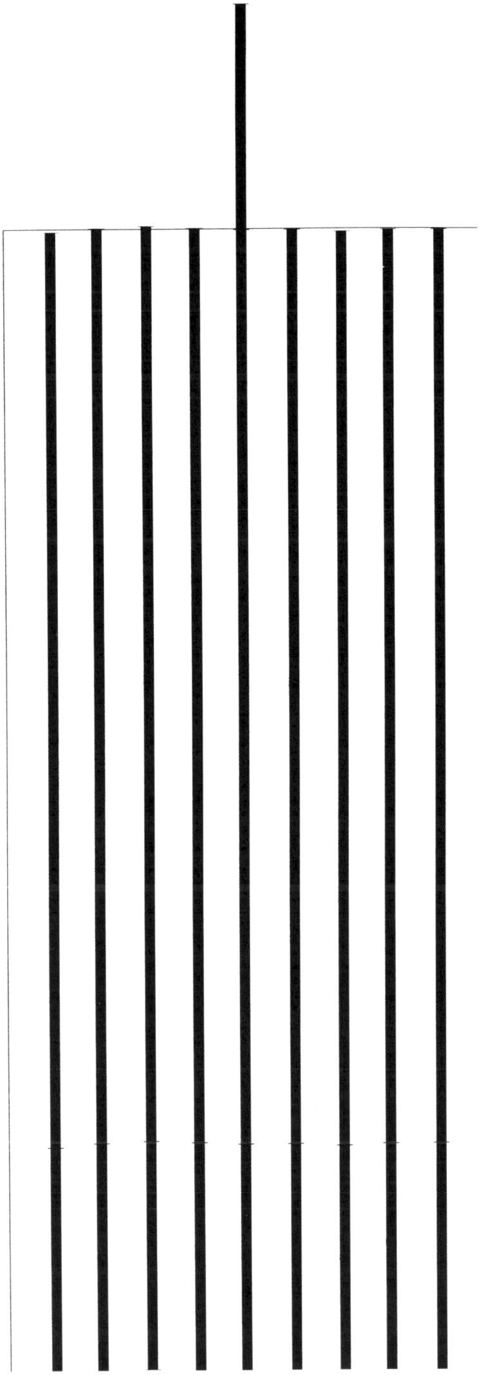

Das Fiddleyard in der klassischen Form: Die Auffahrt erfolgt von rechts über eine Schiebebühne, die auch per Hand bedient werden kann. So spart man eine Menge Weichen und Platz.

Durchgangsbahnhof

Dabei unterscheidet man nach einem Durchgangsbahnhof für einen Kreisverkehr bzw. mit Kehrschleife bzw. in »Hundeknochenform«. Die erste Anordnung zeigt einen solchen Bahnhof für einen Kreisverkehr. Man kann einen solchen Zugspeicher auf der gleichen Ebene wie die übrige Anlage aufbauen und erspart sich damit evt. problematische Steigungen und Gefällstrecken. Der Schattenbahnhof kann man mit einer Hintergrundkulisse kaschieren, er bleibt jedoch jederzeit erreichbar. Vorteilhaft ist es, wenn die einzelnen Gleise nur in einer Richtung befahren werden, was das Unfallrisiko verringert.

Einen Durchgangsschattenbahnhof mit Kehrschleife zeigt die nächste Zeichnung. Diese Bauform ist für eingleisigen Verkehr optimal. Der Verkehr gestaltet sich dabei denkbar einfach: Alle Züge halten im Schattenbahnhof an, alle Züge fahren über ein Einfahrgleis ein und über ein Ausfahrgleis wieder aus, zu Kollisionen im Ein-/Ausfahrtbereich kann es daher nicht kommen. Natürlich muss man die Kehrschleife entschärfen, bevor die beiden Schienenstränge irgendwo auf der freien Strecke wieder zusammenkommen, um keinen Kurzschluss zu erhalten. Dafür eignen sich die vollautomatischen Gerate, die im Kapitel Elektropraxis an anderer Stelle in diesem Buch empfohlen werden.

Ein Durchgangsbahnhof in Form eines »Hundeknochens« mit Kehrschleife ist Gegenstand der dritten Zeichnung. Das ist eine Variante, die wohl am meisten nachgebaut wird, weil sie viele Vorteile hat. Der Zug fährt von Osten kommend ein und verlässt den Zugspeicher in die entgegengesetzte Richtung, das ist vorbildgerecht. Anders als im vorigen Beispiel befindet sich hier die Kehrschleife im Bahnhof und nicht auf freier Strecke. Daher gibt es nur ein kombiniertes Ein- und Ausfahrgleis.

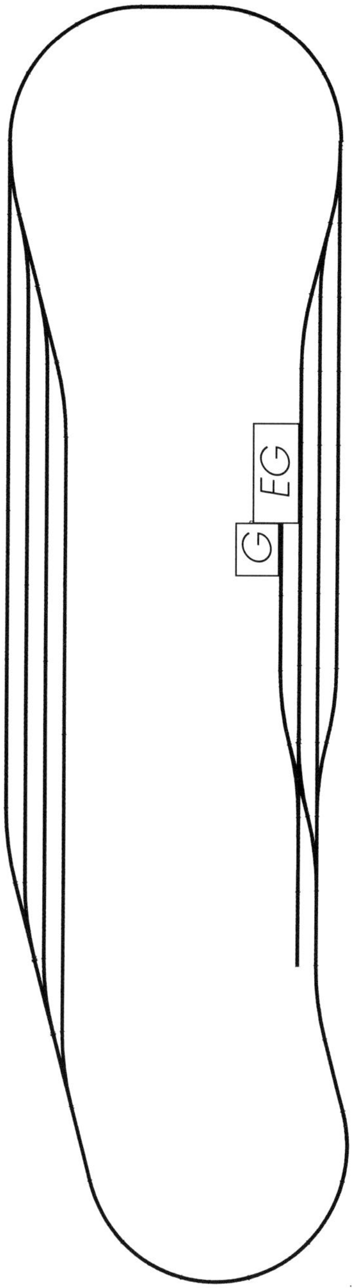

Hier fungiert der mittels Hintergrundkulisse o. Ä. nicht einsehbare Schattenbahnhof als Zugspeicher für den auf der gleichen Ebene liegenden und im Vordergrund angeordneten eigentlichen Betriebsbahnhof der Anlage.

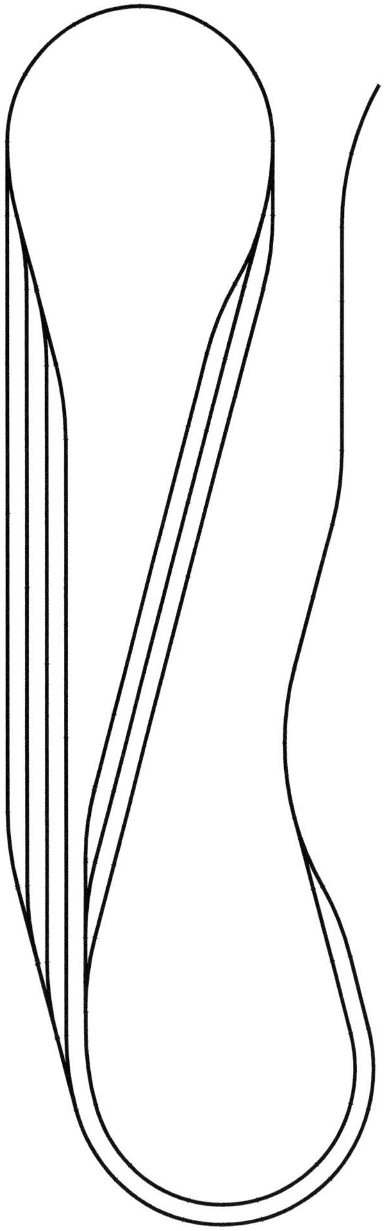

Ein Schattenbahnhof mit Kehrschleife. Im Interesse eines störungsfreien Betriebs sollten die Weichen und ihre Antriebe erreichbar bleiben.

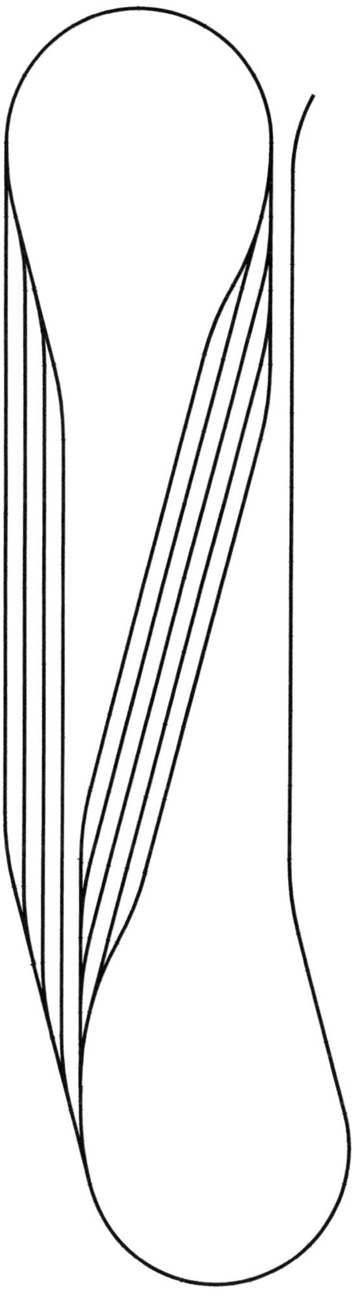

Bei diesem Schattenbahnhof wurde die Kehrschleifeneinmündung nach vorne verlegt. Wichtig, wenn man mal eingreifen will oder muss.

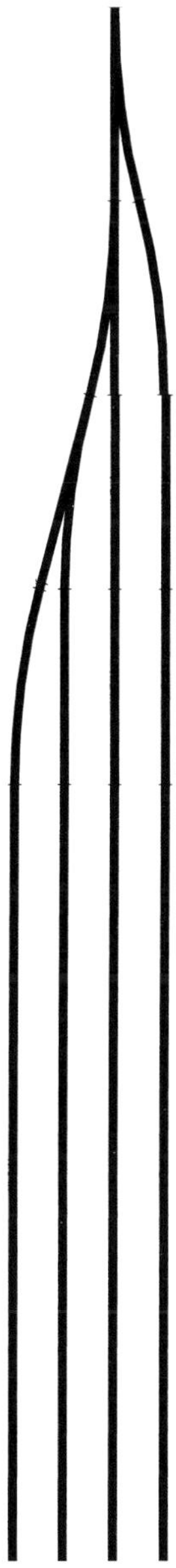

Ein Schattenbahnhof in Kopfform. Diese allereinfachste Form ist nur bedingt empfehlenswert, da eingefahrene Züge nur in Rückwärtsfahrt den Schattenbahnhof wieder verlassen könne. Ob das immer reibungslos funktioniert, wage ich zu bezweifeln.

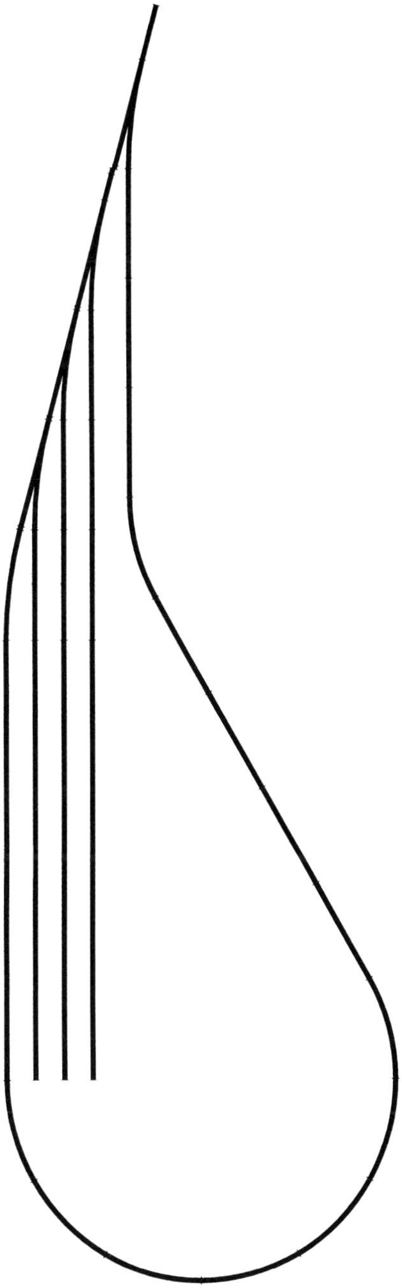

Dieser Kopfbahnhof ermöglicht immerhin das Wenden von Zuggarnituren, die im Anschluss in Rückwärtsfahrt auf die Stumpfgleise verteilt werden können.

Das Bw auf der Anlage Vogt. Belebend wirken kleine Szenen wie das Renovierungsgerüst am Schuppen oder die Tafeln an der Wellblechbude.

Kopfbahnhof

Die letzte Gruppe der Schattenbahnhöfe sind die bekannten Kopfbahnhöfe. Eine Platz sparende Lösung zeigt die Zeichnung. Dabei fahren die Züge sämtlich auf stumpf endenden Gleisen ein. Man spart sich mit dieser Anordnung Weichen, allerdings müssen alle Züge den Schattenbahnhof wieder rückwärts verlassen. Es sei denn, man achtet bei der Fahrzeugauswahl auf diesen Umstand und setzt vor allem Wendezüge und Triebwagen ein.

Eine weiter entwickelte Form zeigt das nächste Bild. Hier wurde eine Wendeschleife vorgesehen, die das Wenden von Zuggarnituren gestattet. Diese können den Schattenbahnhof dann sofort verlassen oder man stößt nach dem Wenden in eines der Stumpfgleise zurück, wo der Zug auf die nächste Reise in die Oberwelt wartet. Auch diese Lösung hat den Vorteil, preisgünstig zu sein, da man nicht allzu viele Weichen benötigt.

Der letzte Zugspeicher, den ich vorstellen möchte, ist wieder ein Kopfbahnhof. Er besitzt aber als wichtige Erweiterung eine Drehscheibe am hinteren Gleisende. Damit können angekommene Lokomotiven umgesetzt werden. Das bedingt aber den Einsatz von Entkupplungsgleisen. Es sei denn, man gestaltet Eingriffsmöglichkeiten in den Schattenbahnhof, sodass jederzeit von Hand entkuppelt werden kann. Nach dem Wenden der Maschine auf der Drehscheibe umfährt sie ihren Zug und setzt sich wieder vor ihn, wo sie angekuppelt wird und auf den nächsten Einsatz wartet.

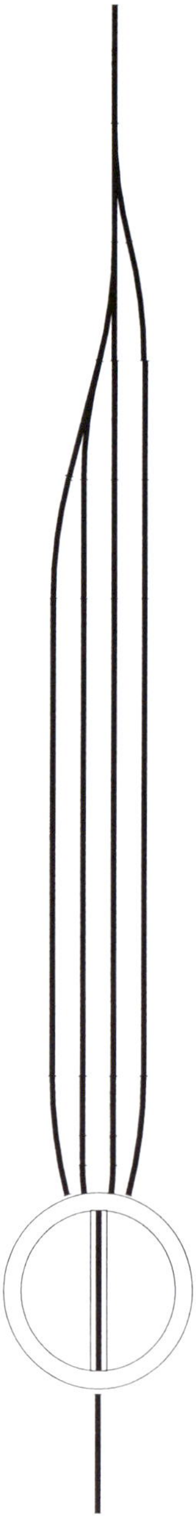

Voraussetzung für einen Frucht bringenden Betrieb eines solchen Schattenbahnhofs ist eine Eingriffs- bzw. Beobachtungsmöglichkeit an der Stelle, wo die Loks abgekuppelt werden sollen. Auch wenn man das mit Entkupplungsgleisen macht, bezweifle ich, ob das immer einwandfrei funktioniert.

Größeres Bw auf einer N-Anlage. Solche Motive lassen sich bevorzugt in ungenutzten Ecken der Anlage aufbauen.
Foto: Fleischmann

4.6 Bahnbetriebswerk (Bw)

Die Lokbehandlungsanlagen gehören eigentlich zu jedem Bahnhof. Denn irgendwoher müssen ja die Loks nach anstrengender Streckenfahrt hinfahren können, wenn ihr Dienst beendet ist. Dort ergänzen sie ihre Vorräte und werden für den nächsten Einsatz vorbereitet.

Das große Betriebswerk ist für die Abmessungen durchschnittlicher Modellbahnanlagen oft ein nicht zu verwirklichender Wunschtraum. Denn eine große Drehscheibe nebst umfangreichen Behandlungsanlagen wirkt nur bei einem ähnlich großen Bahnhof realistisch. Eine kleine Nebenbahnstation besitzt in der Regel keine oder zumindest keine große Drehscheibe. Eine empfehlenswerte Modellbahnanlage für Lokfans ist die Nachgestaltung eines Betriebswerks als ausschließliches Anlagenthema. Dort wirken die große Drehscheibe und umfangreiche Behandlungsanlagen mit Entschlackungsanlage, Besandungs- und Wasserturm überzeugend.

Auch beim Vorbild sind die kleineren Betriebswerke in der Mehrzahl. Das heißt z.B. ein zweiständiger Lokschuppen für die im Rangierdienst eingesetzte Köf und eine Übernachtungsmöglichkeit für eine Streckenlok, das reicht. Dazu gesellen sich eine Zapfsäule für Diesel und evt. eine kleine Bekohlungsanlage.

Mit einer Drehscheibe ist das unübertreffliche Flair der vergangenen Dampflokära nachzuahmen. Wichtig ist dabei nur, dass man Drehscheiben bei größeren Bw vorsieht, in kleinen Lokalbahnstationen wirken sie nicht glaubhaft.
Foto: Fleischmann

4.7 Drehscheibe

Eine Drehscheibe ist der Wunschtraum so manchen Modellbahners, aber in der Regel zu groß für das Modell-Bw. Inzwischen bietet die Industrie solche Anlagen in mehreren Nenngrößen und Baulängen an. Damit können auch kleinere Betriebswerke mit einer passenden Drehscheibe ausgestattet werden. Denn die riesengroßen Scheiben passen nicht auf jede Anlage.

Was den Einsatz von Dampfloks auf der Drehscheibe anbelangt, so ist mehr möglich, als man zunächst denkt. Denn Ausschlag gebend für das Drehen eines bestimmten Lokmodells ist nicht die Länge über Puffer, sondern der Achsstand, also das Maß vom ersten bis zum letzten Radsatz.

4.8 Streckenkonzepte

Wenn die Entscheidung für ein bestimmtes Anlagenthema und die Bahnhofsarten gefallen ist, bleibt nur noch die Frage nach den Verbindungsstrecken zwischen den Bahnhöfen, oder mit anderen Worten das Streckenkonzept, das die prinzipielle Zuordnung von Stationen und Strecken zueinander festlegt.

Natürlich kann man die Streckenführung in maßstäblicher Verkleinerung bei Wahrung der Lagerichtigkeit des großen Vorbilds nicht nachahmen. Um ein abwechslungsreiches Spiel mit der Bahn zu ermöglichen, kann man aber die Streckenführung nach

Loks und Drehscheiben

Auf die 16-Meter-Drehscheibe (in H0 = 18,3 cm) passen:

Baureihe	maßstäblicher Achsstand in cm
alle Tenderloks	
BR 24	15,2
BR 38^{10-40}	18
BR 55^{16-25}	14,8
BR 56^{2-8}	17,1
BR 57^{10-40}	16,1
BR 58^{10-21}	17,6

Auf die 20-Meter-Drehscheibe (in H0 = 22,9 cm) passen

Baureihe	maßstäblicher Achsstand in cm
BR 18^{1}	21,4
BR 18^{3}	22,5
BR 18^{4}	21,6
BR 23	20,2
BR 42	21,8
BR 44	22
BR 50	21,7
V 188	18,7
VT 95 mit Beiwagen	21,5

Auf die 23-Meter-Drehscheibe (in H0 = 26,4 cm) passen

Baureihe	maßstäblicher Achsstand in cm
BR 01	23,3
BR 01^{10}	23,4
BR 03	23,3
BR 03^{10}	23,2
BR 05	25,6
BR 41	3,1
VT 98 mit Beiwagen	22,5

den vorbildmäßigen Gegebenheiten anlegen. An dieser Stelle scheiden sich nun aber die Geister: Denn bei meinem individuellen Streckenkonzept ist es wichtig, nach meinen eventuell in einem Eisenbahndrehbuch niedergelegten Vorstellungen zu planen. Für den einen ist es möglicherweise wichtig, einen kontinuierlichen Fahrweg zu haben. Er möchte nicht unterwegs rangieren müssen oder gar mit der Lok im Endbahnhof umsetzen. Für ihn bleibt dann nur ein Kreisverkehr übrig, eine so genannte geschlossen Streckenführung. Diese kann man natürlich z.B. mit Tunnelstrecken tarnen.

Abwechslungsreicheren Spielbetrieb gestatten offene Streckenkonzepte, also Streckenführungen, die sich nicht an ihren Endpunkten berühren. Das ist in der Regel der einzige vorbildgerechte Modellbahnbetrieb. Denkbar wäre es, beide Streckenäste in je einem oder einem gemeinsamen Schattenbahnhof enden zu lassen.

Über die Vielseitigkeit des Modellbahnfahrbetriebs ist das Streckenkonzept von entscheidender Bedeutung. Günstig ist daher eine Anordnung der Bahnhöfe wie Perlen auf einer Schnur. Das heißt, dass die einzelnen Stationen nur über einen einzigen Weg erreichbar sein dürfen. Das schafft Betrieb und interessante Rangieraufgaben.

Dazu tragen auch Streckenverästelungen, also Verzweigungen, bei. Solche Verzweigungen

Von Märklin stammt diese Schiebebühne, die vor allem in modernen Bw mit E-Lok- und Dieselmaschinenunterhaltung zu finden ist. Foto: Märklin

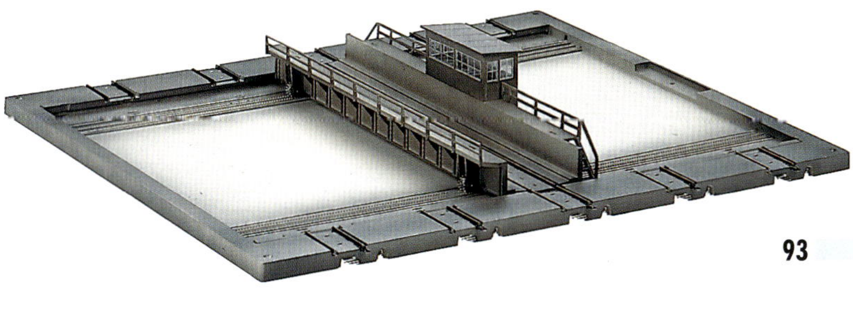

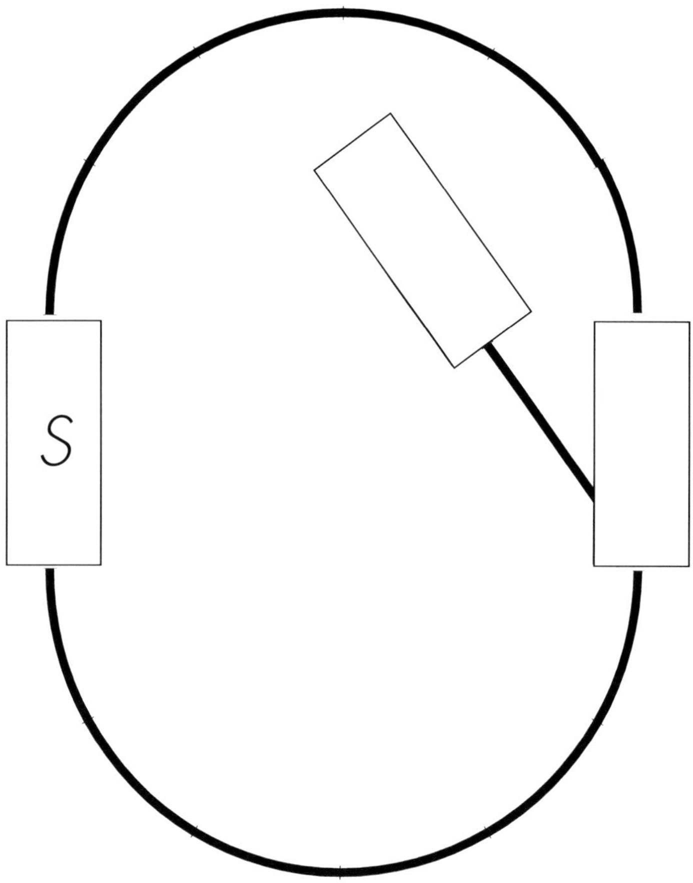

Dieses Konzept erlaubt Kreisverkehr vom Schattenbahnhof S zum Hauptbahnhof, von dem ein Nebenbahnhof abzweigt.

Mit diesem vorbildähnlichen Betriebskonzept wird ein Fahrbetrieb zwischen zwei Schattenbahnhöfen S abgewickelt. Dimensioniert man die Bahnhöfe groß genug, sind recht lange Zuggarnituren einsetzbar.

erhöhen die Betriebsaufgaben auf den Stationen. Kopfbahnhöfe sind ja schon sehr betriebsintensiv, durch die Streckenverzweigungen addiert sich zum bloßen Lokwechsel auch noch eine evt. Umbildung der Zugzusammenstellung.
Und genau nach diesem soeben geschilderten Prinzip können folgende Streckenkonzepte geplant und gebaut (siehe Abbildungen) werden: Wichtig ist dabei, dass immer die längsten Strecken genommen werden müssen. Das bringt lange Fahrzeiten. Schon bei der Planung ist das zu berücksichtigen.
Auf den Abbildungen wird eine Reihe von abwechslungsreichen Streckenkonzepten vorgestellt und aus der Sicht des Modellbahners kommentiert. Hierbei handelt es sich um Konzepte für die Freunde des Rangierbetriebs. Anhänger des Fahrbetriebs haben die Möglichkeit, auf

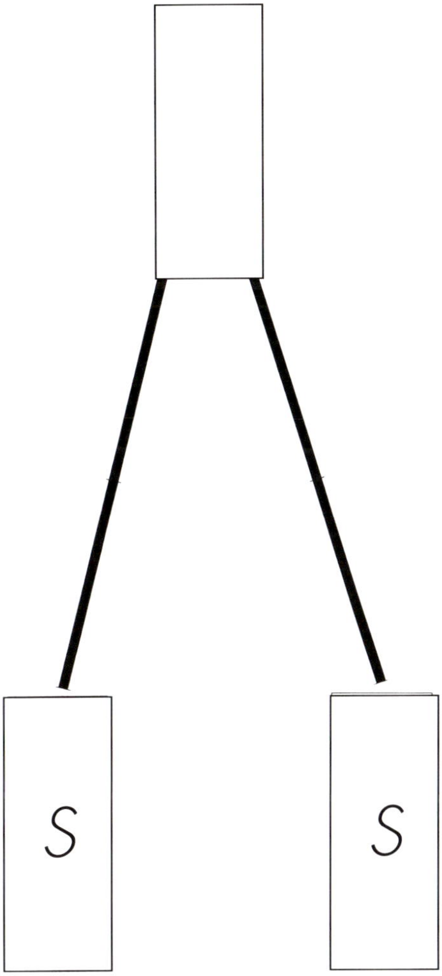

Hier speisen gleich zwei Schattenbahnhöfe einen Verzweigungsbahnhof. Das ist eine Lösung für den Freund eines umfangreichen Rangierbetriebs und größerer Zugbildungsaufgaben.

sichtbare Bahnhöfe zu verzichten und mit den Zügen zwischen zwei Schattenbahnhöfen eine großzügig gestaltete Landschaft zu durchfahren.

4.9 Planungshilfen

Nachdem alle theoretischen Fragen geklärt sind, geht es an die Ausarbeitung eines Gleisplans. Zuerst wird man seine Ideen auf einem Zettel festhalten. Dann folgt eine maßstäbliche Zeichnung. Um sich dabei nicht selbst zu betrügen, sollte man von Anfang an maßstabsgerecht planen. Dafür gibt es ein paar Hilfen. Die Industrie bietet z.B. Gleisplanschablonen aus Kunststoff an. Mit diesen Zeichenhilfen kann man für sein spezielles Gleissystem in einem festgelegten Maßstab einen Gleisplan entwerfen. Dazu benötigt man nur einen spitzen Bleistift und einen Radiergummi.

Eine andere Gruppe an Planungshilfen stellen so genannte Gleisplanspiele dar. In einer solchen Packung sind die Systemkomponenten eines bestimmten Gleisprogramms zumeist in Form von Kunststoffgleisstücken in der Regel im Maßstab 1:10 verkleinert worden. Mit diesen Teilen puzzelt man sich seinen Gleisplan zusammen. Eine andere Lösung sieht das Ausschneiden der Systemteile mittels Schere und anschließenden Zusammensetzen eines Plans vor.

Besonders komfortabel ist die Verwendung eines Computer-Gleisplanungsprogramms. Mit einem solchen Hilfsmittel wurden die Gleispläne dieses Buchs gestaltet. Die Bedienung ist meist sehr einfach. Man zieht aus der vorrätigen Gleisbibliothek die vorgesehenen Gleisstücke mit einem Mausklick auf die Anlagenfläche und baut so Stück für Stück seinen persönlichen Gleisplan auf.

5. Die Model

Ein Zug in der Landschaft. Die Fahrzeuge ordnen sich den Gegebenheiten unter. Kein Motiv erschlägt das harmonisch wirkende Ganze.

ɔahnlandschaft

Ein großzügig wirkendes Motiv auf der Anlage Dr. Loidol. Das Geheimnis liegt hierbei im Verzicht. Der Erbauer vermied jegliche Überladung. Mit dieser gestalterischen Faustregel lassen sich vorbildgerecht wirkende Szenen gestalten.

Zu einer gelungenen Modellbahnanlage gehört auch eine ansprechende Landschaft. Es gibt zwar heute bereits mehrere Beispiele für Modellbahnanlagen ohne bzw. mit nur angedeuteter Landschaft in Form von holzklotzartigen Gebäuden und tetraederförmigen Bäumen. Doch so recht begeistern kann ich mich für diese abstrakten, eher technisch wirkenden Varianten nicht. Sie sind eher was für den absoluten Betriebsbahner, für den Tännchen und Wiesen vermeidbares Beiwerk sind.

Die Kunst des Landschaftsbaus besteht darin, die fertige Modellbahnanlage so aussehen zu lassen, als sei die Landschaft bereits vor den Gleisen da gewesen. Denn beim Bau einer Modellbahnanlage geht es ja in umgekehrter Reihenfolge zu als in der Natur. Erst bauen wir die Gleisanlagen vollständig auf und überprüfen zunächst, ob alle Kontakte funktionieren. Erst danach entsteht die dazugehörige Landschaft.

Ein weiteres Kriterium, ob eine Modellbahnanlage gelungen ist oder nicht, sind ihre Proportionen: Eine Anlage voller Extreme wie z.B. der Nordseeküste direkt neben den Alpen wirkt nicht überzeugend. Auch Tunnel ohne einen Berg und kurvenreiche Streckenführungen im flachen Land wirken nicht glaubwürdig. Wenn ein Gleisstrang im Tunnel verschwindet, muss man förmlich spüren, dass das Hindernis Berg nur auf diese eine Weise zu umgehen war. Eine Strecke mit vielen Kurven in einem ebenen Gelände ist wenig glaubhaft. Warum durchfährt man diese hindernislose Ebene nicht mit einer Geraden, der kürzesten Verbindung? So hätten es jedenfalls die Ingenieure vor 100 Jahren gemacht.

Eine sichere Faustregel lautet, alle Extreme im Zusammenhang mit der Landschaftsgestaltung zu vermeiden. Sanfte Kuppen und Hügel sind die besseren, weil glaubhafteren Berge. Ein Flusslauf, an dem durchaus ein kleiner Hafen mit Güterumschlag seine Berechtigung finden kann, wirkt überzeugender als der Versuch, den Hamburger oder

Eine 38er donnert aus dem Tunnel. Man spürt dieser Szene förmlich die Notwendigkeit an, den Berg mittels Tunnel zu meistern.
Foto: Frickel

Rostocker Hafen in H0 nachbilden zu wollen. Damit keine Missverständnisse entstehen: Solche Themen haben ihre Berechtigung für den, der als alleiniges Thema seiner Anlage einen Containerhafen nachbilden will. Da mögen solche Anlagen überzeugen. Besser für die meisten anderen Modellbauer ist es aber, nicht alles nachbilden zu wollen. In der weisen Beschränkung auf ein paar Motive, diesen aber ausreichend Platz zu geben und sie so großzügig wie möglich durchzugestalten, das macht eine überzeugende Landschaft aus.

5.1 Eisenbahn und Landschaft

Es gibt unter den passionierten Landschaftsbauern wahre Künstler. Danach gefragt, auf welche Weise sie denn solche Meisterwerke geschaffen haben, bekam ich immer wieder dasselbe zu hören: »Viel spazieren gehen in der Natur und beobachten.« Sicher, deshalb gestalte ich noch keine überzeugende Landschaft, aber Anregungen gibt es dort allemal. Und ich entdecke die wichtigsten Gestaltungsprinzipien, die auch aufs Modell übertragbar sind. Mit der Kamera ausgerüstet kann sich der Modellbahner auf die Fotopirsch machen und nach der Landschaft seiner Modellvorstellungen suchen und sie letztlich auf der Anlage nachgestalten.
Doch wie sehen die wichtigsten Gestaltungsprinzipien aus? Wer die alten Eisenbahntrassen betrachtet, erkennt, dass sie eng an die gegebene Landschaft angepasst wurden. Sie folgen Bächen, umrunden Felsvorsprünge und winden sich an den Talseiten, die sie ausfahren, die Hänge hinauf. Eine alte Bahntrasse wird daher auch selten als störend empfunden, zu unauffällig passt sie sich ihrer Umgebung an. Die Konstrukteure der alten Bahnen mussten Baukosten niedrig halten: Steigungen fielen gering aus, Kunstbauten waren klein gehalten, Tunnels und Viadukte kamen selten vor. Ganz anders konstruiert man heute Bahnstrecken, die in ihrem kerzengeraden Verlauf und oft mit Tunneln für den Hochgeschwindigkeitsverkehr ausgelegt sind.

Das Spazierengehen und Fotografieren ist neben dem Anlagenbauen die wichtigste Freizeitbeschäftigung für den Modellbahner, denn dabei findet er nachahmenswerte Motive in Hülle und Fülle. Die Romantik des Güterschuppens in Goldshöfe beruht auf dem spannungsreichen Gegensatz zwischen wucherndem Grünzeug und den Gleisen.

Auch ein schlichtes, aber schön überwuchertes Weichenspannwerk kann ein interessantes Motiv auf der Anlage werden.

Die alten Dämme und Einschnitte halten sich beim Vorbild die Waage. Der Grund leuchtet ein, wenn irgendwo Material für einen Einschnitt wegtransportiert werden musste, so wurde diese Erde nur bis zum nächsten aufzuschüttenden Damm gefahren, wo sie wieder verwendet werden konnte. Aber solche Bauten lockern die heimische Anlage auf. Eine Strecke verläuft z.B. auf einem Damm, den ein kleiner Fußweg begleitet. Hinter dem Damm erstreckt sich die weite Landschaft. Ein solches Bild lebt durch die Spannung aus Nähe und Entfernung. Der Betrachter blickt auf den Damm und lässt dann wie zur Entspannung den Blick über den Damm hinwegschweifen und in die Ferne gleiten.
Um ein harmonisches Bild zu erhalten, kann sich der Landschaftsbauer mit einem Trick behelfen: Er gestaltet das Motiv in drei gleich großen Betrachtungsteilen: Wenn man vor vorne auf das Motiv blickt, so nimmt der Damm ein Drittel des zur Verfügung stehenden Platzes ein, ein Drittel die dahinterliegende Landschaft mit der Hintergrundkulisse und ein Drittel die Landschaft vor dem Damm.
Kerzengerade verlaufende Strecken sind reizlos, eine windungsreiche Strecke ist entschieden reizvoller. Lediglich die Kurven müssen hinreichend begründet sein. Eine gerade Strecke, die plötzlich und ohne jeden ersichtlichen Grund abknickt, wirkt nicht überzeugend. Ein Fels, ein Tal, ein Fluss sind denkbare Begründungen für eine windungsreich verlaufende Bahn. Eine kurvenreiche Strecke wirkt lebendiger durch den häufigen Perspektiven- und Lichtwechsel. Ein darauf fahrender Zug zeigt für den Betrachter ständig ein anderes Bild, weil sich Lok und Waggons durch die Ebene winden. Das Licht fällt andauernd auf eine andere Fläche des Zuges, die Farben schillern ständig in anderen Tönen. Das hebt die latente Gefahr der optischen Starrheit auf. Das gilt auch für den ständig wechselnden Blick des Modellbahners auf den Zug.
Echt wirkt eine Modellbahn dann, wenn sich die Gleise nicht häufen, sondern viel Platz für die Landschaft vorgesehen wird. Die großartigen Gestaltungsmöglichkeiten gerade im Hinblick auf eine authentische, überzeugende Landschaft erklärt den Erfolg der kleineren Baugrößen wie N oder Z, mit denen geradezu überwältigende Panoramen geschaffen werden können, in denen sich der durcheilende Zug fast wie ein Farbklecks ausmacht. Ein Optimum hat der Landschaftsarchitekt erreicht, wenn die Modelllandschaft so wirkt, als sei sie vor dem Schienenweg schon da gewesen.

Auf einem überwachsenen Damm bahnt sich die alte Strecke den Weg – ein durch den flachen Sonnenlichteinfall und die letzten Dampffetzen der abziehenden Lok fast unwirklich wirkendes Motiv des Themenkreises Landschaft und Eisenbahn. Der gewundene Verlauf der Strecke wirkt allemal spannender als eine gerade Trasse.

Landschaft und Eisenbahn im eigentlichen Sinne: Der Rheingold duckt sich regelrecht in das umgebende Grün. Foto: Märklin

5.2 Nochmals: die Gleisradien

In der Regel wird der Modellbahner mit den Gleisen, die die Industrie anbietet, seine Anlage bauen. Der Selbstbauer von Gleisen ist recht selten zu finden und besitzt dann zumeist auch nur eine kleine überschaubare Anlage. Mit den starren Gleisradien der Großseriengleissysteme erzielt man allerdings rasche Baufortschritte. Außerdem kann der Anlagenbauer davon ausgehen, dass die Fahrzeuge eines Herstellers

Enge Radien bedeuten ein weites Überhängen der langen Schnellzugwaggons in Kurven.

Das Flexgleis wird im gewünschten Radius leicht vorgebogen und dann mit den Krause-Gleisklammern (im Handel erhältlich) fixiert. Die Gleisstränge können nun nicht mehr verrutschen.

auf den von ihm angebotenen Gleisen laufen und nicht entgleisen. Mit der Verwendung zu enger Radien bereitet sich jeder Modellbahner aber letztlich selbst Kummer: Zum einen wird er selten ausschließlich die Produkte ein und desselben Herstellers einsetzen. Was nun, wenn ein Schnellzugwagen der Herstellers B nicht durch einen viel zu engen Radius der Herstellers A will. Zum anderen sehen sehr enge Radien in der Landschaft einfach nicht gut aus, es sei denn, es handelt sich um einen Industrieanschluss.

Um all diese Probleme zu umgehen, werden im sichtbaren Bereich der Anlage die größtmöglichen Radien, am besten sogar Flexgleis (wie man das verlegt, siehe Abbildungen), verlegt. Im unterirdischen Bereich sind engere Radien gut aufgehoben. Aber auch sollten keine zu engen Radien gewählt werden, denn im Bereich »unter Tage« bereiten Entgleisungen große Schwierigkeiten. Meine Erfahrung ist, dass ab einem Radius in H0 von gut 48 cm aufwärts selbst 30,3 cm lange Schnellzugwagen nicht mehr entgleisen. Radien darunter haben bei sehr langen Fahrzeugen und hoher Reisegeschwindigkeit ihre Tücken.

Mit einer Kleinbohrmaschine und Trennscheibe oder mit einer Bastlersäge kann das Gleis nun an der notwendigen Stelle getrennt werden. Die Verbindung mit dem Nachbargleis geschieht in Abhängigkeit vom verwendeten Gleismaterial.

5.2.1 Lichtraumprofil

Von der fragwürdigen Ästhetik eines zu langen Waggons auf zu engen Radien einmal abgesehen, besteht dabei auch das Problem irgendwo hängen zu bleiben. Ärgerlich, wenn es im

Der selbst hergestellte Radienmesswagen im Einsatz.

sichtbaren Bereich der Anlage geschieht, katastrophal, wenn's im unsichtbaren und womöglich nur schlecht zu erreichenden Bereich der heimischen Anlage passiert. Vorausschauend, wie der Modellbahner an sich nun einmal ist, plant er schon beim Bau der Anlage den späteren Einsatz langer Fahrzeuge mit ein.
Um den Raum links und rechts des Gleises, das so genannte Lichtraumprofil, derart festzulegen, dass im Betrieb nichts hängen bleiben kann, dient ein spezieller Messwagen, den man selbst anfertigt. Die Maße des Vorbilds auf das Modell zu übertragen, wird nichts nützen. Denn zum einen sind viele Bauteile unserer Modellbahnen überdimensioniert, um durch die so gewonnene Stabilität einen sicheren Betrieb zu gewährleisten. Das gilt z.B. für die Pantografen der E-Loks, aber auch für so manche weit unter der Lok hervorstehende Kupplung, die schon einmal irgendwo anecken kann, wenn es eng wird.
Das Lichtraumprofil seiner eigenen Anlage legt man unter Zuhilfenahme des längsten einsetzbaren Waggons fest. An der Seitenwand wird mittig mit Klebestreifen ein Bleistift oder Filzmaler befestigt. Er muss bis auf den Boden reichen. Beim Schieben des Waggons über die Gleisstrecken unserer Anlage zeichnet dieser Stift selbst tätig das Lichtraumprofil auf. Dies gilt zunächst einmal nur für eine Seite der Gleisanlage. Um nun auch das Lichtraumprofil für die andere Gleisseite aufzuzeichnen, befestigt man einen zweiten Stift auf der gegenüber liegenden Wagenseite. Dort jedoch nicht in der Kurvenmitte, sondern an einem Wagenende, denn dieses schert ja auf der Kurvenaußenseite aus und nicht die Wagenmitte. Mit diesem Gefährt fährt man seine gesamte Anlage ab, dreht ihn dann um und wiederholt die Prozedur erneut. Die gut sichtbaren Striche geben Auskunft über das notwendige Lichtraumprofil der eigenen Modellbahn.

5.3 Einschottern

Wer weder Kosten noch Mühen scheut, um an ein vorbildgetreu eingeschottertes Gleis zu kommen, versieht seine Schienen mit selbst aufgestreutem Schotter. Klar, das Selbsteinschottern ist zeitaufwändig und bisweilen raubt es einen auch den letzten Nerv. Doch das Ergebnis aller Anstrengungen ist ein optisch sehr befriedigendes Gleis, das Schotterbettgleise aus Kunststoff natürlich nicht bieten können. Da heißt es eben abwägen: Soll es eine große Anlage werden? Dann greife ich lieber zu Fertiggleis. Bei ei-

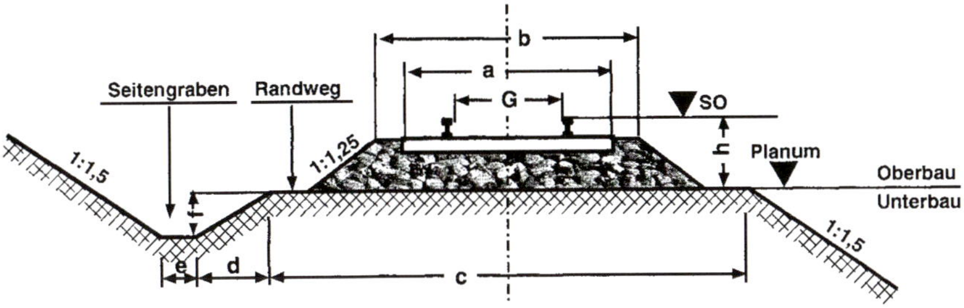

Die Zeichnung zeigt den Regelquerschnitt einer eingleisigen Strecke bei Gerader Strecke nach NEM 122.
Zeichnung: Morop

nem Nebenbahnmotiv ist das Selbsteinschottern schon eher denkbar. Bin ich bereit viel Zeit aufzubringen, bis der erste Zug fahren kann? Ist mir die Optik meiner Gleise sehr wichtig? Ja? Dann führt kein Weg am Selbsteinschottern vorbei.

Mit einem Metalllineal und einem scharfen Bastelmesser trennt man aus den Korkplatten die benötigten Korkstreifen heraus.

Das Gleis liegt dabei auf einer Bettung. Es gibt fertige Korkbettungen zu kaufen, preiswerter ist es, im Baumarkt Korkplatten zu erwerben. Die sind eigentlich zur Verwendung als Bodenbelag gedacht, eignen sich für die Zwecke des Modellbahners aber ebenso gut. Bei der Höhe des Korks kann man sich vom persönlichen Geschmack leiten lassen. Für H0 reichen 4 mm aus. Zuhause schneidet man mit einem scharfen Teppichmesser Streifen in der benötigten Breite (mindestens die Breite des Gleises) aus. Wenn diese Streifen danach in der Mitte halbiert worden sind, erhält man ein sehr flexibles Bettungsmaterial, das sich auch in Radien verlegen lässt und später Schall dämmend wirkt. Es gibt darüber hinaus spezielle Kautschukbettungen, z.B. von Noch, die für die verschiedenen Baugrößen geeignet sind. Ihr Vorzug ist die hervorragende Schalldämmung.
Für die Bettungen eines Gleises lässt sich auch mit Schaumstoff verwenden, den es unter dem Handelsnamen Moltopren in Gummifachgeschäften gibt. Daraus schneidet man sich passende Bettungen und klebt sie der Gleisachse entsprechend auf das Brett der Anlage. Dann muss der Schaumstoff mit einer Weißleim-Farb-Mischung (z.B. Dispersionsfarbe in Rostbraun) bestrichen werden. Wichtig ist, dass er sich mit dem Gemisch vollsaugen kann. Darauf legt man seine Gleise und fixiert sie mit kleinen Nägelchen. Dabei muss darauf geachtet werden, dass sich keine Senken auf dem Schaumstoff bilden, denn sonst schlingern die Züge später. Dann kann schon geschottert werden. Nach dem Durchtrocknen der Gleis-Schaumstoff-Strecke werden die Nägelchen wieder gezogen.
Alternativen zum Selbsteinschottern stellen auch fertige Bettungen dar. Dabei handelt es sich um eine bereits mit Schotter bestreute und für bestimmte Gleisstücke eines Systems (auch für Flexgleise) fix und fertig vorgeprägte Bettung aus Schaumstoff (z.B. von Mössmer) oder aus einem speziellen Kunststoff (z.B. Styroplast von Merkur). Die

Das Gleis wird auf die Korkbettung geklebt oder genagelt.

Gleise halten in diesen Bettungen auch ohne Nageln und sind zudem bei Um- oder Abbauten wieder beschädigungslos zu entfernen. Beim selbst eingeschotterten Gleis ist das Gleis in der Regel nachher nicht mehr als neuwertig verwendbar.
»Schotter« bietet der Fachhandel in verschiedenen Größen, Farben und Materialen an. Es gibt ihn aus Kork, aber auch richtigen Steinschotter in maßstäblicher Körnung, der allerdings seinen Preis hat. Gut, wer einen Steinbruch in der Nähe kennt und dort mit dem Hämmerchen selbst Steine zu Schotter zertrümmern darf. Übrigens bieten manche Schotterwerke (siehe gelbe Seiten) inzwischen selbst Modellschotter zu attraktivem Preis an – das ist kein Witz. Allerdings lohnt sich hierbei nur die Abnahme größerer Mengen, mit dem üblichen 200-g-Tütchen braucht man da gar nicht erst anfragen.
Es gibt sogar Modellbahner, die zum Schottern Mohn verwenden. Die Kügelchen sehen in ihrer grau-schwarz-weißen Farbe als Schotter in Baugröße H0 vorzüglich aus, preislich liegen sie wohl auf dem Niveau der Korkschottergebinde aus dem Laden. Nicht verwenden sollte man allerdings den Mohn aus Fertigbackmischungen, da dieser bereits gemahlen und – wenn man Pech hat – in feuchtem Zustand verpackt wurde. Das zieht nur allerlei Getier an die frisch geschotterte Strecke.
Unabdingbare Voraussetzung für das Einschottern sind sauber verlegte Gleise, die fest auf dem Untergrund aufliegen müssen. Bei noch beweglichen Gleisen könnten Schotterkörner oder -steinchen unter die Schwellen geraten. Da der Modellbauer das erst merkt, wenn's zu spät ist, nach dem Trocknen nämlich, besitzt er nachher eine Achterbahn, auf der die Züge eine dauernde Berg- und Talfahrt vollführen. Die eigentlich angestrebte schöne Wirkung wäre damit beim Teufel, die Betriebssicherheit auch. Der erfahrene Schotterer klebt oder nagelt deshalb seine Gleise auf den festen Untergrund. Einschränkend sei an dieser Stelle darauf hingewiesen, dass beim Nageln so genannte Schallbrücken entstehen, die das Fahrgeräusch verstärken können. Geräuschempfindlichen Zeitgenossen sei daher

Der aufgestreute Schotter wird mittels Pinselchen sorgfältig zwischen den Schwellen verteilt.

Nachdem die Seiten ebenfalls geschottert wurden, fährt man mit einer Profilpappe ganz vorsichtig das Gleis ab. Überschüssiger Schotter wird so beiseite geräumt.

das Aufkleben der Gleise eher zu empfehlen.
Dann gilt es, das Gleis optisch aufzuwerten, d.h. ihm dem metallischen Glanz des Neuen zu nehmen. Ich habe dabei simple Abtönfarben aus dem Baumarkt genommen, die recht preisgünstig zu bekommen sind. Den mir genehmen Farbton mischte ich selbst zusammen: Braun mit einem Spritzer (!) Schwarz und ganz wenig Weiß, denn es waren angerostete Schienenprofile nachzubilden. Die Farbe habe ich noch mit etwa einem Fünftel Wasser vermischt und dann mit einem Borstenpinsel das Farbgemisch zügig auf die Profile und die Schwellen aufgetragen. Nur bei Weichen und anderen Funktionsgleisen rate ich zur Vorsicht, zu schnell ist eine Zunge oder ein Entkuppler verklebt und damit in der Regel unbrauchbar. Ich habe den Bereich unter beweglichen Weichenteilen zuvor schwarz eingefärbt und schotterfrei gelassen. Die Funktionalität dieser Gleise ist mir weitaus wichtiger als ein perfektes Äußeres.
Nach dem gründlichen Trocknen der Gleise geht's mit dem Schottern los. Der Schotter wird mittels eines geeigneten Gefäßes – im Beispiel mit einem kleinen Plastiktrinkbecher – in den Bereich zwischen den Schienensträngen aufgestreut. Dabei habe ich erst mal nur wenig Schotter verwendet und mit einem Pinselchen verteilt. Nachträglich kann man dann immer noch Schotter zugeben, bis das Bild passt. Wer zuviel Material aufbringt, der hat einige Mühe, das teure Schottergestein wieder zu entfernen. Anschließend wird mit dem Pinselchen – bewährt hat sich ein mittelharter Borstenpinsel – die Schotterkörnchen verteilt und leicht angedrückt. Zugleich werden alle Steinchen vorsichtig von den Schwellen und den Kleineisenimitationen gefegt und ggf. per angefeuchtetem Finger entfernt. Dann wird der Schotter an den Bettungsrändern aufgestreut. Dabei heißt es aufpassen, dass keine Körnchen mehr zwischen die Gleise gelangen, die mühevolle Putzarbeit wäre sonst vergeblich gewesen. Nach dem Freifegen der Kleineisen drückt man den Schotter an. Dabei hilft ein selbst gebautes Spächtelchen, das beispielsweise aus Eis-am-Stil-Hölzchen besteht.

Mit der Blumenspritze wird der Schotter befeuchtet, mit der Pipette wird vorsichtig das Leim-Wasser-Gemisch aufgeträufelt.

Um nun dem Schotterbett das richtige Querschnittsprofil zu geben, entstand eine Lehre (siehe Abbildung). Diese wird über die Schienenprofile gezogen und stellt so zu sagen in einem Arbeitsgang den richtigen Querschnitt her. Überschüssige Steinchen werden beiseite geschoben. Abschließend werden etwas zu dünn beschotterte Stellen nachgebessert und möglicherweise übersehene Steinchen, die auf den Schwellen verblieben sind, weggenommen.
Im letzten Arbeitsgang wird der Schotter mit den Gleisen verbunden. In einer Blumenspritze vermischt man dafür Wasser mit einem Tröpfchen Spülmittel. Damit wird das Wasser entspannt und es kriecht zwischen die Steinchen, Wasserperlen werden so vermieden. Bei der abschließenden Fixierung scheiden sich die Geister: Für den Schotterkleber nehmen die traditionellen Modellbahner einen Teil Holzleim und vermischen ihn mit sechs Teilen Wasser zu einer trüb-weißen Flüssigkeit. Ihr Vorteil ist der bombenfesten Halt. Allerdings sind derart behandelte Schottergleise nachher in der Regel nicht mehr wiederverwendbar, weil sich der Schotter kaum noch von den Gleisen löst. Moderne spezielle Schotterkleber sind dagegen wasserlöslich. Mit ihnen geschotterte und verklebte Gleise sind auch in späterer Zeit wieder voneinander lösbar.
Mit der Blumenspritze wird das Schotterbett in kleinen Abschnitten von etwa 20-30 cm Länge aus gut 20-25 cm Entfernung angefeuchtet. Es hat sich gezeigt, dass bei zu groß gewählten Schotterabschnitten die Arbeitshektik zu groß wird. Daher nimmt man sich immer nur kleinere Abschnitte vor. Anschließend wird der Kleber aufgetragen. Dabei hilft ein kleines Plastiklöffelchen, das mit ruhiger Hand ins Ziel bugsieren wird. Fortschrittliche Modellbahner benutzen hierfür eine Dosierflasche, in der wasserlöslicher Schotterkleber übrigens auch angeboten wird. Beim Leimauftrag muss man nur darauf achten, dass sich im Schotter keine Tropfkrater oder Aufschwemmungen bei zu reichlicher Leimgabe bilden, das sähe hinterher hässlich aus. Das muss alles gut trocknen, von Trockenzeiten bis zu 48 Stunden wurde mir auch schon berichtet.
Wenn alles sicher hält, wird mit dem Staubsauger das frisch geschotterte Gleis abgesaugt. Eventuell zurückbleibende Lücken kann man nachschottern. Abschließend wird die Lauffläche der Gleise gereinigt, um Farbreste oder Leimtröpfchen zu beseitigen, die den Kontakt zu den Lokomotivrädern empfindlich stören würden.

5.4 Oberleitung

Bei der Oberleitung, auf die vor allem E-Lok-Fans nicht verzichten wollen, gilt dasselbe, was für die Maßstäblichkeit weiter oben gesagt wurde. Eine absolut maßstäbliche Oberleitung ist nicht machbar. Die in einem solchen Falle zur Anwendung kommenden Materialstärken wären so dünn, dass ein konventioneller Pantograf auf dem Dach der E-Lok die Fahrdrähte zerreißen würde. Es sei denn, man beschränkt sich auf die Darstellung einer maßstäblichen Oberleitung ohne Funktion. Die Pantografen der E-Loks justiert man so, dass sie den Draht nicht berühren, sondern einige Zehntelmillimeter darunter bleiben.
Gelegentlich kann man lesen, dass ein Gummifaden eine preisgünstige Alternative zur Imitation eines Fahrdrahts wäre. Das mag stimmen. Es hat sich jedoch gezeigt, dass das Material im Laufe der Zeit durch Alterung zum Reißen neigt. Ein dünner Bindfaden ist da u.U. die bessere Alternative.
Die heutigen Oberleitungen der gängigen Baugrößen aus Großserienproduktion von Viessmann oder Sommerfeldt vereinen ein hohes Maß an Vorbildtreue mit stabiler, ver-

Funktionsfähige Oberleitungen sind in großer Auswahl im Handel zu finden. Im Bild die Sommerfeldt-Oberleitung, deren Fahrdrähte durch Löten verbunden werden.
Foto: Fleischmann

wendbarer Konstruktion. Einen Unterschied bildet die Montage: Die Sommerfeldt-Oberleitung wird gelötet oder gesteckt, die Viessmann-Oberleitung wird nur auf die Masten aufgesteckt.

Auch Märklin hat seit Jahrzehnten eine Oberleitung im Angebot, die aber mittlerweile im Vergleich plump wirkt, doch bei einigen Märklin-Bahnern Kultstatus besitzt. Seit 2004 bietet der Göppinger Hersteller nun auch eine moderne Oberleitung an, die gewisse Übereinstimmungen mit der Viessmann-Oberleitung hat.

Wer seine Fahrdrähte mit matt grau-schwarzer Farbe anstreicht, kann die Drähte noch filigraner aussehen lassen. Das kommt der Optik zugute. Nur an den Unterseiten der Drähte, dort wo der Pantograf entlang gleitet, schmirgelt man das Metall wieder blank.

5.4.1 Tunneloberleitung

Überall dort, wo kein Blick auf die Oberleitung fallen kann, in Tunnelstrecken z.B. oder im Schattenbahnhof, kann man eine einfache Tunneloberleitung verwenden. Es gibt gebrauchsfertige Systeme mit Kunststoffmasten und einer Metallschiene. Noch preisgünstiger ist die Verwendung von Flexgleis. Ein solches Gleis wird auseinander geschnitten, sodass man zwei Gleisstränge erhält, an denen aber noch die Schwellen verbleiben. Aus Holz baut man so genannte Galgen und klebt diese in bestimmten, durch Tests selbst zu ermittelnde Abstände neben der Gleisstrecke auf. Die auseinan-

der geschnittenen Gleisstücke klebt man nun mit den Schwellen von unten an die Galgen und verbindet die Gleisstränge mit ganz normalen Schienenverbindern. So entsteht eine gebrauchs- und funktionsfähige Tunneloberleitung.
Eine Alternative für denjenigen, der keine funktionsfähige Oberleitung bauen möchte, wäre es, die Oberleitung nur bis knapp hinter ein Tunnelportal zu führen. Im Tunnel oder dem Schattenbahnhof baut man in diesem Fall gar keine Oberleitung. Hinter dem Tunnelportal lässt man den Fahrdraht einfach nach oben auslaufen, sodass der Pantograf ausfädelt. Die Loks fahren dann aufgebügelt in der Unterwelt herum. Wenn sie wieder ans Tageslicht kommen, fädelt der Fahrdraht den Pantografen wieder ein und drückt ihn auf das notwendige Niveau für die Oberleitung herunter.

5.5 Steigungen

Steigungen stellen auf vielen Modellbahnanlagen ein echtes Problem dar. Sei es, weil der Platz für eine Rampe zu kurz war und die eigentliche Steigung darum viel zu steil ausgefal-

Eine Zahnradbahn im Gebirge. Wenn es zu steil wird, ist das die sicherste Möglichkeit, das Plateau zu erreichen.
Foto: Fleischmann

len ist. Ärgerlich, denn für den Betrieb bedeutet das, dass der Zug ohne Hilfe nicht die Rampe erklimmen kann. Da heißt es dann mit den Fingern Schiebedienste zu verrichten oder die Lok alleine rauffahren lassen. Ein Betrieb findet dann halt nur in einer Richtung statt. Oder aber sei es, weil ein passionierter Steigungsbauer mit viel Optimismus eine respektable Rampe hingestellt hat, die aber mit einer derart starken Steigung aufwartet, die jeder Zahnradbahn Ehre machen würde. Es ist klar, dass der Schwung des Zuges auf der zu steilen Rampe bald verebbt, er entweder stehen bleibt oder von der Zuglast wieder zu Tal gezogen wird.
Ich verwende für meine Rampenstrecken Pressspanplatten. Sie sind preisgünstig, leicht zu sägen und in Grenzen in der Vertikalen biegbar. Das ist wichtig für die Ausrundung der Steigungsstrecke. Ganz wichtig beim Steigungsbau ist es nämlich, den Anfang und das Ende der Steigungsstrecke gut auszurunden, z.B. mit Gips oder Spachtelmasse. Denn beginnt die Rampe mit einem Knick, so kann das zu Kontaktproblemen der Lok führen und sie bleibt stehen oder – noch schlimmer – entgleist und rasselt mit ihrem Zug auf unkonventionelle Weise zu Tal.
Meine Steigungsstrecken haben eine Neigung von 3,5 bis zu 4 %. Bis zu 4 cm Höhengewinn auf einen Meter Strecke – in Kurven dann entsprechend geringere Neigungen und weniger Höhengewinn, wegen der in Radien höheren Reibung und entsprechend geringerer Zugleistung der Maschinen –, darin sind genügend Sicherheitsreserven enthalten. Auf meinen derart geneigten Steigungen ist noch nie was entgleist, hat sich selbst entkuppelt oder blieb hängen. Dabei fahre ich schon mal einen schweren Zug mit bis zu 40 Achsen. Bis zu 4 % Höhengewinn auf einen Meter Strecke, das schafft auch eine kleine Lokalbahnlok mit vier bis fünf Waggons.

5.6 Gleiswendel und hängende Schluchten

Wenn der Platz für eine Rampe mit adäquater Steigung nicht ausreicht, hilft eine Gleiswendel. Dabei handelt es sich um eine Gleisspirale mit zahlreichen Windungen, mit der sich auch große Höhenunterschiede überwinden lassen. Ein angeneh-

Hängende Schlucht auf der Anlage Dr. Loidol. Dieses unterhalb des Anlagenniveaus eingebaute Motiv begründet Tunnel bzw. Brücken.

mer Nebeneffekt ist das Erzielen längerer Fahrzeiten. Es leuchtet von selbst ein, dass der Durchmesser einer solchen Wendel nicht allzu klein sein darf, um nicht das Entgleisen ganzer Zuggarnituren zu provozieren. Im Handel werden gebrauchsfertige Systeme angeboten, eine Wendel kann man aber auch leicht selbst bauen, z.B. unter Verwendung von Gewindestäben, die ein feines Einstellen der unterschiedlichen Höhenlagen ermöglichen.

Gerade auf kleineren Anlagen ist es nicht immer leicht, eine Eisenbahnbrücke sinnvoll erscheinen zu lassen. Um ein solches beeindruckendes Brückenbauwerk realistisch wirken zulassen, hilft ein Trick: eine so genannte hängende Schlucht. Dafür sägt man in das Anlagengrundbrett ein Loch hinein, dessen Maße der Größe der Schlucht entsprechen. Auf diese Weise ist eine weitere Dimension beim Landschaftsbau gewonnen, wenn es schon mangels Fläche nicht in die Höhe gehen kann. Im Prinzip lässt sich dieses Loch nun mit einer ansprechenden Brücke überwinden. Natürlich wird die hängende Schlucht noch ausgestaltet, z.B. mit einem wildromantischen Wasserfall oder einem Bächlein. Dafür konstruiert man unter das Loch einen Kasten vorzugsweise aus Holz und befestigt ihn an der Anlagengrundplatte. Schon ist das Loch geschlossen und kann ausgestaltet werden.

5.7 Hintergründe und Fototapeten

Eine Modellbahnanlage wirkt erst richtig vorbildgerecht, wenn sie mit einem Hintergrund abschließt. Tapeten mit grel-

Hintergrundtapete von Kibri auf meiner eigenen Anlage. Zum einen wirkt ein solcher optischer Abschluss gut, zum anderen habe ich ihn eindeutig zu tief befestigt. Die Felsen müssten ein gutes Stück über das Brückenbauwerk hinausragen.

len Farben sind dafür nicht das Richtige. Ganz im Gegenteil, sie können den Blick auf die Bahn so sehr ablenken, dass die ganze Anlage misslungen erscheint.
Viel gewinnt man durch einfarbige Hintergründe in Weiß oder Grau, z.B. Raufasertapete mit entsprechendem Farbauftrag. Am besten ist aber eine Fototapete, wie sie von zahlreichen Herstellern in unterschiedlichsten Ausführungen angeboten wird. Diese Kulisse besteht meist aus mehreren Teilen, die entweder auf Stoß oder leicht überlappend montiert werden. Dazu benötigt man in der Regel einen Helfer. Zuerst werden die einzelnen Teile zusammengeklebt, z.B. mit Klebestreifen wie der allseits bekannte Tesafilm, der die Kulisse von hinten fixiert. Dann kann das Ganze zusammengerollt und Stück für Stück auf die Wand auftapeziert werden. Es gibt auch die Möglichkeit diese Fototapeten nur mit Reißzwecken zu befestigen, etwa weil man die unter der Hintergrundkulisse befindliche Tapete nicht mit Kleister beschädigen will.
Recht haltbar ist eine Hintergrundkulisse, die auf ein Brett geklebt und hinter der Anlage befestigt wird. Sie ist damit mehrmals zu verwenden und geht beim Abbau oder Umzug nicht zwangsläufig kaputt. Beim Kauf eines solchen Hintergrunds sollte jeder Modellbauer darauf achten, dass er thematisch zur Ablage passt. Wer ein Hafenmotiv besitzt, hängt sich in der Regel nicht Schloss Neuschwanstein dahinter.

5.8 Verschiedene Landschaftsbauweisen

Im Laufe der Zeit haben sich wohl bei jedem Modellbahnbauer verschiedene Bauweisen herauskristallisiert. Sei es, weil sie sich bewährt haben, sei es, weil sie einen raschen Baufortschritt gestatten, oder sei es, weil sie preisgünstig sind.
Ein Klassiker unter den Baumethoden stellt nach wie vor der Fliegendraht dar. Er wird über ein individuell gestaltetes Holzuntergerüst – es können auch Papierballen oder Schuhkartons, ja sogar Eierkartons sein – gespannt und festgetackert. Darauf legt man dann Küchenpapier, das ja bekanntlich auch nass noch fest ist. Es wird mit einer Blumenspritze anschließend befeuchtet.
In einem separaten Gefäß rührt man ein Gips-Leim-Gemisch im Verhältnis von 6:1 unter Zugabe von Dispersionsfarbe an. Die Farbe sorgt für eine homogene Erscheinung des Gips-Leim-Gemisches. Das ist wichtig, wenn später Mal ein Bröselchen wegplatzt, schimmert nicht gleich der weiße Gips durch. Mit einem Spachtel trägt man das Gemisch auf die Fliegendrahtlandschaft auf. Das Spachteln verteilt man auf mehrere Arbeitsgänge, denn wenn das Gemisch zu dick aufgetragen wird, spannt es nachher und bekommt beim Trocknen Risse. Alternativ kann man den Fliegendrahtunterbau auch mit Gipsbinden belegen. Nach dem Trocknen des beim dritten oder vierten Arbeitsgangs aufgetragenen Gemischs ist eine vorzügliche, selbst tragende Landschaft enstanden, die auch kleinere Unfälle wie eine umgefallene Bierflasche oder Joghurtbecher verträgt. Mit Dispersionsfarbe wird die Landschaftsoberfläche zur Beflockung mit Grasfasern o.Ä. weiter bearbeitet.
Eine Alternative zum traditionellen Gips-Leim-Gemisch stellt ein Unterbau aus Schaumstoffen dar. Die Styropor, Styrodur oder Jackodur genannten Materialien sind im Baumarkt zu bekommen. Ihr Vorzug ist ein geringes Gewicht bei gleichzeitiger einfachster Bearbeitbarkeit mit Feile, Raspel oder Messer. Geschnitten werden kann das Material auch mit einem elektrischen Schneidegerät. Dabei muss aber gut gelüftet werden, da das geschmolzene Material giftige Dämpfe entwickeln kann. Abschließend kann man sie wieder mit Gips überziehen und erhält so eine strapazierfähige Oberfläche.

Überzeugender Landschaftsbau mit Gips und anschließendem Begrünen auf der Anlage Dr. Loidol.

Das so genannte Terraform-System von Noch besteht aus kleinen Holz-Kunstoff-Röhren, die mittels spezieller Kupplungen dreidimensional verbunden werden können. Dabei entsteht mit der Zeit ein tragfähiges Unterbaugerüst. Drüber spannt man ein ebenfalls von Noch geliefertes zähes Drahtpapier. Abschließend kann wieder drüber gegipst werden.

Zum Schluss sei noch auf Korkfelsen hingewiesen. Sie eignen sich hervorragend zur Imitation von Felsen und sind im Zubehörhandel in großer Auswahl zu bekommen. Wer geschickt ist, macht seinen nächsten Urlaub in Spanien oder Portugal in der Nähe von Korkfabriken, die die Korken für Weinflaschen herstellen. Wenn man Glück hat kann man dort günstig an Korkreste kommen, die für unsere Zwecke allemal ausreichen.

5.8.1 Gipsformen

Mit hochwertigen und dauerelastischen Silikonkautschukformen lassen sich im Prinzip zeitlich unbegrenzt Abgüsse herstellen. Vor dem ersten Gebrauch sind diese Formen aber mit Spülmittel auszuwaschen. Wenn man das versäumt und gleich den ersten Abguss machen will, wird man feststellen, dass die Gießmasse sich nur schlecht in der Form ausbreitet, eine Menge Luftbläschen im fertigen Abguss sind die Folge, was zudem die Stabilität des Abgusses beinträchtigen kann. Das liegt an der Wasser abweisenden Oberflächenstruktur der Formen. Es empfiehlt sich den Gips der ersten Abgüsse sehr dünn anzusetzen und etwas Spülmittel zuzugeben – aber nicht zu dünn, da das Ergebnis von der Form her dann eher einem Pfannkuchen als einem plastischen Gipsabdruck ähnelt. Die folgenden Abgüsse werden dann immer besser gelingen, auch ohne Spülmittelzusatz.

Als Gießmasse eignet sich Modellgips am besten, denn er ist preisgünstig auch in gro-

Gipsform mit eingefüllter Gipsmasse. Das Holzgestell zum Ablegen der gefüllten Gipsform sollte man vor dem Befüllen der Form herstellen...

ßen Gebinden im Baumarkt erhältlich. Die Anschaffung eines großen Sacks ist eine gute Idee. Denn dieses Material leistet uns nicht nur beim Felsenbauen, sondern auch beim Modellstraßen- oder -bahnsteigbau gute Dienste. Zu große Niveauunterschiede zwischen Trottoir und Straßen, aber auch beim Bau von Güterböden und Laderampen kann man es brauchen. Ich habe mir seinerzeit ein 10-kg-Sack zugelegt, weil ich wusste, dass ich den Gips rasch aufbrauche. Das bitte immer bedenken: Ein geöffneter Gipssack eignet sich in der Regel nicht zur jahrelangen Aufbewahrung, selbst wenn er nach Gebrauch sorgfältig luftdicht verschlossen wird. Das zumeist im Keller gelagerte Material zieht Feuchtigkeit aus der Umgebungsluft an, wird klumpig und schnell unbrauchbar. Wer ahnt, dass er nur selten zum Anlagenbau kommen wird, legt sich besser nur eine 1-kg-Tüte zu. Die ist teurer, aber der Inhalt wird dafür garantiert schnell aufgebraucht.

Beim Erwerb seines Gipses sollte man schon drauf achten, ob die Ware auch frisch ist: Uralter Gips kommt meist schon klumpig aus der Packung, taugt dann bestenfalls noch zum Verputzen von Rissen in der Bude, aber er kann dann nicht mehr für Abgüsse verwendet werden.

In einem separaten Gefäß wird die Gießmasse angerührt. Dazu gibt man zuerst Wasser in die Schüssel, fügt dann erst Gips hinzu und rührt dann die Masse zügig bis zu einer flüssigen Konsistenz an. Niemals umgekehrt. Faustregeln für den Grad der Flüssigkeit gibt's da keine, das muss man halt ausprobieren. Mein Gips-Wasser-Gemisch hat die Konsistenz eines Kuchenteigs. Die Abgüsse sind damit jedenfalls gelungen. Man schüttet seine Gipsmasse dann in die Form, nach gut 10 Minuten dürfte das Abbinden begonnen haben. Je nach Dicke der Form kann schon nach 30 Minuten der Abguss entnommen werden, bei dickeren Güssen natürlich erst nach Stunden – auch das muss man ausprobieren.

Farbzusätze können das Abbindeverhalten verändern, manchmal sorgen sie dafür, dass der Gips nie abbindet. Vielleicht interessiert sich das Patentamt für so etwas. Zeitgenossen, die Weißleim zusetzen, erzielen damit eine höhere Festigkeit des Endprodukts, müssen aber sehr geduldige Menschen sein, denn eine solche Mischung bindet garantiert erst nach Tagen ab.

Nun kann man den Abguss gleich an die vorgesehene Stelle der Landschaft einbauen. In noch feuchtem Zustand lässt sich der Gipsabguss mit verschiedenen Werkzeugen bearbeiten. Man kann z.B. ritzen, schaben oder gravieren mit alldem, was sowieso in einem durchschnittlichen Haushalt vorkommt: Messer, Löffel, Löffelstiel oder spatelförmige Gegenstände. Dabei mit Fingerspitzengefühl arbeiten, denn sonst bleiben

Eingebaute und bemalte Gipsform auf der Anlage. Die verschiedenen Formen werden untereinander mit Gips verbunden. Nach dem Trocknen beginnt das Bemalen.

von den frischen Abgüsse nicht mehr als Brösel übrig. Hammer und Stemmeisen sind daher weniger empfehlenswert, auch wenn's den künstlerischen Akt des Felsengravierens stimmungsvoller untermalt.

Damit man möglichst lange Freude an seinen Formen hat, gibt's ein paar Regeln zu befolgen. Ich lagere meine Gipsformen einzeln an der Luft und lege sie auf absolut planem Untergrund ab, z.B. einem Regalbrett. Damit verhindere ich ein Zusammenkleben der einzelnen Teile bzw. Verkrümmungen der Formen. Wenn der Platz dennoch nicht reicht, kann man sie auch übereinander schichten und schützt sie vor dem gegenseitigen Zusammenbacken durch einzelne Papplagen, z.B. mit Wellpappe.

Nehmen wir an, die Abgüsse sind getrocknet und in eine Felswand eingebaut. Die erstrahlt nun aber im klassischen Neubaugrau. Ein bisschen Farbe kann hier Wunder tun. Dafür eignen sich weiche Haarpinsel in runder Form und verschiedenen Größen. Dazu erwirbt man auch ein paar harte Borstenpinsel. An Farben verwende ich einfache Abtönfarben, die auf einem Brettchen oder in einem Topf – je nach benötigter Menge – gemischt werden. Auch Wasserfarben leisten gute Dienste, manche empfehlen die teureren Acrylfarben.

Gips in trockenem Zustand schluckt sehr viel Wasser, daher verdünnt man den ersten Anstrich mit Wasser, um nicht gleich beim ersten Malvorgang seine Farbe aufzubrauchen. Meine Felswände habe ich zwei Mal gestrichen und zwar mit einer Mischung aus Weiß mit ein paar Tropfen Schwarz. Ich habe diese Mischung gewählt, weil die Felsfarbe zum verwendeten Hintergrund passen sollte. Die Farben der Felsen auf der Hintergrundkulisse habe ich zuerst durch Mischen meiner Dispersionsabtönfarben auf einem kleinen Brettchen ermittelt. Dann wurde die stark verdünnte Farbe mit einem weichen Pinsel, der die Fähigkeit hat, auch in Ritzen und Spalten der Felsen einzudringen, satt auf die Gipsfelsen aufgetragen, nach dem Trocknen folgte ein zweiter, unverdünnter Auftrag.

Nun setzt man mit einem kleinen weichen Pinsel gezielt Farbtupfer, um die Verwitterung des Gesteins zu imitieren wird die Felswand patiniert. Hier wächst etwas Moos, was mit einem Grünschleier mittels Wasserfarben nachgeahmt wird. Dort verläuft eine natürliche Spalte im Fels, die man fast schwarz auslegt. Und dort entsteht mit etwas blassroter Farbe eine oxidierte Erzader. Der Phantasie sind keine Grenzen gesetzt.

In einem weiteren Arbeitsgang kann der Landschaftsbauer mit einem kleinen Borstenpinsel farbliche Akzente setzen, indem er den Pinsel auf bestimmte Stelle auftupft. Das empfiehlt sich vor allem an den Stellen der Felswand, die nach dem Trocknen zu dus-

ter erscheinen. Denn oftmals verändert sich der Farbglanz nach dem Trocknen, sodass manches vielleicht zu dunkel erscheint. Durch das Auftupfen hellt man solche Stellen gezielt auf. Mit einem Drüberwischen des fast trockenen Borstenpinsels lassen sich Details herausarbeiten, z.B. ein besonderer Stein oder eine Stelle im Fels, die später z.B. ein Kreuz tragen soll. Ebenfalls gute Effekte lassen sich mit der Lasurtechnik erzielen. Dabei wird die Farbe bis zur Transparenz verdünnt und über die Felswand laufen gelassen. Etwas Spülmittel erhöht die Kriechfähigkeit der Farbe. Wenn man das Ganze auftrocknen lässt, so ergeben sich interessante Farbeffekte. Hier sind ggf. ein Paar Vorversuche nötig.
Wer sich in der freien Natur einmal umschaut – das sollte man während des Anlagenbaus immer tun –, und eine Felswand betrachtet, stellt fest, dass Licht und Schatten im Wesentlichen für die Farbigkeit der Steine sorgen. Der natürliche Lichtspender Sonne scheidet im Modellbahnzimmer aus. Wie kann man nun seinen Felsen etwas mehr Tiefe und Struktur geben? Um die Plastizität der Modellfelswand noch zu erhöhen, wische ich mit einem großen trockenen Borstenpinsel und ganz wenig Weiß abschließend über die Kanten, Vorsprünge und erhabenen Strukturen der Felsen. Das imitiert den Sonneneinfall und hebt Details heraus.

5.8.2 Gestaltung des Geländes

Die fertige Geländehaut bepflanzt man dann mit Feldern und Wiesen, Bäumen und Wäldern sowie Wegen und Brücken. Zum Bau von Feldern und Wiesen bietet die Industrie Matten in unterschiedlichsten Farben, Formen und Qualitäten an. Der Individualist beflockt seine Wiesen mit Grasfasern, die in die zuvor mit Klebstoff bestrichene Fläche eingestreut wird. Man streicht die Fasern dabei durch ein Teesieb. Sie werden dadurch elektrostatisch aufgeladen und fallen nahezu senkrecht auf die klebende Fläche und bilden nachher eine senkrecht stehende Grasfläche. Denselben Effekt erreicht man auch mit einem elektrostatischen Beflockungsgerät, das man beim Fachhändler ausleihen kann. Bäume und Büsche gibt es in einer inzwischen unüberschaubaren Vielfalt. Darunter sind wahre Kunstwerke, die ihrem Vorbild fast exakt ähneln aber ihren Preis haben. Besonders gut wirken große Bäume, die man vorzugsweise am Rand eines Waldes anpflanzt. Dahinter kommen dann die kleineren und billigeren handelsüblichen Fertigbäume. Wenn das aufzuforstende Gelände dunkel eingefärbt wird und sanft ansteigt, kann man mit dieser Gestaltungsmethode einen dichten Wald imitieren. Ansonsten empfiehlt sich das Pflanzen der Bäume in dichteren natürlichen Gruppen.

Bäume wirken überzeugender, wenn man sie in natürlichen Gruppen pflanzt.

Es gibt eine große Vielfalt von Baumbausätzen, das Selbstherstellen von Bäumen macht aber ebenso großen Spaß. Man wickelt ein paar Drähte mit einem Drillbohrer zusammen. Nun wird das obere Drittel des Baums aufgedrillt und zu Ästen verzupft. Der Stamm des Baums wird aus einem Gemisch aus Weißleim und Dispersionsfarbe bestrichen, bis eine glatte Stammform erreicht ist. Abschließend kann man das Geäst des Baums mit den unterschiedlichsten Materialien beflocken.

5.8.3 Geländeplastiken

Bei gut sortierten Modellbahn-Fachhändlern sind auch immer wieder Geländeplastiken zu sehen. Dabei handelt es sich um im Tiefzugverfahren hergestellte dreidimensionale Kunststofflandschaften. Sie sind bereits fertig mit Grasfasern begrünt, Bachläufe sind hellblau angedeutet und auf entsprechende Flächen müssen vom Käufer nur noch die vorgesehenen Gebäude platziert werden. Diese Plastiken sind für bestimmte Gleissysteme ausgerichtet, die der Fachhändler oder der Hersteller nennen kann. Änderungen im Gleisverlauf sind daher fast nicht machbar. Allerdings kann man sich durch die prinzipielle Kombinationsmöglichkeit verschiedener Plastiken ein und desselben Herstellers nach und nach eine Großanlage zusammenkaufen.

5.9 Wasser

Am einfachsten wäre es, Wasser nicht nachzubilden, sondern einfach so wie es ist zu verwenden. Dagegen spricht jedoch die prinzipielle Unvereinbarkeit von Wasser und Strom führenden Geräten. Das ist einfach zu gefährlich, vor allem, wenn Kinder mitspielen. Auch das Problem der zu hohen Luftfeuchtigkeit von zumeist im Keller stehenden Anlagen wird durch die Verwendung von echtem Wasser nicht geringer.

Wassergestaltung mit der bekannten Seefolie, deren wellenförmige Oberfläche bewegtes Wasser vortäuscht.

Die Industrie bietet zur Wassergestaltung verschiedene Materialien an. Neben einfach zu verwendenden Kunststoffplatten, die eine leicht gekräuselte Wasseroberfläche imitieren sollen und auf die blau-grün gefärbte Anlagengrundplatte gelegt werden können, gesellen sich Gießharz sowie als allerneuestes Produkt, das »E-Z-Water« genannte Granulat von Noch. Früher sagte man dem Gießharz nach, dass es ewig stinken würde, doch heute ist das im Modellbau verwendete Gießharz geruchsfrei. Es wird einfach in den zuvor abgedichteten und mit Steinchen sowie Moosen gestalteten Bachlauf gegossen, wo es erhärtet. Das E-Z-Water genannte Granulat im Vertrieb von Noch wird auf den in eben derselben Art und Weise behandelten Bachlauf gelegt und mittels Heißluftpistole zum Schmelzen gebracht. Daher muss auch hier der Bachlauf abgedichtet sein. Das Material verflüssigt sich und fließt dann in alle Ritzen. Nach einiger Zeit erkaltet es und imitiert täuschend echt ein Wässerchen.

Ein See wirkt ungleich lebendiger, wenn neben einem Boot auch gleich noch ein paar Gänse (oder sind es Schwäne?) umherschwimmen (Anlage Dr. Loidol).

5.10 Gebäude

Das Angebot an geeigneten Bausätzen für alle nur erdenklichen Gebäude ist in der Zwischenzeit nahezu unübersichtlich groß geworden. Dabei erhält man in der Regel gute Qualität. Man sollte nur darauf achten, dass die Bausätze nicht zu alt sind, erkennbar an der ausgeblichenen Schachtel. Dann kann es nämlich passieren, dass ein paar Bauteile verzogen sind, weil die Schachtel jahrelang in der Auslage lag und von der Sonne dabei regelmäßig stark erhitzt wurde, sodass sich der Inhalt verzogen hat. Solche verzogenen Teil kann man im heimischen Backofen erwärmen und dann wieder gerade richten, z.B. auf einer Glasplatte. Verklebt werden die weit verbreiteten Kunststoffbausätze mit handelsüblichem Kunststoffkleber. Zu Klebern habe ich im Kapitel 8.8 noch einiges Wissenswertes zusammengetragen.
Die nächste Gruppe der Gebäudebausätze bilden die aus Resin und anderen Kunstharzen bestehenden Kits. Sie gestatten eine sehr feine Detaillierung, weil mit Resin und Kunstharzen sehr viel feiner gespritzt werden kann, als mit Polystyrol und anderen Kunststoffen, aus denen handelsübliche Bausätze bestehen. Man verklebt Resinbausätze mit speziellem Kunstharzkleber, den der Fachhändler oder Farbengeschäfte führen.
Eine andere Gruppe interessanter Gebäudebausätze stellen die Kartonmodelle dar. Sie sind in der Regel leicht zu verarbeiten und meist einfach zusammen zu kleben, z.B. mit handelsüblichem Papierkleber. Da sie preisgünstig sind, können sie z.B. als Hintergrundmodelle dienen.

Auch ausgefallene Motive wie das Abbruchhaus auf der Anlage Vogt können heute mit handelsüblichen Bausätzen nachgestaltet werden.

Holzmodelle stellen die vierte und letzte Gruppe an Modellbaugebäuden dar, sie sind entsprechend teuer, gestatten aber bei genauem Arbeiten tolle Ergebnisse. Ihr Vorzug ist die Verwendung des Naturprodukts Holz, dessen Farbe und Maserung auf diese Weise nicht nachgestaltet zu werden braucht.

5.11 Der Farbcharakter

Als gelungen wirken immer die Modellbahnanlagen, deren Farbcharakter Extreme vermeidet. Der Wald einer solchen Landschaft erstrahlt in verschiedenen gedämpften Grüntönen. Kein giftgrün plärrender Baum oder violettes Islandmoos stechen dabei heraus. Das Gleiche gilt auch für die Siedlungen. Das Rot der Dächer muss gedämpft erscheinen, grell-rote Dächer zerstören die harmonische Wirkung. Die Wände der Gebäude strahlen zwar allesamt hell in der Sonne, aber pistaziengrüne Häuserfassaden sind gottlob nicht darunter.

Um einen harmonisch wirkenden Farbcharakter seiner Anlage zu erreichen, arbeitet man beim Landschaftsbau vor allem mit gedämpften, matten Farben. Die Fahrzeuge sind oftmals schon bunt genug. Das gilt vor allem für Anlagen mit dem Schwerpunkt Epoche V. Die verkehrsroten Fahrzeuge wirken angenehm, wenn sich die Landschaft einer solchen Anlage mit Extremen zurückhält. Der Wald schillert dunkelgrün, die Häuser matt-weiß und der See glitzert bestenfalls dunkelgrau in der Sonne. Durcheilt der Eilzug mit verkehrsroten Waggons jedoch einen grell-roten Herbstwald, so haben das Auge wie das Empfinden des Betrachters dann schon richtig Mühe, das ganze Arrangement als angenehm zu empfinden. Zurückhaltung bei der Farbauswahl zahlt sich aus: das belegen die vorgestellten Anlagen dieses Buchs.

Der Farbcharakter der Anlage Dr. Loidol betont motivabhängig eine zurückhaltende Farbauswahl. Wie in diesem Bw-Motiv dominieren Erdfarben und Grautöne.

5.12 Figuren

Noch vor gut vierzig Jahren belebten Modellbahner ihre Anlagen mit aus Holz mehr oder weniger fein gestalteten Figuren. Heute gibt es fein detaillierte Figuren in den unterschiedlichsten Gestaltungen und Posen. Man kann fast sagen, dass es hierbei nichts gibt, was es nicht gibt. Die Palette reicht vom dicken Urlauber mit Nickelbrille und Hut über den schwarzberockten Priester bis zum neuzeitlichen Girlie in kurzen Shorts. Selbstverständlich sind darunter auch epochenspezifische Ausführungen wie der königlich-bayerische Polizist von 1900 oder der Hippie von 1968.

Wer einen größeren Bedarf an Figuren hat, ersteht sie in thematisch verschiedenartigsten Großpackungen wie sie z.B. Preiser anbietet. Darin sind ca. 120 Stück in unbemaltem Zustand enthalten. Zum Bemalen belässt man sie der besseren Handhabbarkeit am Spritzbaum und reinigt sie mit etwas Spiritus, um das Fett zu entfernen. Dann bemalt man sie mit einem feinen Pinsel und üblichen Modellbaufarben von außen nach innen. Also erst den Mantel, die Hose und zum Schluss erst die Hände und das Gesicht. Allerdings sollte jeder Mo-

Auf dem Postbahnsteig der Anlage Dr. Loidol: Bei der Figurenauswahl sind keine Grenzen gesetzt, nahezu alle erdenklichen Posen und Motive sind heute nachbaubar.

dellbahner vor dem Erwerb unbemalter Figuren bedenken, dass es sich hierbei um echte Feinarbeit handelt, für die er eine ruhige Hand und hervorragende Augen benötigt.

5.13 Pflege

Stellen wir uns folgendes vor: Die Anlage hat schon ein paar Jahre auf dem Buckel. Das Grün der Wiesen, Felder und Bäume ist nicht mehr ganz so frisch wie vor Jahren, die eine oder andere Spinnwebe ziert das Dachgebälk der Modellgebäude, Staub rieselt von den Dächern und überzieht Autos und Figuren in den Siedlungen mit einem Grauschleier. Soweit möchte man es eigentlich nicht kommen lassen. Sicher, das Gleis und das rollende Material stauben wir regelmäßig ab. Aber wie sieht's im Modelldorf damit aus? Die Industrie bietet spezielle Staubsaugerchen mit kleinen Saugdüsen an, die ein besonders schonendes Reinigen gestatten. Es gibt aber auch noch eine preiswerte Alternative: Über die Düse eines konventionellen Staubsaugers wird ein Feinstrumpf gestülpt und los geht's. Mit einem feinen, weichen Pinsel von passender Größe wird der Staub von den Dächern oder Fahrzeugen gelöst und eingesaugt. Dabei halte ich den Staubsaugerschlauch mit leichtem Abstand von den zu reinigenden Objekten. Der Staub wird durch den Feinstrumpf hindurchgesaugt. Sollte sich doch einmal eine Figur oder ein Ausstattungsdetail lösen, so bleibt es im Strumpf hängen und verschwindet nicht im Bauch des Saugers. Diese vierteljährliche Prozedur verteile ich auf mehrere Abende, damit ich immer konzentriert bei der Sache bin.
Ein sehr empfehlenswertes und zudem recht preisgünstiges Hilfsmittel für den staubbewussten Modellbahner stellt die »Staubhexe« dar. Sie ist im gut sortierten Staubsaugerzubehörhandel bzw. in guten Haushaltswarenladen zu bekommen. Dabei handelt es sich um ein Vorsatzgerät, das zugleich (!) bläst und saugt. Die Staubhexe wird einfach nur auf den heimischen Staubsaugerschlauch aufgesetzt. Der Luftstrom des Saugers setzt den sinnreichen Mechanismus in Bewegung: Ein Luftstrom aus der Staubhexe wirbelt den Staub auf der Anlage auf. Gleichzeitig erzeugt das Vorsatzgerät auch einen Saugluftstrom, der den Staub aufnimmt.
Damit nicht alles wieder rasch zustaubt, kann man einige Dinge beachten: Alle Arbeiten, die Staub verursachen wie Sägen, Schleifen oder Farbspritzen, erledige ich nicht im Modellbahnraum. Natürlich auch nicht in der Küche oder im Wohnzimmer, sondern entweder in der Garage oder draußen. Zudem habe ich in meinem Modellbahnraum einen leicht zu reinigenden PVC-Boden ausgelegt, ein Teppich staubt zusätzlich und muss regelmäßig abgesaugt werden. Natürlich kann man seinen Fußboden auch kacheln oder fliesen.
Hobbykollegen, die ihre Anlage auf dem nicht oder unzureichend ausgebauten Dachboden untergebracht haben, dürften ebenfalls mit dem Staub kämpfen, der in solchen Fällen von außen durch die Dachschindeln eindringt. Auch beschädigte oder gar undichte Decken sind ein Herd ständigen Ärgers, rieselt von ihnen doch andauernd irgendwelcher Staub oder Dreck auf die Anlage.
Ebenfalls mit erheblichen Problemen haben Raucher zu kämpfen: Offenbar ist der sich auf Gleise und Landschaft niederschlagende Tabakqualm ein besonders aggressiver Feind einer gepflegten Bahn. Ich kenne einen stark rauchenden Hobbykollegen, der oft mit Kontaktschwierigkeiten bei seinen Loks zu kämpfen hat. Der Qualm bildete bei ihm eine regelrechte Schmutzschicht auf den Gleisen.

Gerade in Bereichen mit dominantem Schwarz wie hier im Bw der Anlage Vogt lohnt sich der Einsatz eines Staubpinsels.

Ein guter Tipp stellt die Verwendung von Abdeckplanen dar, vor allem wenn man seine Anlage nur selten nutzt. Um die feinen Plastikhüllen beschädigungsfrei auf die Anlage und wieder von ihr weg zu kriegen, sind meistens mehrere Personen nötig. Einfacher wäre es, wenn man die Hülle über einen oder mehrere der Anlagengröße entsprechende Holzrahmen spannt. Die einzelnen Rahmen kann man dann auch allein aufstellen und wieder wegnehmen. Allerdings dürfte es schwierig werden, während des Anlagenbetriebs alle Rähmchen so beiseite zu stellen, dass sie nicht beschädigt werden können.
In diesem Zusammenhang stellt ein aufklappbarer Rahmen mit Plastikplane eine gute Lösung dar. Wird die Anlage in Betrieb genommen, klappt man den Rahmen hoch und arretiert ihn beispielsweise mittels eines Hakens, der in einen Ring an der Wand eingreift.
Wenn man die Anlage abgesaugt hat, dürfte die Landschaft wieder wesentlich heller mit frischen Farben erstrahlen. Alle paar Jahre kann man sich dem Anlagenbewuchs zuwenden, denn das ehedem elastische Islandmoos dürfte dann komplett vertrocknet sein. Hier kann man sich nur mit neuen Islandmoosbüschen behelfen, die alten schmeißt man am besten weg. Länger halten die Büsche, wenn man sie mit Schaumstoffflocken nach dem Eintauchen in entsprechend eingefärbten Weißleim belaubt. Sie werden dann zwar auch hart, zerfallen aber nicht wie mumifiziertes Islandmoos.
Auch so mancher Baum bleicht mit der Zeit aus. Die Modellbäume vollständig zu ersetzen, ist vielleicht etwas kostspielig. Daher empfiehlt sich die Lackierung der Tannen und Birken mittel Spritzpistole oder Lack aus der Spraydose. Man bastelt sich zuvor aus Papier oder Pappe eine Manschette, die über den zu lackierenden Baum oder die Baumgruppe gestülpt wird und ein Einnebeln der Umgebung verhindert. Die gewünschte Farbe bringt man fein dosiert aus einigem Abstand auf die Bäume auf. Wer eine Farbspritzanlage besitzt, kann sehr feine Farbnuancen erzeugen.

6. Elektropraxis

Das Spiel mit der Modellbahn wie hier im Güterbereich der Anlage Dr. Loidol erreicht nur dann seinen entspannenden Zweck, wenn die Funktionen nicht durch schlechte Verdrahtungen immer wieder unterbrochen werden.

für die Modellbahn

Mit einem Hang zum Chaos habe ich meine verschiedenen Kinderzeit-Anlagen verdrahtet. Da sie stets nur für kurze Zeit aufgebaut wurden, habe ich mir für eine übersichtliche Verdrahtung keine Zeit genommen. Verwendet wurden Kabelreste in allen möglichen Längen, Farben und Querschnitten. Litze ebenso wie Draht, unabhängig vom vorgesehenen Verwendungszweck. Und wenn mal etwas nicht funktioniert hat, lag ich oftmals lange unter der Anlage und forschte den Kabelsalat durch – ich blicke mit Stolz auf meine damalige Geduld zurück. Irgendwann wurde der Defekt gefunden, meist war es entweder eine kalte Lötstelle oder eine unzureichende Verbindung zweier Kabel untereinander oder eine schlicht abgerissene Leitung oder ein Kurzschluss wegen nicht angebrachter Isolierung. Denn schließlich nutzte man die Anlage auch, um sich darunter zu verstecken, wobei schon mal ein paar Kabel beschädigt wurden.
Als ich dann, gereift an Jahren und Verstand, meine erste dauerhafte Modellbahnanlage baute, sah ihre Verdrahtung genauso aus wie die Kabelwirtschaft unter der Anlagenplatte des 8-jährigen Knaben. Der erste Defekt blieb nicht aus und als ich da so unter der Platte lag, merkte ich, wie langsam die Wut in mir hochkroch. An diesem Punkt scheiden sich die Geister: Der eine geht erst mal eine rauchen. Der Kabelverhau bleibt. Fraglich, ob er noch mal unter seine Anlage kriecht. Das heißt aber, dass die Anlage tage-, ja wochenlang stillliegt. Keine empfehlenswerte Lösung. Der andere pflückt den Kabelwald geduldig fluchend durch, entdeckt irgendwann den Fehler und beseitigt ihn. Der Verhau unter der Anlage ist aber immer noch derselbe. Schon besser, aber auch nicht empfehlenswert. Am besten ist die Spezies drei dran: Sie reißt mit brachialer Gewalt alle Kabel ab, bis nur noch ein paar Fransen von oben herabhängen. Das Kabel bildet im Mülleimer ein buntes spaghettiähnliches Knäuel, an dem allenfalls künstlerisch begabte Zeitgenossen ihre Freude hätten. Dann holt er mehrmals tief Luft und beginnt eine saubere Verdrahtung.

6.1 Installationsarbeiten

Zuvor hat er sich im Fachgeschäft informiert, was es an Installationsmaterialien für die Modellbahnverdrahtung gibt. Das Kabel wählt man ausreichend dimensioniert aus. Die meisten Modellbahner wissen seit ihrer Schulzeit, dass es einen Zusammenhang zwischen Widerstand und Querschnitt eines Drahtes gibt. Je mehr Strom durch einen Leitung muss, umso größer soll der Querschnitt des Drahtes sein. Das heißt, für die Fahrstromzuleitung hat ein optimales Kabel einen Querschnitt von mindestens 1 mm^2, denn vielleicht soll einmal ein Zug mit Beleuchtung über die Anlage rollen. Das gestatten nur Kabel, die sich nicht über Gebühr erwärmen und vielleicht sogar durchbrennen, weil beim Bau aus Kostengründen Kabel mit viel zu kleinem Querschnitt verwendet worden sind. Für alle übrigen Verbraucher wie Weichenantriebe u.Ä. genügt ein Kabelquerschnitt zwischen 0,5 und 0,8 mm^2.
Vorausschauende Modellbahner planen ein paar Verteilerleisten mehr ein, an die weitere Kabel angeschlossen werden können. Denn ein späteres Installieren ist in jedem Fall weitaus aufwändiger. Beim Gleisaufbau achtet man auf einwandfrei sitzende Schienenverbinder, wackelnde Exemplare werden ersetzt. Selber die Teile wieder gerade zu biegen, scheitert zumeist, da sie in der Regel aus Federstahl bestehen. Es wäre abschließend noch zu überlegen, ob man nicht jeden Stromkreis mit einer eigenen Verkabelung ausführt. Dies würde eine mögliche Fehlersuche stark vereinfachen.

Checkliste für die Verdrahtung

Am wichtigsten ist Ordnung und Übersicht beim Verkabeln. Legen Sie bestimmte Kabelfarben hinsichtlich ihrer Funktion fest und halten Sie sich während der Verdrahtungsarbeiten daran.

Die Utensilien liegen übersichtlich geordnet vor Ihnen. Alle Werkzeuge sind griffbereit. Neben einer Abisolierzange benötigt man eine Schere, Isolierband, Befestigungsmaterial für die Kabel z.B. Krampen oder einen weich eingestellten Tacker, Lötkolben nebst Lötzinn sowie Lüsterklemmen oder Steckerleisten zur Verbindung der Kabel.

Empfehlenswert ist eine Übersichtsskizze, die alle zu verkabelnden Stellen farbig darstellt. Darauf kann man abhaken, was man schon erledigt hat, und sieht sofort, was noch zu tun ist.

Alle erforderlichen Stromkreistrennstellen in den Gleisen muss man vor der Verkabelung festlegen.

Die Isolierungen zwischen den Trennstellen müssen exakt ausgeführt werden. Sofort danach empfiehlt sich eine Überprüfung mittels selbstgebauter Prüfvorrichtung. Dazu nimmt man eine Blockbatterie und ein 4,5-V-Lämpchen nebst Fassung (z.B. von Faller oder Kibri). Ein Kabel der Fassung wird etwa in der Mitte auseinandergeschnitten und beide Enden gut 1 cm abisoliert und verzinnt. Dann wird das Birnchen in die Fassung geschraubt und die Fassung über die beiden Kabel mit der Batterie verbunden. Das auseinandergeschnittene Kabel wird nun mit dem einen Ende vor eine Trennstelle gehalten, mit dem anderen hinter die Trennstelle. Leuchtet das Lämpchen auf, so fließt noch ein Strom durch die Trennstelle, leuchtet das Lämpchen nicht, ist es entweder kaputt (vorher prüfen) oder die Trennstelle trennt wirklich.

Die verwendeten Kabel sollten für eine Stromstärke bis zu 5 Ampere je mm^2 zugelassen sein und einen Querschnitt zwischen 0,5 bis 1 mm^2 besitzen.

Alle Kabel sollen an ihrem Ende für ihre beabsichtigte Funktion gekennzeichnet werden. Dafür kann man kleine selbst klebende Etiketten nehmen, wie es sie im Haushaltswarenladen gibt. Auf die Etiketten schreibt man zuvor die Funktion des betreffenden Kabels.

Bewährt hat sich die Methode, mittels Steckverbindungen für rasch auszutauschende Kabelverbindungen zu sorgen. Das gestattet die Austauschbarkeit ganzer Anlagenteile, ohne die Kabel kappen zu müssen.

Alle parallel verlaufenden Kabelstränge kann man zu Kabelbäumen zusammenfassen und mittels Rastkunststoffschlingen (aus dem Haushaltswarengeschäft, ursprünglich zum Verschließen von Gefrierbeuteln, damit der leckere Inhalt nicht ausläuft) bündeln.

Alle Kabelstränge werden mit Kabelklemmen, Krampen oder Schmelzkleber am Anlagengrundgerüst befestigt.

Kabel können auch in Kabelkanälen, z.B. aus Hohlprofilen oder aufgeschnittenen Kunststoffschläuchen, verlaufen.

Alle Kontakte müssen so sicher wie möglich ausgeführt werden: Also wo möglich löten oder Steckverbindungen einsetzen, auch Lüsterklemmen aus dem Baumarkt sind denkbar.

Das notwendige Arbeitszeug zur Anlagenverdrahtung: Schere, Abisolierzange, Tacker, Lüsterklemmen, Draht, Litze und verschiedenfarbiges Isolierband.

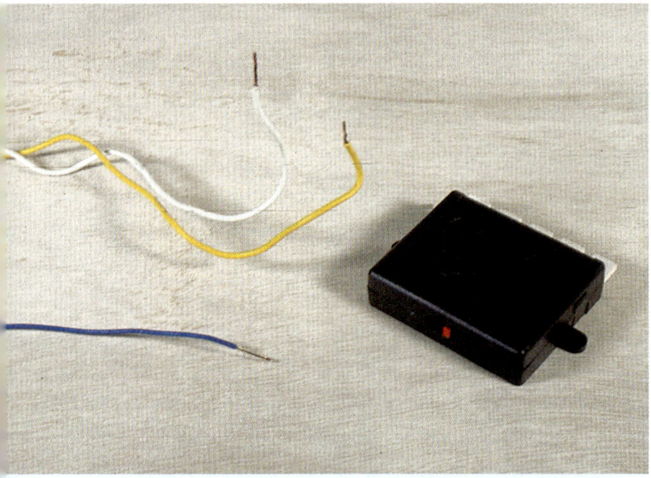

Im Bild beweist der Draht augenfällig seine fixen Eigenschaften, während die blauummantelte Litze sich eher unscheinbar an den Boden schmiegt. Rechts übrigens ein Relais, das weiter unten näher vorgestellt wird.

6.1.1 Draht oder Litze

Modellbahner verwenden in der Regel zwei Formen von Kabeln: Draht und Litze. Die korrekte Bezeichnung für den von verschieden farbigen Kunststoffhüllen umgebenen Draht lautet Schaltdraht. Ein solcher Draht ist relativ starr und bleibt einmal gebogen in der festgelegten Richtung stehen. Biegt man ihn ein paar Mal hin und her, bricht er, die Leitung ist unterbrochen. Das ist ihm durch die Isolierung aber nicht immer gleich anzusehen, entsprechend schwierig und Nerven aufreibend gestaltet sich die anschließende Fehlersuche im Kabelverhau.

Eine Litze besteht demgegenüber aus einer Menge einzelner, feiner flexibler Drähtchen. Dieses Kabel ist ohne Hilfsmittel wie Krampen nicht in eine Richtung festzulegen, es schnurrt immer wieder auf. Auch die Litze wird von bunten Kunststoffhüllen umgeben.

Diese Eigenschaften bestimmen nun die Verwendung von Draht und Litze. Der Draht ist überall dort geeignet, wo es nicht auf Flexibilität ankommt. Seine starre Eigenschaft kann man sogar ausnutzen. Man schlingt ihn um eingeschlagene Nägelchen und kommt so zu einer ordentlichen Verdrahtung unter der Anlage. Litze verwendet man dort, wo Leitungen auch mechanisch beansprucht werden. Z.B. bei klappbaren Anlagenteilen, die aufgrund ihrer Lage vor Fenstern oder Türen bisweilen hochgeklappt werden müssen.

Abschließend noch ein Hinweis auf die Kosten: Wer Kabel in den üblichen 10-m-Ringen beim Fachhändler kauft, wird schnell viel Geld los. Günstiger erwirbt man seine Kabel im Radiofachhandel oder bei Elektronikversendern, dort gibt es Rollen mit 100 m.

6.1.2 Der gemeinsame Rückleiter

Da der Modellbahner das meiste Geld in das rollende Material investieren will und nicht in Unterbaukonstruktion oder gar beim Betrieb unsichtbare Kabel, möchte er bei der elektrischen Installation natürlich sparen. Da kann man sich mit einem Trick behelfen. Denn alle Ströme, egal ob Gleich- oder Wechselstrom, egal welche Stromstärke, haben einen so genannten gemeinsamen Rückleiter: die Erde, über die alle Ströme wieder zu ihren Quellen zurückfließen. Alle noch so unterschiedlichen Verbraucher – seien es Wechselstrom- oder Gleichstromgeräte – haben eine gemeinsame Erde. Wer nun einen gemeinsamen Rückleiter nutzt, kann dadurch viele Meter Kabel einsparen. Denn hierbei wird auf getrennte Sammelleitungen zur Rückführung der Stromarten verzichtet. Dabei muss von jedem Fahrstromsteller- oder Schaltstromausgang immer nur jeweils eine Klemme an den gemeinsamen Rückleiter gelegt werden.

6.2 Der Transformator und die Stromkreise

Wer eine Anfangspackung erworben hat, findet darin meist einen Transformator (Kurzwort: Trafo) genannten Fahrstromsteller. Mit ihm sind die Lokomotiven zu steuern. Egal, ob Wechsel- oder Gleichstromsystem, immer reagieren alle Lokomotiven, die auf einem von einem Trafo versorgten Gleis stehen, gleich. Sie fahren schnell oder langsam. Um die Loks für sich steuern zu können, teilt man seine Anlage in so genannte Stromkreise auf. Jeder Stromkreis erhält einen eigenen Transformator. Somit ist jede Lok innerhalb eines solchen Stromkreises für sich zu steuern. Es gibt Beispiele für riesige Anlagen, die nach diesem System gesteuert werden. Auf einer beeindruckenden Kommandozentrale türmen sich ein Dutzend Trafos, die den Zugriff auf zwölf Triebfahrzeuge erlauben. Dennoch bleibt es immer bei einem abhängigen Mehrzugverkehr, denn die Loks sind nur innerhalb ihres Stromkreises unabhängig voneinander zu steuern.

6.2.1 A- und Z-Schaltung

Bei einer Steuerung in der zuvor beschriebenen Weise spricht man auch von einer A-Schaltung, wobei das A für Abschnitt steht. Das Spiel auf einer solchen Anlage geht solange gut, bis

Gerade beim Rangieren besitzt die Z-Schaltung Vorteile, denn wenn zwei Triebfahrzeuge nahe aneinander heranfahren müssen, kann durch eine geschickte Aufteilung der Anlage in Abschnitte und ihre logische Zuordnung zu bestimmten Trafos ein vielseitiger Betrieb aufgezogen werden.
Foto: Frickel

eine Lok von einem in den benachbarten Stromkreis wechseln soll. Das funktioniert bei einer mit Gleichstrom gesteuerten Anlage nur bei gleicher Polarität der Stromkreise, sonst erzeugt die überwechselnde Lok einen Kurzschluss. Auch im Wechselstromsystem bleibt die Lok auf der Übergangsstelle stehen, wenn beide Stromkreise unter Spannung stehen. Daher ist zuvor ein Stromkreis stromlos zu schalten, bevor übergewechselt werden kann. Der Wechsel von einem Stromkreis auf den nächsten bedeutet daher auch immer einen Wechsel des Transformators. Die A-Schaltung ist aber für Anfänger immer noch ein gangbarer Weg, um erste Erfahrungen mit der Modellbahn zu kommen und vor allem schon mal mit mindestens zwei Zügen zu spielen.
Wer mal mit mehreren Zügen fahren will, vermehrt nach diesem Steuersystem einfach die Zahl der Trafos, aber das ist ein teurer Spaß, ganz abgesehen davon, was man eines Tages mit sechs oder mehr Trafos macht, wenn man seine Anlage mal mit dem zukunftsträchtigen digitalen System (dazu unten mehr) steuern will. Der nächste Schritt stellt daher die Z-Schaltung dar, das Z steht für Zuordnung. Dabei wird die Anlage zunächst auch wieder möglichst sinnvoll in mehrere Stromkreise aufgeteilt. Sinnvoll heißt in diesem Zusammenhang, dass überall da Trennstellen mit einem eigenen Stromkreis vorgesehen werden, wo beim Betrieb Triebfahrzeuge nahe aneinander herankommen können. Das ist z.B. im Betriebswerkbereich möglich oder vor dem Güterschuppen. Eine sinnvolle Teilung wäre z.B., dass der Güterzug nebst Zuglok vor den Schuppen zieht und die Lok dort abgeschaltet werden kann. Nun kann eine Rangierlok heranfahren und die Waggons übernehmen und auf die Ladestellen verteilen. Im größeren Dampfbetriebswerk könnte man sich eine Aufteilung nach Behandlungsgleisen vorstellen: Dort erhalten z.B. die Entschlackungsgrube, das Besandungsgleis und das Gleis beim Wasserturm eine eigene Stromeinspeisung, so können dort schon drei Loks gleichzeitig stehen.
Der Clou der Z-Schaltung ist nun aber, dass die einzelnen Gleisabschnitte nicht nur einem Trafo zugeschaltet werden können, sondern mehreren. Das geschieht über mehrpolige Schalter, am besten wählt man eine Bauausführung mit einer Nullstellung für das stromlose Abstellen eines Triebfahrzeugs. Wer seine Gleisabschnitte sinnvoll ausgewählt hat, kann mit seinen mehrpoligen Schaltern eine richtige Fahrstraße freischalten.

6.3 Elektropraxis

Es ist im Rahmen dieses Buches nicht möglich, alle Seiten der Modellbahnelektronik und –elektrik zu beleuchten. Dafür gibt es wieder eine umfängliche Spezialliteratur (siehe Anhang). Auf ein paar grundlegende Dinge möchte ich aber noch kurz eingehen, weil sie für die erste Begegnung mit der Modellbahn wichtig sind.

6.3.1 Relais

Aus dem Auto kennt man das gleichmäßige Ticken des Blinkers. Dabei kommt ein so genanntes Relais zum Einsatz. Dabei handelt es sich um ein Schaltgerät, das mit geringen Strömen betrieben wird. Ein Steuerstrom wirkt auf einen Elektromagneten, der sodann einen beweglich gelagerten Anker anzieht. Die Bewegungen des Ankers öffnen bzw. schließen die so genannten Arbeitskontakte. Schließt man an die Arbeitskontakte Verbraucher an, so werden diese über das Relais gesteuert.
Ein Beispiel aus dem Modellbahnalltag mag das illustrieren. Man fährt mit einer Lok,

die an ihrer Unterseite einen Magneten besitzt, über so genannte Gleiskontakte, die sich auf dem Gleis befinden. Beim Überfahren löst die Maschine einen Impuls aus, der ausreicht, um das an die Gleiskontakte angeschlossene Relais arbeiten zu lassen. Angeschlossene Verbraucher (eine Weiche, ein Signal, ein Lämpchen, Stromlosschalten eines Gleisabschnitts) reagieren prompt.
Die genaue Anwendung eines bestimmten Relais erklären die Bedienungsanleitungen, die jedem Relais beiliegen. Die Modellbahnindustrie bietet sie in großer Vielfalt und zu teilweise hohen Preisen an, sodass man bisweilen bei Elektronikversendern oder im Elektrofachhandel brauchbare Typen günstiger erhält.

6.3.2 Kehrschleifen

Eine solche Anlage gehört zu einer unter den Modellbahnern sehr beliebten Gleisfigur. Gestattet sie doch, einen Zug in den Tunnel zu schicken und ihn ohne komplizierte Richtungsumkehr im Verdeckten von dort wieder auftauchen zu lassen. Anders als im Wechselstromsystem mit seiner symmetrischen Stromführung über den Mittelleiter ergeben sich im Gleichstromsystem Probleme. Fährt man nämlich mit dem Finger den Verlauf der beiden Fahrschienen nach, so erkannt man, dass die den Pluspol führende Schiene nach der Kehrschleife auf den Minuspol trifft. Es gibt also einen Kurzschluss und nichts geht mehr.
Gegen diesen Kurzschluss helfen Gleichrichter-Dioden (gibt's z. T. für wenige Cents, aber auch für ein paar Euros im Elektronikfachhandel). Solche Dioden lassen Strom ja nur in einer Richtung durch und das macht man sich zunutze. Wie auf der Abbildung zu sehen, werden die beiden Gleisstränge durchtrennt und mit einer Trennstrecke versehen, die so groß sein muss, dass das Strom abnehmende Triebfahrzeug darin stehen bleibt. Der Zug durchfährt nun die Kehrschleife, bleibt aber auf der Trennstrecke stehen, weil die Dioden den Strom sperren. Dann wird der Fahrstrom umgepolt, die Dioden lassen den umgepolten Strom durch und der Zug verlässt die Kehrschleife wieder. Ähnlich zu entschärfen sind auch Gleisdreiecke, denn sie sind im Prinzip eine nach innen geklappte Kehrschleife.
Die Industrie bietet Systeme zur komfortablen schaltungstechnischen Entschärfung einer Kehrschleife an. Von Gützold stammt das Kehrschleifen–Modul ATD 2500. Dabei handelt es sich um einen Kunststoffkasten mit einer aufwändigen Platine im Inneren. Durchfährt ein Zug die Kehrschleife schaltet das ATD 2500 die Weiche und wechselt automatisch die Polung der Schienen innerhalb der Kehrschleife. Benötigt werden drei potenzialfreie Kontakte, am besten Reedkontakte oder mechanische Schaltgleise. Die Anschlüsse der Kontakte werden einfach an der vorgesehenen Stelle am Gerät eingestöpselt, abschließend werden noch das Kehrschleifeninnere und das –äußere angeschlossen. Eine komfortable Kehrschleifenschaltung bietet

Die für den Anfänger zum Herumexperimentieren geeignete Kehrschleifenschaltung, die preisgünstig aufzubauen ist.

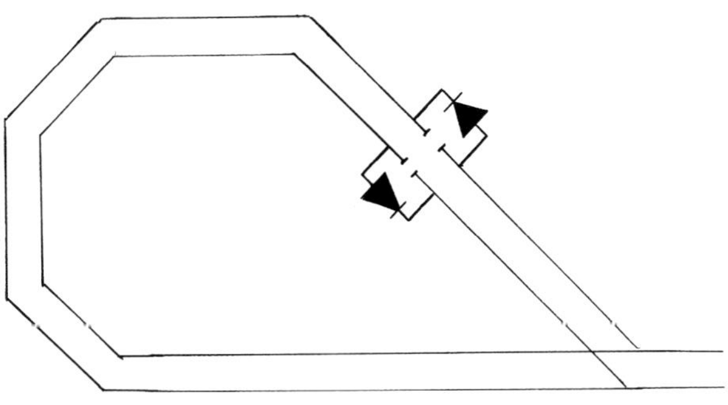

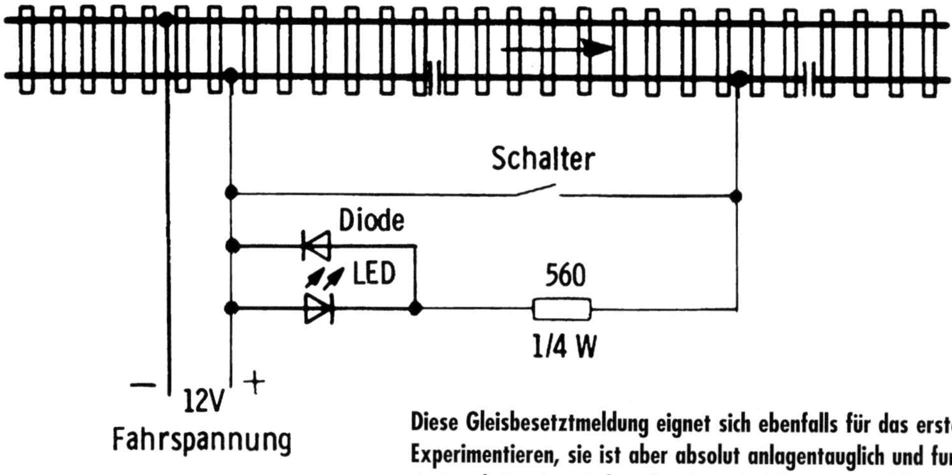

Diese Gleisbesetztmeldung eignet sich ebenfalls für das erste Experimentieren, sie ist aber absolut anlagentauglich und funktioniert bei meiner Anlage bereits seit Jahren anstandslos.

z.B. Herkat, Nürnberg, mit dem so genannten Polator an. Er gestattet ein vollautomatisches Durchfahren von Kehrschleifen und Gleisdreiecken bei allen Zweileiter-Anlagen sowie auch bei Oberleitungsbetrieb. Fleischmann hat zu diesem Zweck ein als Schienenüberweg getarntes Kehrschleifenset im Programm. Diese Systeme sind aber nur für den konventionellen Betrieb geeignet. Für den digitalen Betrieb gibt es ein solches, einfach zu installierendes »Entschärfungsgerät« z.B. von Lenz.

6.3.3 Gleisbesetztmeldung

Wie erkenne ich, ob beispielsweise im Schattenbahnhof ein Gleis für den herunterkommenden Zug gerade frei ist oder nicht? Die Methode, mit Stift und Heft darüber genauestens Buch zu führen, führt früher oder später ins Chaos.
Recht einfach kommen die Anhänger des Wechselstromsystems zu einer brauchbaren Gleisbesetztmeldung. Märklin bietet spezielle Kontaktgleissätze mit einem isolierten Gleisabschnitt an. Da die Wechselstromwagen keine isolierten Radsätze besitzen, können sie einfach zum Schließen eines Stromkreises herangezogen werden. Überfährt ein solcher Wagen das Kontaktgleis, so schließen die Wagenradsätze den Stromkreis und ein angeschlossenes Lämpchen brennt und zeigt damit den besetzten Gleisabschnitt an.
Für den Gleichstrombahner bietet sich eine Schaltung nach der oben stehenden Abbildung an. Sie nutzt den Innenwiderstand einer Strom verbrauchenden Lok oder eines Waggons mit Innenbeleuchtung aus. Diese Schaltung funktioniert jedoch nur, wenn Strom fließt. Zuerst ist ein Gleisstrang auf der Länge einer Lokomotive plus etwas Sicherheitsabstand zweimal zu isolieren, sodass eine Trennstrecke entsteht. Ein ankommender Zug bleibt auf der isolierten Strecke stehen. Der Lokmotor oder die installierte Innenbeleuchtung schließen den Stromkreis kurz und eine angeschlossene LED leuchtet auf.
Wer es einfacher haben will, kann im Fachhandel betriebsfertige Gleisbesetztmelder kaufen. Auch Hersteller von Digitalkomponenten bieten einbaufertige Sets für den Einsatz unter digitaler Umgebung an.

Mit einem Gleisbildstellpult können auch »Betriebsfremde« auf Anhieb mitspielen, denn sie sehen, was sie mit ihren Händen beim Drücken von Knöpfen anrichten. So wird die Köf II ihren Rangierauftrag ohne größere Probleme zu Ende ausführen können...

6.3.4 Gleisbildstellpulte

Der Vorzug eines solchen Bedientableaus ist die Möglichkeit, dass jederzeit Besucher an der Modellbahn mitspielen können. Wo vorher nur der Erbauer selbst durchgeblickt hat, gestattet ein Gleisbildstellpult das Nachvollziehen der Gleisverläufe, Weichenverbindungen und Signalstellungen. Die Industrie bietet hierfür professionelle Systeme, die ihrem großen Vorbild in nichts nachstehen. Für den Freund technischer Raffinesse und Elektronikfreaks mag das das Non-plus-ultra darstellen. Solche technische Perfektion jagt mir aber bisweilen Angst ein, denn ich sehe mich noch als ein Kind des mechanischen Zeitalters und daher ist mir bei einem mechanisch betriebenen Tastenpult entschieden wohler.

Zahlreiche Hobbykollegen schalten ihre Weichen und Signale sowie die vielen abschaltbaren Gleisabschnitte mit den von der Industrie angebotenen Stellpulten. Man kann die Weichen bzw. Signale mit Nummern versehen und so eine Zuordnung zu den Stellpultplätzen treffen. Das erleichtert das Mitspielen von Besuchern die Arbeit enorm. Denkbar wäre es auch, einen Gleisplan der heimischen Anlage aufzuzeichnen, aus dem die Lage und die Nummerierung der Weichen etc. hervorgeht.

Empfehlenswert ist der Bau eines Gleisbildstellpults, das den genauen schematisierten Gleisverlauf der Anlage nachbildet. Die Weichen u. Ä. können mit Tastern oder Schaltern aus dem Elektronikfachhandel geschaltet werden. Die Bedienelemente kommen im Gleisbildstellpult an eine eindeutig der zugehörigen Weiche etc. zuzuordnenden Stelle. Ich habe meine Gleisbildstellpulte aus Holz gebaut. Sie wurden in Form von Tafeln ausgeführt, die nahe bei den Bahnhöfen angeschraubt wurden. Die Gleisbilder wurden auf das weiß lackierte Holz aufgemalt, z.B. mit einem dicken Filzstift. An den betreffenden Stellen wurden Löcher für die Schalter und Taster gebohrt und mit den Bedienelementen bestückt. Mittlerweile wurde die Anlage auf digitalen Betrieb umgestellt, die zahlreichen über einpolige Schalter abschaltbaren Gleise gehören daher der Vergangenheit an.

6.3.5 Polarisierung von Weichen

Wie es schon im Kapitel 2 bei der Vorstellung der Gleis- und Weichensysteme zu lesen stand, ist das Herzstück einer Weiche ein sensibler Bereich. Das ist der Punkt einer Weiche, an dem sich die Schienen kreuzen. Beim Gleichstromsystem bedeutet das, dass Pluspol und Minuspol ineinander laufen und einen permanenten Kurzschluss erzeugen würden, wenn der Weichenhersteller nicht bestimmte Maßnahmen ergriffen hätte. Das Herzstück wird daher isoliert eingebaut, am einfachsten, indem man es ganz aus Kunststoff fertigt. Das hat aber beim Betrieb den Nachteil, dass auf der so erzeugten Fahrstromlücke – das Kunststoff-Herzstück kann ja nicht von Strom durchflossen werden – besonders sehr kurze Fahrzeuge stehen bleiben können. Daher rüsten viele Hersteller ihre Weichenherzstücke mit Metallkontaktbahnen aus, um die notwendige Lücke so klein wie möglich zu machen.
Bei den in diesem Buch vorgestellten Gleis- und Weichensystemen kann von einer störungsfreien Fahrt ausgegangen werden. Optimal für den Fahrbetrieb geeignet sind natürlich Weichen mit einem Metallherzstück, das über einen Umschalter jeweils die entsprechende Polarität zugeschaltet bekommen kann. Solche Weichen sind bei vielen Herstellern im Angebot. Man kann seine Herzstücke natürlich auch nachträglich noch polarisieren. Dafür gibt es so genannte Polarisierungssets zu kaufen.

6.4 Fahrcharakteristik und ihre Verbesserung

Damit kein falscher Eindruck entsteht: Die Triebfahrzeuge der Großserienhersteller sind mit ihren werksseitig installierten robusten und bewährten Antrieben absolut anlagentauglich. Doch manchmal möchte der oder andere Modellbahner besonderen Wert auf eine ganz bestimmte Fahrcharakteristik legen. Ein Glockenankermotor z.B. arbeitet nahezu geräuschlos. Wer sich diese teure Variante leistet, rüstet damit vielleicht nur ein oder zwei Loks aus, die ihm besonders am Herzen liegen. Ergänzend werden in diesem Kapitel noch einfache Möglichkeiten zur weiteren Verbesserung der Fahreigenschaften bzw. Stromabnahme der Loks vorgestellt.

Eine ältere Märklin-Lokomotive der BR 216 mit dem bewährten Allstrommotor, dessen Gehäuse hier einen Teil des Fahrwerks bildet.

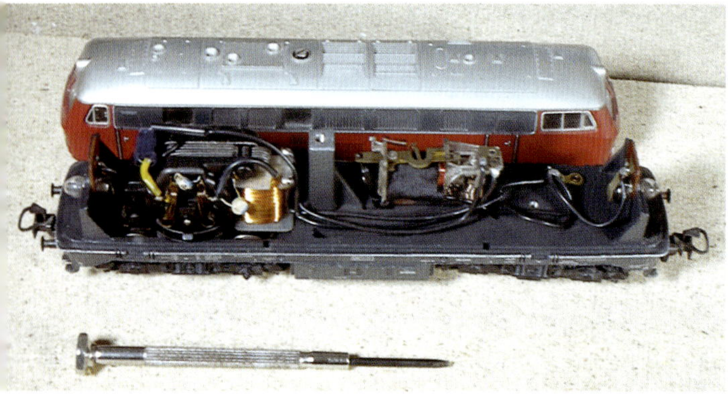

6.4.1 Antriebsphilosophien

Die verschiedenen Modellbahnhersteller bieten verschiedene Antriebe mit unterschiedlichen Besonderheiten. Märklin baut den Motor auch bei Schlepptenderloks in der Lokomotive ein, Fleischmann, Roco, Piko usw. favorisieren den Tenderantrieb. Dabei sitzt der Motor im Tender. Das gestattet den vorbildgetreuen Durchblick unter dem maßstäblichen Langkessel.
Zahlreiche Lokomotiven von Fleischmann oder Märklin besitzen noch einen Antrieb, dessen

Der Fleischmann-Rundmotor in einer GtL 4/4. Dieser Antrieb ist quer zur Fahrzeuglängsachse eingebaut. Gut zu sehen ist die Schnecke, die die Rotation des Ankers auf das Getriebe der Lok überträgt. Unterhalb der Ankerhörner, im Ausschnitt des Motorschilds, ist Abrieb zu erkennen, der von den Kohlen stammt und von Zeit zu Zeit zu entfernen ist.

Gehäuse ein Teil des Fahrwerks bildet. Diese Anordnung rührt noch aus der Zeit her, als die beiden größten deutschen Hersteller vor allem Spielzeugeisenbahnen bauten, deren Antrieb vor allem robust sein musste.

Der Motor ist bei Märklin oder Fleischmann in der Regel quer zur Fahrzeuglängsachse eingebaut. Um einen maßstäblichen Lokaufbau darauf setzen zu können, muss das Aggregat zwangsläufig sehr schmal ausgeführt werden. Damit dieser Motor dennoch genügend Drehmoment entwickeln kann, muss sein Durchmesser so groß wie möglich gebaut werden. Beim Fleischmann-Rundmotor wird die Kraft vom Ritzel über eine Kette von Stirnrädern zu den Antriebszahnrädern übertragen.

Da viele Modellbahner heute gesteigerten Wert auf eine am Maßstab ausgerichtete Höchstgeschwindigkeit legen, bedingt das eine konstruktive Berücksichtigung in Form einer Vielzahl von Untersetzungsstufen. Durch die geringen Einbaumaße scheiden wenige große Zahnräder zur Erreichung der gewünschten Untersetzungsstufen aus. Man behilft sich z.B. mit Doppelzahnrädern, die in mehreren Stufen eingesetzt werden. Natürlich erzeugt ein solcher Antrieb dadurch etwas mehr Geräusche, als ein vergleichbares Aggregat mit nur wenigen Übersetzungsstufen.

Der robuste Fleischmann-Rundmotor ist für seine geringe Stromaufnahme bekannt. Er besitzt einen ringförmigen Permanentmagneten, dessen Wirkung als Stator damit optimiert wurde. Etwa seit 20 Jahren besitzt dieser ringförmige Magnet eine schräge Magnetisierung. Das ermöglicht eine gleichmäßigere Entfaltung des Drehmoments. Um den gestiegenen Forderungen der Endverbraucher nach vorbildähnlichem Fahrverhalten nach zu kommen, rüstete Fleischmann seinen Rundmotor mit einer Schwungmasse aus. Dieses Bauteil füllt den Raum zwischen den Hörnern des Ankers aus. Um

Der moderne Roco-Motor mit seiner schräg genuteten Ankerwicklung in einer Lok der BR 290. Vorn und hinten sind die Schnecken zu erkennen, die die Motordrehung auf das Getriebe übertragen.

eine evt. Unwucht zu verhindern, wird der Anker mitsamt der Schwungmasse dynamisch ausgewuchtet. In einigen neueren Fleischmann-Modellen arbeiten Walzenmotoren.
Im Jahre 1999 stellte Märklin den so genannten C-Sinus-Motor der Öffentlichkeit vor. In diesem Aggregat dreht sich ein nur 20 mm im Durchmesser großer Rotor mit zwölf Polen um einen mit neun Spulen besetzten Stator. Dieses für Märklinfahrzeuge neue Motorkonzept erlaubt ein gegenüber den konventionellen, in Wechselstromloks eingebauten Motoren ein wesentlich besseres Auslaufverhalten, dessen Vorzüge allerdings nur im Digitalbetrieb voll ausgenutzt werden können. Auch das Langsamfahrverhalten erfährt vor allem bei digitaler Steuerung eine deutliche Aufwertung.
Roco baut seit geraumer Zeit seinen Modellen einen schräg genuteten, dynamisch gewuchteten fünfpoligen Walzenmotor mit Schwungmasse ein. Dieses Aggregat verleiht den Fahrzeugen im konventionellen Betrieb, aber auch bei digitaler Steuerung sehr gute Fahreigenschaften. Die Konstruktion des fünfpoligen, aus einzelnen Blechlammellen bestehenden Ankers garantiert ein gleichmäßiges Drehmoment über den gesamten Regelbereich des Motors.

6.4.2 Einbau eines Glockenankermotors

Bisweilen ist man mit den Motoren seiner Triebfahrzeuge nicht ganz zufrieden, sei es wegen der Geräuschentwicklung, sei es wegen dem manchmal zu beobachtenden Geruckel beim Anfahren oder sei es wegen der nicht immer befriedigenden, weil nicht maßstäblich passenden Höchstgeschwindigkeit bzw. der unharmonischen, weil sprunghaften Entwicklung der Geschwindigkeitszunahme über den Reglerbereich des heimischen Trafos. In den späten 1980er-Jahren entdeckten findige Modellbahnkollegen den so genannten Glockenanker-Motor für ihre Zwecke. Er ist zigfach bewährt, wo es auf hohe Leistung bei platzbeschränkter Umgebung ankommt. Ein solcher Motor arbeitet sehr leise, die notwendige Schwungmasse verleiht einer derart ausgerüsteten Lok einen noch längeren Auslaufweg als in der werkseitigen Ausführung. Wer damals sein Triebfahrzeug mit einem solchen eisenlosen Motor umrüstete, konnte sicher sein, dass dies in der Modellbahnpresse ausgiebig gewürdigt wird.
Durch ein breites Angebot an einbaufertigen Umrüstsätzen ist es auch für den handwerklich durchschnittlich begabten Modellbahner möglich, lauftechnisch nicht befriedigende Modelle mit einem Glockenankermotor auszurüsten. Ich selbst habe einen Roco-Glaskasten (BR 98^3) und eine preußische T 18 (BR 78) von Fleischmann mit einem Glockenankermotor umgerüstet und bin sehr zufrieden damit.

So mancher schätzt das butterweiche Fahren einer mit Glockenankermotor ausgerüsteten Lokomotive gerade im Rangierbetrieb der Anlage.

Vor einem eventuellen Umbau sollte man sich aber vergewissern, ob der unbefriedigende Lauf eines Triebfahrzeugs nicht von anderen Ursachen herrührt. Das kann beispielsweise eine verbogene Steuerung an der Dampflok oder ein schlechtes Getriebe sein. Auch der einwandfreie Rundlauf der Radsätze muss gewährleistet sein. Oftmals ist ein ungenügend gearbeitetes oder abgestimmtes Getriebe schuld an miserablen Laufeigenschaften: Die Zahnräder klemmen und hakeln. In einem solchen Fall ist vom Umbau mittels Glockenanker-Motor abzuraten. Man spare sich das Geld und investiere es besser in eine neue Lok. Die alte überantworte man in einem solchen Fall dem Elektroschrott oder stelle sie als Denkmallok vor dem Bahnhof auf, denn das Fahren mit ihr macht keinen Spaß. Die Kosten für eine Getriebeüberarbeitung bzw. für ein neues Getriebe sind vergleichsweise hoch. Und dann handelt es sich immer noch um eine Nachbesserung einer verfehlten Konstruktion. Solche schlecht laufenden Loks verhilft auch ein Glockenankermotor nicht zu einem geschmeidigen Lauf. Ein solcher Motor kann nur ein gutes Getriebe ergänzen, niemals vermag er ein schlechtes Getriebe zu kompensieren. Allerdings werden manche Umrüstsätze auch mit einzelnen Getriebeteilen angeboten, die z.B. Kunststoffzahnräder ersetzen.

Damit keine Missverständnisse aufkommen: Beide von mir umgebaute Lokomotiven besitzen ab Werk sehr gute Motoren, mit denen sie ihre vorbildgetreuen Aufgaben (Lokalbahndienst bzw. Personenzugdienst auf Hauptbahnen) bewältigen können. Mir persönlich gefiel jedoch das Auslaufverhalten des Glaskastens nicht, es war mir schlicht zu kurz. Da dieses Maschinchen eine sehr kurze Stromabnahmebasis besitzt, war der Auslauf nach Stromunterbrechungen – beispielsweise durch ein Schmutzpartikelchen auf dem Gleis – zu kurz, um sich über diesen Aussetzer retten zu können, denn die werkseitige Schwungmasse ist natürlich mangels Platz recht klein ausgefallen.

Praxistipp Glockenankermotor im Glaskasten

Der einfach zu bewerkstelligende Umbau der BR 98^3 vollzieht sich mit einem so genannten Tauschsatz, denn hierbei wird lediglich der alte Motor gegen einen Glockenanker-Motor getauscht. Zuerst einmal baut man sein Modell auseinander (siehe Beipackzettel des jeweiligen Modells): Beim Glaskasten hängt man den Umlauf, der im Aufbau ruht, aus. Dann hebt man das Gehäuse behutsam ab. Dabei empfiehlt sich die Verwendung eines dünnen Blechstreifens, den man unter das Gehäuse schiebt, um die Rastnoppen, die innen am Gehäuse liegen, zu lösen. Ich trage bei diesen Arbeiten dünne Stoffhandschuhe aus dem Apothekenbedarf, um nicht die feine, aufwändige Bedruckung des Länderbahnmodells mit den Zierlinien und der Beschriftung zu beschädigen.

Nachdem das Gehäuse abgehoben worden ist, schraubt man das Beschwerungsgewicht ab. Es trägt bei diesem Modell zahlreiche Details wie die Kesselarmaturen. Dann endlich liegt der Motor vor uns. Er wird nur von zwei Kupferblechstreifen gehalten, die die Pole bilden. Vorsichtig hebt man den Original-Walzen-Motor nun ab. Der Glockenanker-Motor aus dem Umrüstsatz wird nun an die Stelle des alten Motors platziert und anschließend die Funktionsfähigkeit überprüft. Wenn diese positiv verlaufen ist, kann der Glockenanker-Motor der Sicherheit halber mit etwas Zweikomponentenkleber festgeklebt werden.

Nun muss das Beschwerungsgewicht nach der dem Umrüstsatz beiliegenden Zeichnung ausgearbeitet werden, da der Glockenanker-Motor etwas größere Abmessungen als der Original-Motor besitzt. Zuerst entfernt

Der Einbau eines Glockenankermotors in den Glaskasten von Roco stellt eine einfache Arbeit dar und belohnt mit feinen Fahreigenschaften.

Auch die T3 kann, insbesondere im Rangiereinsaz, von einem Glockenankermotor profitieren. Foto: Fleischmann

man vorsichtig mit einer Pinzette alle Anbauteile am Beschwerungsgewicht, merkt sich deren ursprünglichen Einbauort und legt sie beiseite. Dann spannt man das Gewicht für die Ausarbeitung in einen Schraubstock oder dergleichen ein. Wer eine Fräse besitzt, hat jetzt einen Vorteil, denn für ihn ist es ein Kinderspiel, das überschüssige Metallmaterial abzufräsen. Alle anderen benötigen etwas mehr Geduld und Ausdauer. Dafür eignen sich z.B. eine Feile, mit der man Strich um Strich in immer derselben Richtung ausfuhrt. Zugegeben, das ist langwierig, führt aber zum Erfolg. Wer eine Kleinbohrmaschine sein Eigen nennt und entsprechende Fräsaufsätze hat, kann natürlich auch mit solch einem Gerät arbeiten.
Irgendwann wird man die Aussparungen am Beschwerungsgewicht angebracht haben, und kann nun mit dem Zusammenbau der Lok beginnen. Zuvor empfiehlt sich noch eine Isolation des ausgearbeiteten Gewichts mit Isolierband o.Ä., um keinen Kurzschluss zu erzeugen, falls die Ausarbeitung etwas zu gering ausgefallen ist und beim Zusammenbau der Motor Kontakt mit der Metallfläche bekommen sollte. Abschließend wird das Gehäuse aufgesetzt und der Umlauf wieder eingehängt.
Seit diesem Umbau rollt mein Glaskasten nahezu geräuschlos übers Gleis, zieht mühelos acht Lokalbahnzweiachser und besitzt einen Auslauf von gut 22 cm aus der Höchstgeschwindigkeit. Bei kurzen Aussetzern auf Schmutzstellen im Gleis reicht der nun vervielfältigte Schwung aus, um das Maschinchen weiter zu befördern.

Praxistipp Glockenankermotor in der BR 78

Für die Umrüstung der Baureihe 78 nutzt man einen so genannten Umbausatz. Das bedeutet gemeinhin, dass am Lokfahrgestell nachgearbeitet werden muss. Dabei unterscheidet man nach verschiedenen Schwierigkeitsstufen: Die Stufe II umfasst Nacharbeiten, die auch zuhause am Basteltisch ohne Profiausstattung zu machen sind. Nur beim Schwierigkeitsgrad III sollte man schon eine Art Feinmechaniker sein oder zumindest eine Fräse besitzen (den Schwierigkeitsgrad I gibt es in diesem Zusammenhang nicht). Allerdings bieten spezielle Modellbaufirmen die Erledigung solcher diffiziler Arbeiten wie das Fräsen an, natürlich bauen sie einem auch gleich das ganze Modell um, wenn man das will.
Zunächst einmal entfernt man das Gehäuse von der 78er. Wenn man es sich zutraut, kann man auch gleich die gesamte Steuerung entfernen, damit sie bei den folgenden Arbeiten nicht etwa verbogen wird. Man hebelt den Kurbelstift vorsichtig aus dem Treibrad und zieht anschließend das Gestänge vorsichtig aus dem Zylinderblock.
Als nächstes muss man die Zwischenzahnräder und den Motorblock ausbauen. Am einfachsten geht das, indem man das Motorritzel mit einem Abzieheisen (z.B. von Fohrmann-Werkzeuge) abzieht. Dann kann man den Motor entnehmen. Noch schneller geht es freilich, wenn man das Ritzel mit der Trennscheibe der Kleinbohrmaschine durchtrennt. Daraufhin trennt man den Motorschild ab. Das geht mit der bereits genannten Kleinbohrmaschine und Trennscheibe am schnellsten, aber natürlich kann man auch mit einer feinen Bastlersäge arbeiten. Dazu wird das Fahrgestell fest eingespannt und losgesägt. Man muss allerdings peinlichst darauf achten, dass keine Metallspäne ins Getriebe gelangen. Schließlich wird der Fahrzeugrahmen im Bereich

Die 78er nach erfolgtem Motoreinbau. Der Umbausatzhersteller liefert übrigens das gut sichtbare Messingfüllstück, das an Stelle des alten Motors eingebaut wird, mit. Dieser ist zugegeben sehr aufwändig, lohnt sich aber, wenn man auf besonders leisen Motorlauf Wert legt. Inzwischen wurde diese Lok auch noch digitalisiert, wie man am im hinteren Rahmenausschnitt untergebrachten Decoder erkennt.

des ehemaligen Motorschilds absolut plan gefeilt. Das ist wichtig, da hier der neue Motor eingeklebt wird, etwaige noch überstehende Kanten des alten Motorschilds würden eine bündige Einpassung des neuen Bauteils wirkungsvoll verhindern. Ein Füllstück kommt an die Stelle des alten Motors.
Nun wird das gesamte Getriebe mit Spiritus gereinigt, um etwaigen feinen Sägestaub auszuspülen. Nachdem alles gut getrocknet ist, klebt man mit etwas Zweikomponentenkleber den neuen Glockenanker-Motor ein. Dabei ist darauf zu achten, dass der Motor genau in der Fahrzeugmitte sitzt. Nachdem die Klebung getrocknet ist, wird der Motor verkabelt.
Eine Probefahrt zeigt, ob der neue Antrieb problemlos arbeitet. Nun wird das Gehäuse aufgesetzt und mit dem Chassis per Schraube verbunden. Allerdings muss ich nun an dieser Stelle zugeben, dass mein Umbau nicht ganz gelang: Mein neuer Motor saß nicht ganz genau in der Mitte. Das bemerkte ich aber erst, als ich das Gehäuse wieder aufsetzen wollte. Es glitt nicht ohne weiteres an seine Platz und als ich es doch geschafft hatte, klemmte die Schwungmasse fest. Was tun? Den Motor wieder rausreißen? Hierbei half mir ein Tipp aus einer Modellbahnzeitschrift weiter: Da die Schwungmasse klemmt, konnte ich mir den Ort ungefähr vorstellen, an dem es im Inneren meiner 78er zu eng zuging. In diesem Bereich pinselte ich die Gehäuseinnenseite mit etwas Tipp-Ex ein und ließ es antrocknen. Nun stülpte ich das Gehäuse wieder über die Lok. An der Klemmstelle drückte sich nun die Schwungmasse in das Tipp-ex. Nachdem Abheben erkennt man an der Gehäuseinnenseite einen Abdruck. An dieser Stelle entfernte ich nun vorsichtig etwas Material des Kunststoffgehäuses. Dafür eignet sich eine Kleinbohrmaschine mit Schleifaufsatz oder man benutzt eine feine Feile. Nach einigen Feilhieben und behutsamem Probieren passte das Gehäuse schließlich exakt.
Die BR 78 fährt nun absolut geräuschlos dahin, besitzt einen beneidenswerten Auslauf von gut 35 cm bei einer Fahrspannung von 12 V und vor allem zieht sie bereits bei allerniedrigster Spannung an. Dann rollt sie sacht über die Ausfahrweichen meines Bahnhofs, rumpelt über das Herzstück und nimmt mühelos Fahrt auf, bis sie umgerechnet mit gut 100 km/h übers Land prescht und ihre Fuhre – natürlich preußische Abteilwagen – sicher ans Ziel bringt.

Hier sind die Abfräsungen am Gehäuse der 78er gut zu erkennen.

6.4.2.1 Optimierung mittels Fahrregler

Für den Modellbahner, der seine Anlage mit konventionellen, also analogen Steuergeräten betreibt, ist das letzte Ausreizen der Möglichkeiten eines eisenlosen Glockenankermotors jedoch nicht ganz einfach zu bewerkstelligen. Gewöhnliche Fahrtrafos setzen nämlich bei einer vergleichsweise hohen Anfangsspannung von etwa vier, fünf Volt ein. Eine solchermaßen angesteuerte Lok mit Glockenanker-Motor setzt sich dann trotzdem wieder mit einem Ruck in Bewegung. Extreme Langsamfahrten sind mit einem solchen Regler nicht drin.

Um die hervorragenden Fahrmöglichkeiten seines Glockenanker-Modells richtig auszunutzen, lohnt sich die Anschaffung eines speziellen elektronischen Fahrreglers, etwa von sb-Modellbau in Olching. Ein solches Gerät stellt einen Fahrspannungsbereich von null bis zwölf Volt zur Verfügung. Das heißt, die Glockenanker-Lok donnert nicht los wie ein Formel-I-Rennwagen, sondern setzt sich ganz langsam in Bewegung. Das muss man mal ausprobiert haben: »Geschwindigkeiten« von bis zu 25 cm in der Minute sind möglich. Ein solches Fahrgerät wird einfach nach der Anleitung zwischen dem üblichen Fahrtrafo und der Anlage installiert. Versionen für Gleich- und Wechselstrombahnen sowie für die Z-Bahn von Märklin sind im Angebot. Darunter ist auch ein so genannter Walk-around-Handregler, der ein ortsungebundenes Bedienen erlaubt, sowie eine Bausaufführung für den stationären Betrieb.

Solch ein Fahrregler bringt übrigens auch bei konventionellen Loks ohne Glockenanker-Motor einiges an besseren Anfahr- und Langsamfahreigenschaften.

6.4.3 Optimierung der Stromabnahme

Auch aus konventionellen Loks wie der Roco-360er holt ein Langsamfahrregler noch etwas heraus.

Bei heutigen Großserienmodellen kann an in der Regel von einer durchdachten Konstruktion ausgehen, die für den Fahrbetrieb auf einer Anlage geschaffen wurde. Wer eine Anlage für vorwiegenden Fahrbetrieb gebaut hat, auf der lange Zuggarnituren, vor allem in den Baugrößen ab TT aufwärts, am Betrachter vorbeirauschen, wird bei regelmäßiger Gleis- und Fahrzeugpflege auch kaum Probleme mit der Stromabnahme seiner Loks haben. Doch anders sieht die Sache aus, wenn er mit Loks der Baugröße N oder Z vor allem rangieren will. Denn gerade bei kleineren Maschinen ist die Stromabnahmebasis oftmals sehr klein, zudem haben sie auch kein hohes Gewicht und nicht angetriebene Radsätze verschmutzen sehr schnell. Die Stärke der Baugrößen N und Z ist vor allem die realistische Wirkung der Anlage, weil in diesen Baugrößen auch bei relativ wenig Platz sehr vorbildgetreu wirkende Landschaften und Zuglängen zu verwirklichen sind.

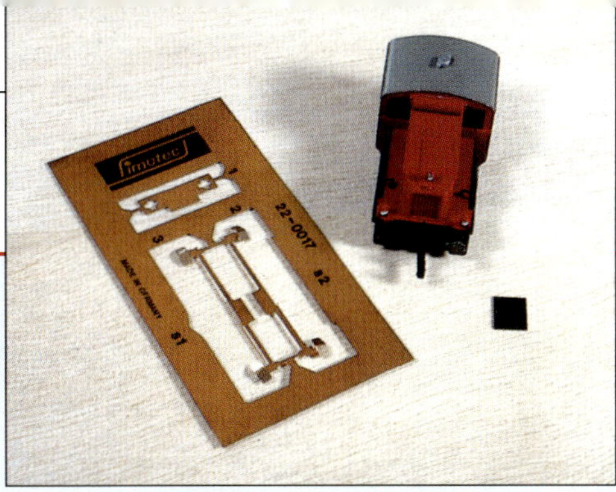

Die alte Arnold-Köf II mit dem werksseitig vorgebogenen Schleifersatz von Imotec.

Praxistipp Schienenschleifer

Prinzipiell ist es auch mit dem bekannten Köf-Lokwinzling von Arnold möglich zu rangieren, allerdings benötigt man dazu sehr saubere Schienen und Radsätze sowie leitende Herzstücke bei den Weichen. Eine relativ einfach zu bewerkstelligende Möglichkeit, das Fahrverhalten der N-Lokomotiven nachhaltig zu verbessern, stellt der Einbau von Schienenschleifern dar. Sie werden von der Fa. Imotec (Jürgen Neuschäfer, Elchstraße 16, 72768 Reutlingen) in großer Auswahl hergestellt und geliefert.
Dabei handelt es sich um einzeln abgefederte Schienenschleifer aus Bronzefederblech. Die umzurüstenden Fahrzeuge erhalten mindestens vier zusätzliche Stromabnahmepunkte, die serienmäßige Stromabnahme bleibt dabei in der Regel erhalten. Durch die federnde Auflage werden Funkenbildungen zwischen Schleifer und Gleis, die Verzunderungen auf den Schienen oder an den Rädern hinterlassen könnten, wirkungsvoll vermieden. Eine angenehme Begleiterscheinung der Verwendung von Schienenschleifern ist die Reinigungswirkung der Blechstreifen, denn die Schienen und die Schleifer halten sich so zu sagen gegenseitig sauber. Dennoch kommt es kaum zu Zugkrafteinbußen, da die Reibung zwischen Schleifer und Gleis nur sehr gering ist. Fahrzeuge, die mit Imotec-Schienenschleifern ausgerüstet werden, können alle Großserien-Gleissysteme befahren.
Die Reutlinger Firma liefert ihre Schienenschleifer generell als exakt auf das betreffende Lokmodell abgestimmter Bausatz. Ein solcher besteht aus Ätzplatine mit den Schienenschleifern und den erforderlichen Kontaktblechen sowie weiterem evt. nötigem Kleinteilmaterial. Jeder Bausatz ist auch mit bereits vorgebogenen Schleifern lieferbar. Die Schleiferköpfe sind generell vorgebogen, die Schienenschleifer sind nur 0,1 mm dünn und daher kaum sichtbar.
Imotec liefert zu jedem Bausatz eine ausführliche bebilderte Bauanleitung mit, die alle notwendigen Schritte erklärt und daher empfohlen werden kann. Am einfachsten ist es, wenn man mit einer kleineren Lok beginnt und erste Erfahrungen sammelt.
An Werkzeugen benötigt man eine Schere, eine Pinzette, eine feine Feile und Sekundenkleber. Zunächst breitet man die Bausatzteile vor sich aus und macht sich mit der Bauanleitung vertraut. Dann löst man die Bauteile aus der Ätzplatine heraus. Als nächstes biegt man die Schleifer entsprechend der in der Bauanleitung gezeigten Form. Die einzelnen Bauschritte zeigt die Bilderabfolge. Optimieren lässt sich das Fahrverhalten dann nur noch durch den Einbau eines Glockenanker-Motors oder durch die Verwendung eines digitalen Betriebssystems.

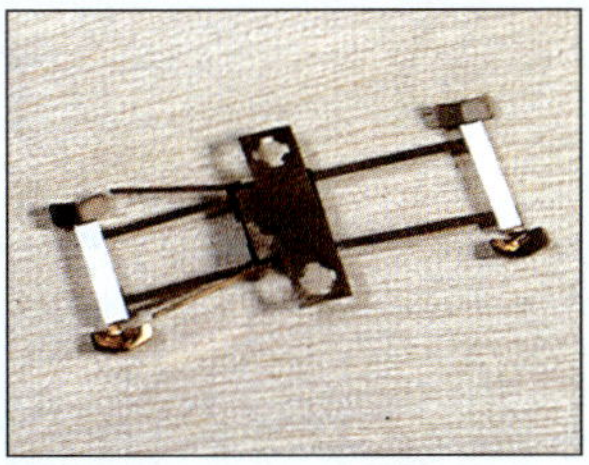

Nachdem der Querträger auf eine Plastikplatte geklebt wurde (liegen sämtlich bei), werden auch die Schienenschleifer mit der Plastikplatte verklebt (wegen der notwendigen Isolation der beiden Schleifer gegeneinander). Wie auf dem Bild zu sehen, werden abschließend die Schleifer an den Enden mit einem beiliegenden Plastikstreifen verbunden, der beim evt. Hochdrücken der Schleifer einen Kurzschluss beim Kontakt mit dem Lokfahrgestell verhindert.

Die Schienenschleifer im eingebauten Zustand.

Praxistipp Antiblockiersystem

Noch ein eher für handwerklich geschickte Modellbahner geeigneter Tipp für die Beseitigung von optischen Problemen an N-Loks. Bei manchen Schlepptenderloks mit Tenderantrieb neigen die Kuppelradsätze zum blockieren, da das Fahrzeuggewicht relativ klein ist und damit zu wenig Reibungsgewicht zur Verfügung steht, die die Räder sich drehen ließe. Man dreht nach dem Ausbau einer Achse der Lokomotive in die Lauffläche der betreffenden Achse eine Nut, in die ein Haftreifen eingepasst wird. Dazu braucht man nicht unbedingt eine Drehmaschine mit Präzisionsstahl. Es tut bisweilen auch eine am Tisch zu befestigende Kleinbohrmaschine, in die die Achse eingespannt wird. Mit einem geeigneten Stahl, kann auch die Klinge eines Schraubendrehers sein, wird nun die Nut in die Achse eingebracht. Abschließend kann der Haftreifen aufgezogen werden. Zwar wird die Stromabnahmebasis kleiner, da man aber ohnehin mit den Imotec-Schienenschleifern (siehe Praxistipp Schienenschleifer) die Stromabnahme verbreitert, fällt dieser Einwand nicht ins Gewicht.

Praxistipp Neue Radsätze

Gelegentlich kann man lesen, dass man die Haftreifen seiner Loks entfernen sollte. Das bringt aber nichts im Hinblick auf eine bessere Stromabnahme, da die betreffenden Räder dann in der Luft hängen. Der Haftreifen hält ja auf dem Rad dadurch, dass er in einer eingearbeiteten Nut sitzt. Wird er entfernt, besteht kein Kontakt mehr zwischen Rad und Gleis. Wo es möglich war, habe ich die Haftreifenradsätze mit der eingearbeiteten Nut durch normale Radsätze ersetzt. Dabei leistet das Ersatzteilblatt gute Dienste, man erkennt sofort, ob es möglich ist, die Radsätze auszutauschen. Meiner Erfahrung nach ist das bei Roco-H0-E- und Dieselloks sehr leicht möglich. Bei Dampfloks lässt man das eher sein, den ansonsten stehen Fummeleien am Antrieb an, die nicht jedermanns Sache sind.

6.5 Digitale Modellbahn

Weiter oben bei den Themen Transformator und Stromkreise wurde die abhängige Mehrzugsteuerung in konventioneller oder analoger Umgebung vorgestellt. Seit gut 20 Jahren gibt es digitale Steuerungssysteme, die einen unabhängigen Mehrzugbetrieb gestatten. Dabei muss die Anlage nicht mehr in einzelne Abschnitte aufgeteilt oder mit zahlreichen Transformatoren oder Schaltern ausgerüstet werden.
Der große Vorzug einer digitalen gesteuerten Modellbahn ist der nun sehr viel einfacher durchzuführende Fahrbetrieb. Man benötigt nun keine Schaltungen mehr wie A- oder Z-Schaltung. Alle Triebfahrzeuge sind nun jederzeit und überall einsetzbar, sie können auf ein und demselben Gleis vollkommen unabhängig voneinander gesteuert werden. In einem weiteren Schritt bedeute das, dass die Fahrcharakteristik einer digital angesteuerten Lok von Haus aus überzeugend ausfällt. Eine solche Maschine er-

laubt nämlich bei geeigneter Ausstattung mit einem entsprechend leistungsfähigen Decoder (dazu unten mehr) vorbildgerechte Fahreigenschaften wie extrem langsames Anfahren, langer Anhalteweg, gemächliches Beschleunigen. Und all das ist individuell auf den Loktyp abgestimmt einstellbar.
Wer noch weiter gehen will, kann auch seine Magnetartikel wie Weichen oder Signale digital schalten. Der Verkabelungsaufwand wird dabei nämlich erheblich reduziert. Bei ausschließlichem digitalem Fahrbetrieb genügen nämlich zwei Kabel für die Stromeinspeisung. Ein digitaler Weichenantrieb z.B. entnimmt seine zum Betrieb notwendige Energie an Ort und Stelle vom Gleis und benötigt keine langen Zuleitungen (ausführliche Fachliteratur finden angehende Digitalbahner beim Fachhändler).

6.5.1 Die Zentrale

Bei einem digitalen System liegt ständig die maximale Fahrspannung an. Welche Lokomotive nun aber fahren soll, das erfährt sie mittels Datenpaketen, die sie verschlüsselt über die Stromabnehmer erhält. Eine so genannte Zentrale gibt die einzelnen verschlüsselten Befehle ständig in das Gleis ein. Wären die Befehle nicht verschlüsselt und würden so zusagen in nur einer Sprache eingespeist, dann würden alle Loks diese Befehle verstehen und darauf entsprechend reagieren, also losfahren.
Wie versteht nun aber eine ganz bestimmte Lok, dass die Befehle an sie gerichtet sind? Dafür besitzt eine solche Maschine einen so genannten Decoder, einen »Entschlüssler«. Er empfängt einen ganz bestimmten Befehl und setzt ihn in die Tat

Für das digitale Fahrvergnügen braucht man nicht viel. Wer sich für das DCC-Format entschlossen hat, kann z.B. mit der Lokmaus von Roco, einem Verstärker und einer Lok nebst Decoder einen Anfang machen.

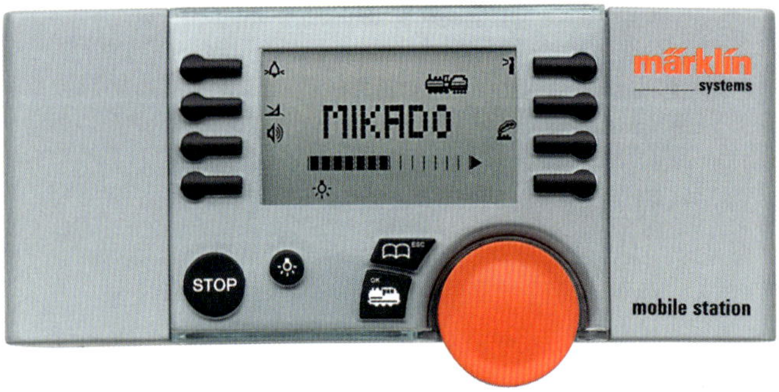

Die 2004 neu vorgestellte »Mobile Station« von Märklin ist eine vollwertige Handregler-Steuereinheit. Es vereint die Funktionen von Fahrgerät, Verstärker und Zentrale und gestattet den Zugriff auf zehn Lokomotiven.
Foto: Märklin

um: Die Lok fährt z.B. los oder das Licht geht an etc.
Auf dem Markt sind zahlreiche Systeme, bestehend aus einer Zentrale und einem Fahrstromsteller, die bisweilen in ein und demselben Gerät vereint sein können. Für welches man sich entscheidet, ist oftmals eine Geschmacksfrage.
Die Zukunft der Modellbahn wird digital sein, die Möglichkeiten eines solchen Steuerungssystems sind nahezu unbegrenzt. Bereits heute gibt es Decoder für die Baugröße Z. Aktuell sind verschiedene digitale Soundbausteine, die derzeit in Loks bis der Baugröße H0 hinab eingebaut werden können und realistische Geräuschszenarien erzeugen. Zudem bieten alle Großserienhersteller digitale Startsets an, die den Einstieg preisgünstig möglich machen.

6.5.2 Die Formate

Derzeit dominieren drei so genannte Formate die Digitalstandards. Dabei handelt es sich so zu sagen um die Sprache, mit der die Datenpakete an die Loks vermittelt werden. Das DCC-System (Digital Command Control) ist vor allem für Gleichstrombahnen gedacht. Märklin bedient sich des Motorola-Formats und als Dritter im Bunde bietet Trix das Format Selectrix an. Diese drei Formate sind nicht einfach so miteinander kombinierbar, man muss sich daher für ein einziges Format entscheiden.
Alle neuen Loks von Märklin sind ab Werk digitalfähig. Dieser Hersteller hat konsequent auf diese zukunftsträchtige Schiene gesetzt. Mit dem werkseitig eingebauten, so genannten Deltabaustein können Märklinloks in Motorola-Umgebung fahren. Alle notwendigen Komponenten für dieses Format bietet Märklin an. Darüber hinaus gibt es auf dem Digitalmarkt noch zahlreiche weitere Anbieter, die Bauteile, Decoder etc. für dieses Format herstellen.
Die Hersteller von Gleichstromloks rüsten ihre neuen Maschinen ab Werk in der Regel mit einer so genannten Schnittstelle aus. Diese Einrichtung ist in mehreren genormten, von sechs- bis zu achtpoligen Ausführungen auf dem Markt. Sie gestattet den einfachen nachträglichen Einbau eines Decoders für das DCC- oder das Selectrix-Format, der einfach an den vorgesehenen Steckplatz eingestöpselt wird. Man bezahlt bei diesen Loks also nicht einen digitalen Baustein mit, den man vielleicht gar nicht haben will. Zudem gestattet die Schnittstelle das Einstecken des Decoders, der meinen Ansprüchen am besten gerecht wird. Denn Decoder ist nicht gleich Decoder.

6.5.3 Der Decoder

Der so genannte Entschlüssler ist in mehreren Leistungsstufen und Ausführungen auf dem Markt. Er ist so zu sagen das Gedächtnis des digitalen Systems, denn in ihm werden die vom Modellbahner vorgenommenen Einstellungen wie eine Geschwindigkeitskennlinie, das Beschleunigungsvermögen oder der Anhalteweg eines Triebfahrzeugs eingeschrieben. Dazu dienen die Bedienungseinrichtungen an der Zentrale oder dem Fahrstromsteller.

Das wichtigste Merkmal zur Unterscheidung der Decoder untereinander ist die Fähigkeit zur Lastregelung. Das ist eine Eigenschaft, die eine mit einem solchen Decoder ausgerüsteten Lok zur Beibehaltung einer einmal eingestellten Geschwindigkeit befähigt, unabhängig davon, ob es bergauf, bergab oder über reibungsintensive Weichenstraßen geht. Ungeregelte Decoder bedürfen eines ständigen Nachregelns am digitalen Fahrstromsteller.

Decoder werden entweder in eine Schnittstelle eingesteckt (z.B. nach der NEM 652 mit acht Polen oder NEM 651 mit sechs Polen) oder müssen an bestimmte Stellen in der Lokomotive angelötet werden.

Ein einbaufertiger und betriebsbereiter Multiprotokoll-Decoder, der sowohl das DCC-Format wie das Motorola-Format versteht.

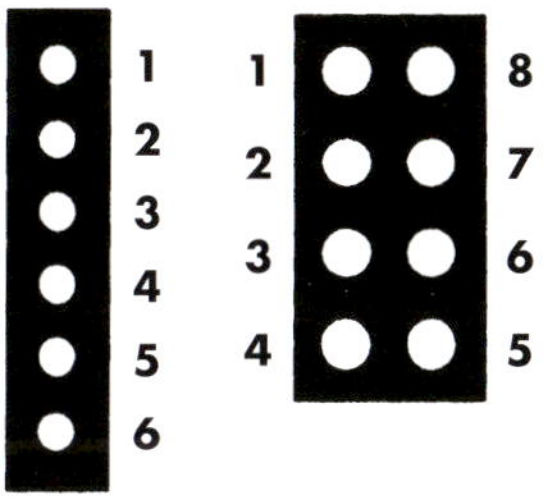

Die beiden gebräuchlichsten Schnittstellen nach NEM 652 (8-polig) und NEM 651 (6-polig).

6.5.4 Decodereinbau

Angenommen, der Modellbahner hat sich entschlossen, in Zukunft digital zu fahren. Als Neueinsteiger sollte man sich dann nur noch Loks mit Schnittstellen zulegen, denn da ist die Umrüstung besonders leicht: Es muss nur ein Decoder in die Schnittstelle eingesteckt werden, fertig. Umsteiger jedoch, die eine Menge konventioneller Loks besitzen, kommen schon aus Kostengründen nicht um den Selbsteinbau der Decoder herum. Was tun? Decoder sind prinzipiell von einem Modellbahner selbst einbaubar. Was sollte der Umbauwillige berücksichtigen?

6.5.4.1 Werkzeuge für den Selbsteinbau

Welches Werkzeug ist nötig? Neben einigermaßen ruhigen Händen braucht man einen Lötkolben mit möglichst feiner Spitze, dazu feines Lötzinn. Notwendig ist ein Multimeter zur Messung der Stromaufnahme der Lok (gibt es in Baumärkten und bei Elektronikversendern). Eine Pinzette, ein kleiner Seitenschneider und entsprechendes Werkzeug, etwa einen kleinen Kreuzschlitz- oder Klingenschraubenzieher, um das Tendergehäuse abnehmen zu können, sind ebenfalls empfehlenswert.

Eine gute Anschaffung sind Schrumpfschläuche. Das sind Isolierschläuche, die man gleich in mehreren Durchmessern vorrätig haben sollte. Wer seine Kabelverbindungen mit dem Isolierband kurzschlusssicher machen möchte, stößt ziemlich sicher in seinen

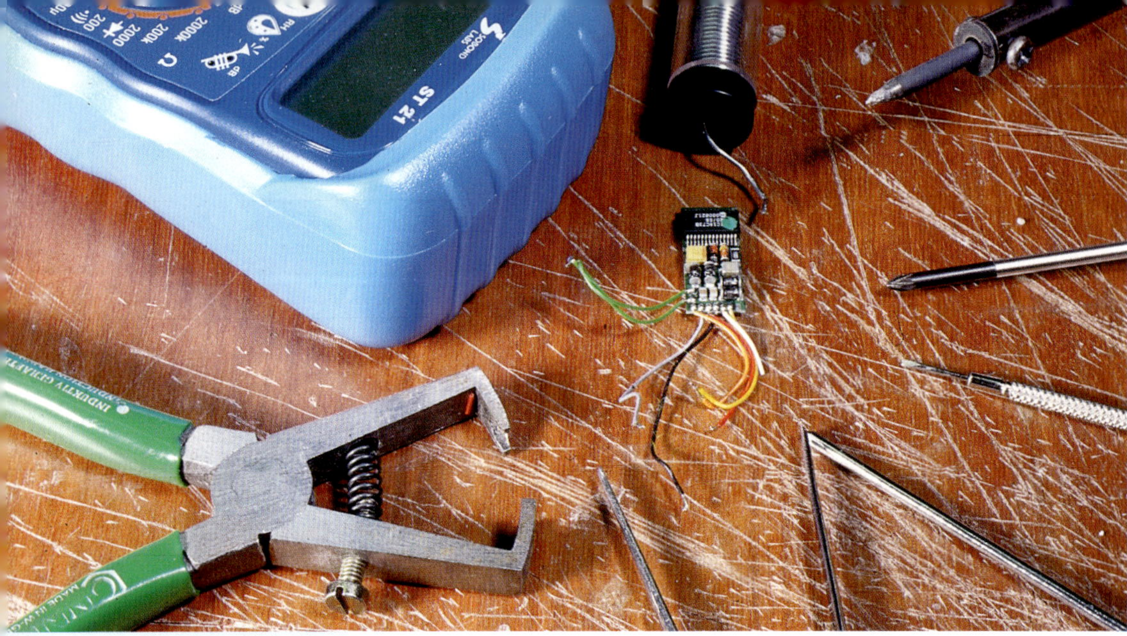

Das Werkzeug für den Einbau eines Decoders: Abisolierzange, Multimeter, Lötzinn, Lötkolben mit feiner Spitze, kleine Schraubendreher, Pinzette und natürlich ein Decoder. Bei dem hier gezeigten Exemplar handelt es sich übrigens um einen von mir durch einen zu langen Lötkolbeneinsatz an den viel zu kurz abgeschnittenen Kabeln geknackten Decoder. Ein teurer Spaß.

Loks auf folgendes Problem: Da Decoder eine recht hohe Betriebstemperatur erreichen, kann sich das mit einem Decoder ausgestattete Lokomotiv- bzw. Tendergehäuses erwärmen. Dadurch könnte sich das Klebeband an den damit isolierten Verbindungen wieder aufzwirbeln und der gegenteilige Effekt träte ein. Die empfohlenen Schrumpfschläuche halten Wärme problemlos aus, die Verbindungen bleiben dauerhaft isoliert. Ihr Einsatz ist unproblematisch: Sie werden einfach über die erkaltete Lötstelle geschoben und mit einem Warmluftgebläse (Fön) oder ähnlichem erwärmt, bis sich der Isolierschlauch zusammenzieht und dadurch fest hält.

In Diesel- oder E-Loks kann ein Decoder aufgrund des Platzangebots zumeist problemlos, also vor allem ohne diffizile Fräsarbeiten, eingebaut werden. Bei Dampflokomotiven sieht das zumeist anders aus. Eine gute Unterbringungsmöglichkeit für den Decoder wäre der Kessel, wenn sich dort kein Beschwerungsgewicht befindet. Bei Tenderloks ist der Decoder meist nur im Führerhaus unterzubringen. Allerdings stören die bunten Kabel und der Baustein den Blick in das meist gut einsehbare Innenleben des Führerhauses. Bei Schlepptenderloks bietet sich die Unterbringung des Decoders im Tender an. Denn die zahlreichen Kabelverbindungen zwischen Tender und Lok stellen keinen schönen Anblick dar.

6.5.4.2 Vorüberlegungen

Bevor es weitergeht, sollte man sich in aller Ruhe mit den Anschlüssen des Decoders verraut machen. Dabei hilft folgende Liste, die den Kabelfarben die Funktion und die Anschlussstelle zuordnet (siehe rechts oben).

Dann überlegt man sich, ob die Lokomotive auch weiterhin im konventionellen Betrieb fahren können soll, das ist wichtig, z.B. wenn die Maschine zum Reinigen mit konventionellen Stromstellern angesteuert werden sollen. In diesem Fall müsste man einen De-

Zuordnung der Kabelfarben nach NEM 652

Kabelfarbe	Funktion/Anschlussstelle	Kontakt
Schwarz	Anschluss an Radschleifer, der in Fahrtrichtung links liegt (Minus-Pol)	4
Rot	Anschluss an Radschleifer, der in Fahrtrichtung rechts liegt (Plus-Pol)	8
Grau	Anschluss an den Minus-Pol des Motors	5
Orange	Anschluss an den Plus-Pol des Motors	1
Gelb	Anschluss an Fahrzeugbeleuchtung hinten	2
Weiß	Anschluss an Fahrzeugbeleuchtung vorn	6
Blau	Anschluss als gemeinsamer Pluspol für alle Sonderfunkt., also auch Beleuchtung	7
Grün	Anschluss für weitere Sonderfunktion	3
Violett	Anschluss für weitere Sonderfunktion	3

coder auswählen, der sowohl konventionell wie auch digital betrieben werden kann (das klärt die Betriebsanleitung bzw. der Fachhändler).
Als nächstes stellt sich die Frage nach der Lastregelung. Prinzipiell kann man sagen, dass Streckenloks, mit denen man ja nicht rangiert, mit ungeregelten Decodern gefahren werden können. Dies bedeutet nämlich einen Preisvorteil, denn lastgeregelte sind logischerweise teurer. Ungeregelte Decoder haben aber auf langen Weichenstraßen und Steigungen so ihre Probleme, ein gleichmäßiges Fahren ohne nachzuregeln zu garantieren.
Nun ermittelt man den zur Verfügung stehenden Platz in der Lok. Daran orientiert sich der verwendbare Decoder. Sollte einfach kein Platz für den Wunschdecoder zur Verfügung stehen, weicht man auf den nächstkleineren, vielleicht sogar N-Decoder aus. Dabei muss dann aber die maximale Stromaufnahme der Lok berücksichtigt werden.
Die Stromaufnahme der Maschine ist das nächste Kriterium. Dazu nutzt man das oben erwähnte Multimeter. Es wird an die Gleise angeschlossen. Dann kommt die Lok, deren Stromverbrauch ich ermitteln will, auf das Gleis. Bei voll aufgedrehtem Regler misst man den Stromverbrauch der Maschine. Am einfachsten ist es, wenn die Lok an einem Prellbock stehend mit aufgedrehtem Trafo maximal belastet wird. Da die Räder der Maschine durchdrehen, ist eine Beschädigung der Lok nicht möglich. Nun muss man nur noch die Skala des Multimeters ablesen und danach den passenden Decoder auswählen.

6.5.4.3 Zerlegen und Einbau

Wenn man den passenden Decoder nach dem Besuch beim Fachhändler in Händen hält, sollte man das gute Stück pfleglich behandeln. Der Schrumpfschlauch, der Teile oder sogar den ganzen Decoder überzieht, darf unter keinen Umständen entfernt werden. Zum einen würde dann die Garantie des Herstellers erlöschen und zum anderen könnten wir den Decoder, der ja in etwas komfortableren Ausführung immerhin soviel wie ein D-Zug-Wagen kostet, beschädigen. Unter dem Schrumpfschlauch befinden sich nämlich auch berührungsempfindliche Bauteile. Ehe man sich an den Umbau macht, entlädt man sich elektrostatisch durch Anfassen z.B. der Heizungsrohre. Eine solche Aufladung könnte den Decoder beschädigen.

Praxistipp Decodereinbau bei Fleischmanns G 8^1

Ich habe die im ersten Kapitel dieses Buches erwähnte G 8^1 mit einem Decoder ausgerüstet. Dazu nimmt man das Tender- und das Lokgehäuse ab. Beim Abnehmen des Tendergehäuses achtet man auf die großen Lampen, die dabei leicht auf den Boden fallen. Besser ist es, sie zuvor vorsichtig abzuhebeln und erst dann das Tendergehäuse zu lösen. Anschließend werden alle Drähte und Kondensatoren auf der Motorplatine abgelötet. An dieser Stelle sollte man sich die Anschlüsse gut merken oder notieren, welcher Anschluss wo liegt. Sonst besteht die Gefahr, die Anschlüsse später zu verwechseln, was zu einer Beschädigung des Decoders führen kann.
Unter dem Kohlenaufsatz des Tenders einer Dampflok gibt es zumeist genügend Platz für einen Decoder. Sollte der Platz einmal nicht ausreichen, schafft man durch Bohren, Schleifen und Feilen Platz für den Baustein. Im vorliegenden Beispiel der G 8^1 von Fleischmann habe ich mich für eine Unterbringung hinter dem Stehkessel der Lok entschieden, wo bei diesem Modell ausreichend Platz und sogar eine Kunststoffhalterung vorhanden sind.
Anschließend werden die Kabel auf die benötigte Länge gekürzt und die abisolierten Kabelenden verzinnt, um sie lötbar zu machen.

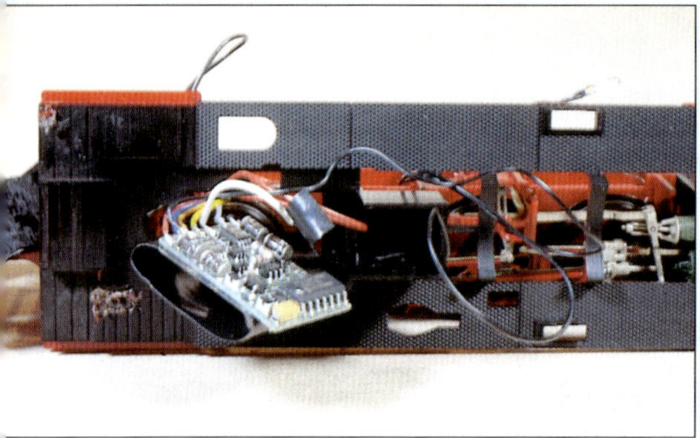

Die Fleischmann-G8^1 besitzt unter dem Kessel eine Kunststoffhalterung, in die der Decoder bequem hineinpasst. Die beiden Klebstoffflecken links rühren übrigens von Lokführer- und Heizerfigur her.

Weitere grundlegende Vorüberlegungen sind: Die Leiterbahnen oder Bauteile des Decoders dürfen niemals mit den Metallteilen des Chassis oder des Lokgehäuses in Verbindung stehen oder kommen. Besonders schwierig ist es, wenn solche Verbindungen erst durch das Aufsetzen des Gehäuses auf das Fahrwerk entstehen. Kein Motor- oder Lampenanschluss darf Kontakt zum Strom führenden Chassis oder zu den Lokrädern haben. All diese Verbindungen müssen unbedingt getrennt werden. Zusätzlich ist zu beachten, dass bei E-Loks die Oberleitung nicht betriebsfähig sein darf. Das würde zu Problemen führen, die den Decoder zerstören könnten.

6.5.4.4 Potenzialfreie Motoren

Dann gilt es den Motor potenzialfrei zu machen, ihn also von jeglichem Kontakt zum Chassis zu trennen. Tut man das nicht, zerstört man den angeschlossenen Decoder garantiert. Bei allen voll gekapselten Motoren oder solchen, die zwei isolierte Anschlussfahnen besitzen, ist das kein Problem, denn sie sind schon potenzialfrei. Bei der G 8^1 (siehe Kasten) wird, wie auf der Abbildung zu sehen, eine Verbindung auf der Platine des Motors getrennt, damit ist der Motor potenzialfrei. Dann kann das orangefarbene Kabel mit dem Plus-Pol, also der in Fahrtrichtung rechts sitzenden Kontaktfahne verlö-

Nachdem Drosseln (ehemaliger Platz am Motorschild oben) entfernt wurden, wird eine Verbindung auf dem Motorschild links mit dem Bastelmesser schabend durchtrennt.

tet werden. Das graue Kabel wird dann mit dem anderen Pol verbunden und fixiert.

Alle anderen Motoren, und das sind die zumeist flachen offenen, liegt ein Pol am Gehäuse oder Chassis an und damit an Masse. Im abgebildeten Beispiel ist das bei der alten E 32 von Roco der Fall. Ein Teil der Lok stellt den Minuspol dar. Der Motor der E 32 ist über eine Schraube mit dem Chassis verbunden. Nun muss die Verbindung des Motors zum Gehäuse unterbunden werden. Das geht am einfachsten mit einem entsprechend großen Kunststoffstück, das die Isolation zwischen Motor und Gehäuse herstellt. Ich habe den Motor dann eingeklebt, denn bei Befestigung mittels Schraube stellt sich ja die Masseverbindung wieder her. Man kann dann zwischen den Motor und dem Isolator einen Kabelschuh einlöten, über den der Kontakt zwischen Decoder und Motor hergestellt wird. Ggf. muss auch die andere Seite des Motors, der Plus-Pol, potenzialfrei gemacht werden. Dann können die beiden Kabelschuhe mit den entsprechenden Kabeln verbunden werden.

Dann gilt die Aufmerksamkeit der Tenderplatine, die die Verbindung vom linken Gleis, dem Minus-Pol, über das Fahrwerk und den Motor zu den Kohlen herstellt. Damit Metallteile des Decoders keinen Kontakt mit der Platine haben können, wird diese dort, wo der Decoder die Platine berühren könnte, isoliert. Zu diesem Zweck darf niemals der Decoder in Isolierband eingewickelt werden. Der entstehende Hitzestau würde den Decoder zerstören. Dieses Bauteil braucht etwas »Luft« um sich herum, die Luftzirkulation fungiert nämlich als Kühler für unseren Decoder.

Im vorliegenden Beispiel der G 8[1] musste man nur auf den Einbau des Decoders in

Die alte Roco-E 32 mit nicht potenzialfreiem Motor. Auf der Abbildung stellt die Isolation zwischen Motor und Fahrgestell noch ein Streifen Papier her, den ich dann aber mit dem im Text beschriebenen Kunststoffstreifen ersetzt habe.

isolierter Umgebung achten: Da das darüber gestülpte Gehäuse aus Kunststoff besteht, galt es lediglich den Decoder mit Klebeband an der Halterung zu befestigen, eine weitere Isolierung war hier nicht vonnöten. Lediglich die seitlich im Tender gelagerte Platine (siehe Foto) wurde im vorderen Bereich mit einem Stück Isolierband gegen ungewollte Verbindungen innerhalb des Tenders abisoliert. Diese Platine wird mit einem Kabel mit dem rechten Radschleifer verbunden.
Dann nehmen wir das rote Stecker-Anschusskabel und löten es an der in Fahrtrichtung rechten Kontaktfahne, die zum in Fahrtrichtung rechten Radschleifer führt, an. Das schwarze löten wir an der linken Seite an.
Dann nehmen wir ein blaues Stecker-Anschlusskabel und längen es so ab, sodass es bis zum hinteren Lampenanschluss im Tender reicht. Es wird verzinnt und an die Lampenfassung gelötet. Dasselbe geschieht mit dem weißen Kabel, das an die vordere Fassung gelötet wird.
Alle Lötverbindungen sind natürlich mit Schrumpfschläuchen zu isolieren. Bei der auf den Abbildungen gezeigten G 8[1] habe ich mir Mikrobirnchen von Faller besorgt und bei der hinteren Beleuchtung mit dem blauen (gemeinsamer Pluspol!) und gelben Kabel verbunden. Dasselbe geschah mit der vorderen Lampe, hier wurde aber das blaue und das weiße mit den beiden Anschlüssen des Mikrobirnchens verbunden.
So bleiben noch die Zusatzfunktionskabel violett und grün (beim gezeigten Decoder nicht vorhanden), die man für einen Rauchgenerator oder eine Pfeife nutzen kann. Dazu müssen das grüne und das violette Funktionskabel vom Tender in die Lok geführt werden, wo das blaue, der gemeinsame Rückleiter, ja schon liegt.

Vorsichtig wurde die G8[1] dann wieder zusammengebaut. Dabei ist peinlichst darauf zu achten, dass kein Kabel gequetscht wird.

An die beiden Potenziale ist dann der Verbraucher anzuschließen. Er kann dann über die Tasten an den Eingabegeräten des Digital-Systems angesprochen werden. Braucht man das grüne und/oder violette Kabel nicht, muss man es mit einem Schrumpfschlauch isolieren, damit es nicht irgendwo einen Kurzschluss auslösen kann.
Dann kontrollieren wir nochmals alle Anschlüsse auf korrekten Sitz. Kann noch irgendwo ein Kabel einen Kurzschluss auslösen? Sind alle metallisch blanken Stellen abisoliert?
Daran schließt sich eine ausgiebige Probefahrt mit dem Vornehmen der Einstellungen an. Wenn alles zur Zufriedenheit funktioniert, wird das Tendergehäuse wieder aufgesetzt und fixiert. Voilà! Unsere erste selbst umgebaute Lok steht für den Einsatz bereit.

6.5.4.5 Hilfe bei Problemen

Wenn der gestern gekaufte Decoder sich nicht einstellen lässt oder die Zentrale falsche auf dem Display unverständliche Werte anzeigt, hilft der Fachhändler, wenn er sich in der Thematik auskennt, wovon bei Fachgeschäften auszugehen ist. Nächste Anlaufstation wären befreundete Modellbahner oder Clubs, die ihre Anlage digital steuern. Darüber hinaus bietet die Industrie Seminare zu ausgewählten Digital-Themen an. Viele Hersteller von Digital-Bauteilen haben telefonische Hotlines eingerichtet. Dort ist rasche Hilfe obligatorisch, vor allem, wenn es sich lediglich um eine Verständnisfrage im Zusammenhang mit der Bedienungsanleitung des betreffenden Geräts handelt. Auch in der Fachliteratur bzw. Fachzeitschriften kann man gute Tipps erhalten. Als besonders leistungsfähiges Informationsmedium erweist sich in diesem Zusammenhang das Internet.

7. Der

Schlepptenderloks der Baugröße N auf der Anlage Schure. Im Vordergrund eine BR 01 mit der Achsfolge 2'C1', im Hintergrund eine BR 50 mit der Achsfolge 1'E.

Fahrbetrieb

Bevor es nun endlich mit dem Spielen losgeht, sei noch ein Blick auf das große Vorbild geworfen. Denn einige wichtige Informationen über die Eisenbahn gehören zum Modellbauen und -bahnen einfach dazu.

7.1 Achsfolge

Bevor das neue Dampflokmodell mit seinem ersten Zug auf die Reise geht, gilt der Blick noch auf ein paar technischen Gegebenheiten, z.B. der Achsfolge. Betrachten wir dazu die im Kapitel 6 beim Umbau auf Glockenankermotor her bekannte preußische T 18 oder BR 78. Von der Seite betrachtet, besitzt sie vorne zwei Räder, in der Mitte drei große und hinten unter dem Tender nochmals zwei kleine. Sie besitzt also 14 Räder. Bei der Eisenbahn in Deutschland werden aber nicht die Räder, sondern die Achsen gezählt. Das wären sieben. Nun dienen die beiden je vorderen und hinteren Achsen zur Erzielung von Laufruhe und sind nicht angetrieben. Diese werden daher mit einer arabischen Ziffer bezeichnet, in unserem Beispiel mit der 2. Anders die drei großen Achsen in der Mitte, die dem Vortrieb dienen. Angetriebene Achsen werden mit einem lateinischen Großbuchstaben bezeichnet: drei Achsen werden durch den Buchstaben »C« angezeigt, den er ist der dritte Buchstabe im Alphabet. Da sich die jeweils vorderen und hinteren Achsen in einem eigenen Drehgestell befinden und daher nicht mit den Treibachsen in ein und demselben Gestell untergebracht sind, erhalten sie einen Apostroph. Die korrekte Bezeichnung der Achsfolge unserer BR 78 lautet demnach: 2'C2'. Bei E-Loks und Dieselmaschinen ist das etwas anders, aber im Prinzip ähnlich.

7.2 Treibraddurchmesser

Wie erklären sich die je nach Baureihe verschiedenen Treibraddurchmesser? Je größer der Raddurchmesser, desto länger der Weg, den das Rad pro Umdrehung zurücklegt. Eine Schnellzugdampflokomotive besitzt daher große Treibräder, denn mit der gleichen Umdrehungszahl der Kurbelwelle kann auf diese Art und Weise ein größerer

Achsfolge bei E-Loks und Dieselmaschinen

1	eine Laufachse ist im Hauptrahmen gelagert
2	zwei unmittelbar aufeinander folgende Laufachsen sind im Hauptrahmen gelagert
A	eine angetriebene Achse ist im Hauptrahmen gelagert
B	zwei angetriebene Achsen sind im Hauptrahmen gelagert, sie sind miteinander gekuppelt
Bo	zwei angetriebene Achsen sind im Hauptrahmen gelagert, sie sind nicht miteinander gekuppelt
B B	vier angetriebene Achsen sind im Hauptrahmen gelagert, jeweils zwei von ihnen sind miteinander gekuppelt
1'	eine Laufachse, die nicht innerhalb des Hauptrahmens läuft
2'	zwei Laufachsen, die nicht innerhalb des Hauptrahmens laufen
B'	zwei miteinander gekuppelte Treibachsen, die in einem gemeinsamen Rahmengestell laufen
Bo'	zwei nicht miteinander gekuppelte Treibachsen, die in einem gemeinsamen Rahmengestell laufen
B'B'	je zwei miteinander gekuppelte Treibachsen, die in zwei verschiedenen Rahmengestellen laufen
(1 A)	ein Triebgestell, in dem eine antriebslose und eine angetriebene Achse laufen

Weg zurückgelegt werden als bei kleineren Treibrädern.
Anders sieht es nun bei Güterzugmaschinen aus. Hier ist ja weniger Schnelligkeit als Kraft gefragt. Je mehr Treibachsen mit kleinen Rädern eine Maschine besitzt, desto kräftiger ist sie. Um das Durchgehen einzelner Achsen zu verhindern und die erwünschte Kraft zu erzielen, werden die Achsen mit einer Kuppelstange untereinander verbunden. Deutsche Güterzugdampfloks haben in der Regel vier oder fünf gekuppelte Achsen. Eine Ausnahme bildete die württembergische K (BR 59), die sechs Treibachsen besaß.
Interessant ist die Frage, warum es im Laufe der Eisenbahngeschichte solch eine Vielzahl von Konstruktionen gab. Das entsprang vor allem dem Bestreben nach ständiger Verbesserung der Leistungen der Loks, die zum Teil für ganz spezielle Aufgaben konstruiert waren.

Einteilung der Dampfloks nach Diensten

Hauptgattung	Bedeutung	Stammnummer
S	Schnellzuglokomotive mit Schlepptender	01-19
P	Personenzuglokomotive mit Schlepptender	20-39
G	Güterzuglokomotive mit Schlepptender	40-59
St	Schnellzugtenderlokomotive	60-61
Pt	Personenzugtenderlokomotive	62-79
Gt	Güterzugtenderlokomotive	80-96
L	Lokalbahnlokomotive	98
Z	Zahnradlokomotive	97
K	Kleinlokomotive für Schmalspurbahnen	99

7.3 Bauarten und Gattungen

Bei Dampfloks wurde in Ergänzung der Achsfolgenangabe eine Einteilung nach Großbuchstaben vorgenommen (siehe Tabelle »Einteilung der Dampfloks nach Diensten«).

Die BR 36^{0-4} lief bei den Preußen als P 4^2. das »P« stand für »Personenzuglokomotive mit Schlepptender«.

Zusätzlich trugen die Dampfloks Ordnungsnummern, die Auskunft geben über eine bestimmte Bauausführung und über die Reihenfolge der betreffenden Lok innerhalb der Gesamtzahl einer Baureihe.

7.4 Kennzeichnung von E-Loks und Dieselloks

Nach dem Sammelsurium an unterschiedlichen und eifersüchtig gehüteten Bezeichnungsformeln für E-Loks bei den Länderbahnen wurde von der Deutschen Reichsbahn-Gesellschaft 1925 schrittweise ein Nummerierungssystem eingeführt, das den Verwendungszweck der einzelnen Maschinen auf den ersten Blick erkennbar machte.
Zunächst ein Beispiel für die Bezeichnung preußischer E-Loks:

Schnellzuglokomotiven	ES
Personenzuglokomotiven	EP
Güterzuglokomotiven	EG
Verschiebelokomotiven	EV

Nummernkombinationen bezeichneten die Maschine näher.
Das neue DRG-Bezeichnungssystem setzte sich zusammen aus der Betriebsnummer, die ihrerseits aus einer Stamm- und Ordnungsnummer bestand. Ein E, das der Betriebsnummer mit kleinem Abstand vorangestellt wurde, bezeichnete die Traktionsart:

Schnellzuglokomotiven	E 01-29, Höchstgeschwindigkeit ab 90 km/h
Personenzuglokomotiven	E 30-59, Höchstgeschwindigkeit zwischen 70 und 90 km/h
Güterzuglokomotiven	E 60-99, Höchstgeschwindigkeit bis 70 km/h

Die Stromsysteme, für die Lokomotiven erbaut wurden, sind an den so genannten Stammnummern abzulesen:

E 00-100	Einphasen-Wechselstrom 16 2/3 bzw. 50 Hz
E 101-200	Gleichstrom
E 201-300	Einphasen-Wechselstrom 50 Hz
E 301-400	zwei unterschiedliche Stromsysteme
E 401-500	drei und mehr unterschiedliche Stromsysteme

Die zwei-, drei- oder vierstelligen Ordnungsnummern bilden die nächste Einteilung. Sie geben Aufschluss über die Anzahl der Maschinen innerhalb einer Lokomotivbaureihe.
Die Stammnummer der Dieselloks gibt Auskunft über ihre Leistung in PS. So leistet z.B. die Baureihe 360/361 rund 650 PS, die 218 etwa 1800 und die 220 gut 2000.

Das EDV-gerechte Nummernsystem der DB/DR

Das Nummernsystem der DRG wurde im Jahre 1968 bei der DB durch ein neues computergerechtes System abgelöst. Dieses Schema konnte der Computer verarbeiten. Nun wurden die alten »sprechenden« Nummern durch neue Zahlen ersetzt. Seit diesem Jahr besaßen die Elektrolokomotiven eine sechsstellige Kennnummer und eine darauf folgende, durch einen horizontal verlaufenden Strich abgetrennte Kontrollziffer.
Diese sechsstellige Nummer ist in zwei Dreiergruppen aufgeteilt. In der ersten Dreiergruppe verbirgt sich oftmals die alte DRG-Bezeichnung. Sie beschreibt die Baureihenummer, deren erste Ziffer 1 kennzeichnet Elektrolokomotiven (die 2 weist auf Dieselloks, die 0 auf Dampfloks hin usw.). Das EDV-gerechte Nummernsystem der DR ent-

Ausnahmen bestätigen die Regel: Die BR 280 leistet rund 1100 PS und nicht, wie man aufgrund ihrer Bezeichnung erwarten dürfte, lediglich 800.

sprach dem der DB, die DR hatte sich für Elektrolokomotiven jedoch der Ziffer 2 bedient. Es trat 1970 in Kraft.

7.5 Kontrollziffer

Das neue Bezeichnungssystem bezieht eine Kontrollziffer mit ein. Dazu schreibt man unter die neue sechsstellige Fahrzeugnummer die Zahlenfolge 121 212. Die nun untereinander stehenden Zahlen werden miteinander multipliziert. Aus der erhaltenen Zahlenkombination bildet man die Quersumme (die Ziffern werden addiert). Diese Zahl wird nun von der nächsthöheren Zehnerzahl angezogen. Das Ergebnis stellt die so genannte Kontrollziffer dar:

E 44 052 wird seit 1968 als 144 052 bezeichnet:	144 052
Hilfsziffer	121 212
Multiplizieren der untereinander stehenden Zahlen	184 054
Quersumme (1+0+3+2+3+2)	22
Nächsthöhere Zehnerzahl ist 30, 30-22	8
Die Kontrollziffer ist 8, die neue Betriebsnummer heißt	144 052-8.

Das gemeinsame Nummernsystem seit 1992

Nachdem der politische Zusammenschluss der beiden deutschen Staaten vollzogen worden war, wurden auch die beiden Bahnverwaltungen zusammengelegt. Daraus resultierte auch die Schaffung eines einheitlichen Bezeichnungsplans für Loks der DB und der DR. Seit 1. Januar 1992 trugen die ehemaligen DR-Loks die neuen Nummern, die auf dem DB-Bezeichnungssystem von 1968 beruhen. Die in der DDR eine 2 zur Kennzeichnung tragenden Elektrolokomotiven erhielten nun eine 1. Manche Lokomotivbaureihen wie die 252 mussten, da die folgerichtige Zahl 152 bereits vergeben war, neu benannt werden.

7.6 Einsatzbereiche

Das große Vorbild definiert zahlreiche verschiedene Einsatzbereiche. Für den Modellbahner eine willkommene Begründung, seine Loksammlung ständig zu vergrößern.
Auf der Modellbahn kann man den Aufgabenbereich für seine Lokomotiven in verschiedene Kategorien einteilen:
Schwerer Schnellzugdienst in der Ebene: Dabei handelt es sich um den begehrtesten Einsatzbereich, verkehren hier doch die berühmtesten Züge wie der Rheingold, gezogen von der BR 18⁴. Allein dürften die vorbildlichen Zuglängen für die meisten Anlagen zu viel sein. Wenn ein solcher Luxus-Schnellzug für den Bahnhof zu groß ist, so durcheilt er die Paradestrecke eben ohne Halt.
Mittelschwerer und leichter Schnellzug in der Ebene: Hierher gehören die kürzeren Schnellzüge, die auch mal nur aus zwei oder drei Wagen bestehen können und als so genannte Flügelzüge Zubringerdienste zu den renommierten Zügen leisten.
Schnellzug im Mittelgebirge: Das dürfte die Domäne für E-Loks sein, da sie von Haus aus eine größere Anfahrzugkraft und üppigere Reserven haben.
Leichte Schnellzüge und Eilzüge: Das umfasst den tag-täglichen Berufsverkehr, z.B. mit bereits älteren Waggons.
Bedeutend einfacher ist es, die folgenden Einsatzbereiche auf der Anlage zu motivieren, da die Zuglängen begrenzt sind:
Schwerer Personenzug auf der Hauptbahn: Mit gut sechs oder sieben Zweiachsern wirkt ein solcher Zug schon glaubhaft.
Mittlerer und leichter Personenzug auf der Hauptbahn: Das ist das Eldorado für die kürzeren Dampfloks wie die BR 24 oder 38, für die Altbau-E-Loks wie die E 17, E 18 oder E 44 und die Mehrzweck-Dieselloks.
Wendezugverkehr: Im Vorortverkehr kann man S-Bahn-Triebwagen einsetzen, die mit ihrem auffälligen Erscheinungsbild als Farbtupfer dienen könne. Überhaupt eignen sich die meist kurzen Wendezüge aus drei oder vier Wagen z.B. mit einer E 41 bzw. BR 243 gut für die Nachgestaltung.
Gemischter Dienst auf Haupt- und Nebenstrecken: Dieser Einsatzbereich dürfte auf heimischen Anlagen der am häufigsten

Zum schweren Personenzug auf der Hauptbahn dürfte auch der Zug Konrad Adenauers gehört haben, den Dr. Loidol auf seiner Anlage trefflich in Szene setzte.

nachgestellte sein. Wie beim Vorbild eignen sich hierfür die zahlreich angebotenen Mehrzweckmaschinen, z.B. die BR 50, 64 und 86 oder die E 41, 44 oder 94 und natürlich die V 80.

Lokalbahnen: Aus dem inzwischen schon recht umfangreichen Angebot der Modellbahnhersteller kann man recht gut eine glaubhafte Lokalbahn z.B. zur Reichsbahnzeit irgendwo in Bayern nachbauen. Der Glaskasten, die Zuckersusi, die BR 98^4 und 98^8 gibt es im Standardprogramm der H0- bzw. N-Großserienhersteller. Dazu passen die Lokalbahnwagen von Fleischmann, Märklin, Roco oder Trix.

Güterzüge in der Ebene und im Mittelgebirge: Gerade bei den oft recht langen Güterzügen steht der Modellbahner vor dem Problem, einen solchen Zug auf seiner Anlage unterzubringen, die Ausdehnungen der heimischen Anlage sind meist zu gering. In der Regel wird man sich auf Übergabegüterzüge oder Nahgüterzüge beschränken, die auch mit wenigen Wagen und interessanten Rangieraufgaben das Modellbahnspiel bereichern.

Rangierdienst: Einigen Modellbahner bereitet das millimetergenaue Rangieren mit den dafür geeigneten Fahrzeugen den größten Spaß. Leider gestatten die oftmals kleinen Maschinen z.B. wegen Stromabnahmeproblemen das nicht immer. Daher wurden in diesem Buch einige Verbesserungsvorschläge gemacht, wie man Loks zu wahren Rangierwundern machen kann.

7.7 Epochen

Um ein wenig Übersicht in den Dschungel an schönen Modellbahnfahrzeugen und adäquatem Zubehör zu bringen, einigte man sich für die Modelleisenbahn auf verschiedene Zeit-Epochen, die inzwischen in einer Norm (NEM 800) näher definiert sind. Es macht Spaß, sich einer bestimmten Epoche zu widmen. Zugleich erleichtert es die Modellauswahl. Darüber hinaus ist einiges über die im Modell dargestellte Zeit zu erfahren, denn man wird sich immer in Büchern über diese Epoche informieren wollen.

Die Epoche I umfasst die Jahre vom Beginn des Eisenbahnbaus über die Einrichtung der verschiedenen Staatsbahnstrecken, der Weiterentwicklung der Dampflok bis zur Blütezeit der Eisenbahnen durch die Monopolstellung im Transportwe-

Bayerischer Lokalbahnzug der Epoche I aus Fleischmann und Roco-Fahrzeugen.

In der Wirtschaftswunderperiode der 1950er- und 60er-Jahre spielt die Anlage Dr. Loidol.

sen. In Jahren ausgedrückt umfasst es die Zeit von 1835 bis 1925.

Die von 1925 bis 1945 reichende **Epoche II** erstreckt sich von der Bildung der großen Staatsbahnverwaltungen nach dem Ersten Weltkrieg über die Vereinheitlichungsbestrebungen beim Strecken- und Fahrzeugbau und endet mit der Einrichtung des elektrischen Zugbetriebs in Deutschland kurz vor dem Zweiten Weltkrieg.

Die **Epoche III** (1945-1970) umfasst den Wiederaufbau und die Neuorganisation des im Krieg weit gehend zerstörten Eisenbahnwesens. Langsam setzte der Traktionswechsel ein, die

Das Flaggschiff der Epoche IV ist die E-Lok der BR 103, die wie kaum eine andere Maschine vor oder nach ihr Kraft und Eleganz verkörperte.
Foto: Märklin

Kurze Züge waren in der Epoche I keine Seltenheit – ein Vorzug für die Nachgestaltung im Modell.

Dampflok zog sich zu Gunsten von E- und Dieselloks immer weiter zurück. Der Fahrzeugpark und die Signaltechnik (Lichtsignale statt Formsignale) wurden modernisiert.

Während der **Epoche IV** wurde der Traktionswechsel abgeschlossen, die letzten Dampfer machten ihr Feuer für immer aus. Internationale Abkommen schufen ein einheitliches Beschriftungsschema für Personen- und Güterwagen. Diese Ära erstreckte sich auf die Jahre 1970-1990.

Die noch heute gültige **Epoche V** ist die Zeit des Entstehens der Schnellfahrnetze. Die Fahrzeuge tragen auffällige Lackierungen, der Güterschienenverkehr befindet sich im Rückzug zugunsten des Lkw-Straßenverkehrs.

Was mögen die Gründe sein, die den einen oder anderen Modellbahner dazu bringen, sich einer bestimmten Epoche zu widmen? Der Reiz der *Epoche I* liegt im Umgang mit so mancher urigen Konstruktion. Damals wurden viele Prototypen entwickelt und probeweise eingesetzt. Kleinserienhersteller bieten solche Erlkönige oft in Bausatzform an. Aber auch das Großserienangebot ist inzwischen unüberschaubar geworden. Das reizvolle an den Epoche-I-Loks ist die Nachvollziehbarkeit der Technik: Irgendwo dreht sich immer etwas, oftmals werkeln Kuppelstangen oder Kurbelwellen im Fahrwerksbereich. Diesen alten Maschinen ist ihre Funktionsweise noch deutlich anzusehen, die interessanten Sachen verstecken sich noch nicht unter stromlinienförmigem Blech. Zudem macht die Bewahrung der Erinnerung an diese längst vergangene Eisenbahnära die Epoche I interessant. Die Anforderungen an den Modellbauer sind höher, da es vieles an Zubehör noch nicht gibt, z.B. typische Länderbahnweichen oder -laternen.

Für den Modellbahnfahrer ist die Epoche I empfehlenswert, weil die Zuglängen und -geschwindigkeiten aufgrund der schwächeren Loks noch begrenzt waren. Ein Güterzug mit preußischer G 8^1 und zehn bis 15 Wagen ist daher absolut vorbildgetreu. Das Wagenmaterial ist äußerst vielseitig und abwechslungsreich einsetzbar und umfasst Waggontypen, die es heute gar nicht mehr gibt wie Latrinenwagen, urige Güterzugbegleitwagen, Weinfasswagen oder Postwagen.

Ein kurzer Bauzug in der Epoche III, als erste Ausmusterungswellen Loks in untergeordnete Dienste zwang. Die 98^8 gehörte jedoch nie zu den stolzen Rennern auf dem Gleis.
Foto: Fleischmann

Für die *Epoche II* spricht ebenfalls eine nostalgische Ader, wenn man zu Hause so manche in Wirklichkeit nicht mehr existente Lok oder existierenden Wagen in Form eines Modells lebendig erhalten will. Auch in dieser Zeit fuhren noch urige Konstruktionen, zudem war es eine Epoche, in der wohl das größte Sammelsurium an Fahrzeugen eingesetzt werden kann. Es fuhren noch Länderbahnfahrzeuge, aber auch schon die ersten modernen Einheitsloks. Ein Personenzug kann aus einer bunten Vielzahl von Waggons unterschiedlicher Herkunft bestehen. Das gilt auch für den Güterzug. Zudem kamen die damals berühmten und zeitlos schönen Triebzüge wie der »Fliegende Hamburger« zum Einsatz.

Darüber hinaus stellt die Orientierung an einer Epoche für den Modellbahner auch immer eine Herausforderung dar. Einige Modellbahner lehnen die Epoche II ab, wegen der traurigen Rolle, die die damalige Deutsche Reichsbahn (DR) in den Jahren zwischen 1933 und 1945 spielte. Da aber Geschichtsunterricht noch keinem geschadet hat, sollte man vor der Epoche II nicht davonlaufen, sondern sich seiner Geschichte stellen und etwas über die Welt der Väter und Großväter in Erfahrung bringen. Dabei gibt's einiges zu lernen, was auch gerade für die heutige Zeit von Nutzen sein kann.

Die Epoche III ist die Zeit des so genannten Wirtschaftswunders. Diese Epoche ist die beliebteste unter Modellbahnern, denn sie gestattet einen wirklich umfassenden Fahrzeugeinsatz aus allen Traktionsarten. Es fuhren noch alte Länderbahnloks (natürlich in zeitgemäßer Lackierung), aber auch schon die damaligem Neuentwicklungen wie die V 200 oder der VT 11^5. An der Farbgebung der Fahrzeuge schieden sich noch nicht die Geister. Die favorisierte Rolle der Epoche III bei den Modellbahnern scheint sehr viel mit Nostalgie zu tun zu haben, denn viele der heutigen aktiven Modellbauer waren in der Epoche III noch Kinder. Man holt sich mit dieser Epoche so zusagen etwas verloren gegangene Kindheit zurück ins Heim. Deshalb muss so eine Anlage noch lange kein Idyll darstellen, wie so oft behauptet wird. Die Nachgestaltung einer bestimmten Zeit hat selten etwas mit dem Wunsch nach einer scheinbar sorglosen Zeit zu tun, als vielmehr der Wunsch ein Stück Technikfaszination nach Hause zu holen.

Epoche V auf einer TT-Anlage mit Tillig-Fahrzeugen. Realismus pur: Offenbar wurde die schadhafte BR 155 mitsamt ihrem Kesselwagenzug auf ein Abstellgleis geschleppt, denn eine Oberleitung ist nirgendwo zu sehen... Foto: Tillig

Für die *Epoche IV* sprechen ganz ähnliche Gründe wie für die Epoche III. Es war die Kinderzeit der heutigen Mittdreißiger. Die Faszination an der Technik des alltäglichen Lebens ist hier genauso ausgeprägt wie bei der Epoche III und erklärt die Nachgestaltungsfreude im Modell. Die Freude an der Beschäftigung mit der Modellbahn rührt immer auch aus einer Art spielerischen Auseinandersetzung mit der Wirklichkeit her. Zudem gibt es nicht wenige Modellbahner, die das Ozeanblau-beige der damaligen DB geradezu lieben, obwohl es ebenso viele gibt, die es rundweg ablehnen.
Bliebe noch die *Epoche V*, die Eisenbahn der Gegenwart. Für den einen mögen es die knalligen Farben sein, für den anderen die Hochgeschwindigkeitszüge, die den Reiz dieser Epoche ausmachen. Und wer Dampfloks liebt, kann sie immer noch in Form von Museumszügen einsetzen. Die Epoche V bezieht ihre Attraktivität aus dem Spannungsbogen von Anschauung und kreativer Umsetzung ins Modell. Das täglich erlebbare Vorbild kann als Eisenbahnmodell auf einer Anlage in spielerischer Art und Weise zum gestalterischen Umgang mit der Realität dienen. Was vor der Haustür vorbeifährt, übt einen nicht geringen Reiz auf die Nachgestaltung im Modell aus.

7.8 Modellgeschwindigkeit

Die richtige Modellgeschwindigkeit ist Gegenstand der NEM 661. Denn viele Modelle entgleisen noch immer leicht, wenn man allzu sorglos mit dem Fahrreglerknopf umgeht: Man stellt das gute Stück aufs Gleis, dreht voll auf, die Lok rast los und fliegt nach der nächsten Kurve aus dem Gleis. Ohne Fangnetze prallt die teure Maschine auf den Boden und bleibt möglicherweise mit einem Schaden liegen.
Zahlreiche Lokmodelle haben auch heute noch eine falsche Getriebeübersetzung, das heißt, sie sind zu viel schnell. Normalerweise wird der Modellbahner seine teuren Maschinen nicht zu einer Ferrari-Lok machen. Beim normalen Umgang mit dem Fahrregler wird auch nichts passieren. Was aber bei Strecken mit fest eingestellter Spannung?

Praxistipp Modellhuberei

Viele Modellbahner, die ich persönlich kenne, betreiben ihr Hobby in regem gedanklichem Austausch mit anderen, befreundeten Modelleisenbahnern. Dabei soll, wie ich schön öfters betont habe, jeder nach seiner Fasson selig werden, egal, ob er nun am liebsten mit dem ICE in rasanter Sausefahrt seine heimische Anlage umrundet oder ob er am liebsten eine Hinterwäldlerbahn nach dem Motto »Gib mir einen Tannenzapfen und ich schnitz mir eine Lok daraus« betreibt. Ich kenne auch niemanden, der mit tolerantem Ansatz sein Hobby betreibt und andere ihres betreiben lassen ein Problem hat. Aber es gibt solche Leute, ganz gewiss. Diese Menschen nennt man gemeinhin Modellhuber. In ihrem Kopf schleppen sie ständig einen dicken Katalog herum, was man auf einer Modellbahn tun darf und was nicht. Dabei verfügen sie über ein gerüttelt Maß an Sendungsbewusstsein, sodass sie andere Hobbykollegen nicht einfach in Ruhe lassen können, sondern unbedingt ihre Auffassung von der Richtigkeit des modellbahnerischen Tuns geradezu zwanghaft aufzwingen.

Das Problem dabei ist, dass man das den Leuten nicht unbedingt ansieht. Ein einziges Mal hatte ich Besuch von so einem Mitmenschen. Es ging um einen Gebrauchtwagenkauf und nach dem Abschluss des Geschäfts kam beim Bierchen die Rede auf die bevorzugte Freizeitbeschäftigung. Zunächst freute ich mich, als mein Gegenüber seine Schwäche für die Modellbahn zu erkennen gab. Ich lud ihn in den Keller ein, man könnte ja ein Viertelstündchen die Züge kreisen lassen. »Na, ich hoffe doch nicht, dass sie das machen«, meinte er, um dann auf mein verständnisloses Gesicht blickend zu präzisieren: »Züge fahren von A nach B und nicht im Kreis, gell!«

An der Anlage angekommen fiel ihm sofort die seiner Meinung nach zu geringe Ausdehnung der Bahnhöfe auf. »Sagen Sie mal, was für Winzbahnhöfe habe Sie denn da gebaut, das passt ja nicht mal eine Lokalbahngarnitur drauf.« Ich entgegnete: »Doch, doch, und sogar noch viel längere Züge. Hauptsache ist doch, dass es Spaß macht.« Dann erkannte er die Möglichkeit des Kreisverkehrs auf meiner Anlage. »Das darf ja wohl nicht wahr sein, sie können doch keine Bahn im Kreis fahren lassen. Das ist absolut vorbildwidrig.« Daraufhin holte ich den ersten Zug aus dem Schattenbahnhof, zufällig war es eine BR 41 mit einem Kühlwagenzug voller Frischfisch. »Aber Sie werden doch nicht die 41er mit einem Kühlwagenganzzug in diese kleine Bahnhöfe jagen?«, fragte er verständnislos. »Doch«, entgegnete ich, »doch, mein Guter, weil es dann dort viel zu tun gibt: Rangieren, zerlegen, zustellen…« Weiter kam ich nicht, denn er wollte mit einem be-

Auf die Frage, wie schnell Modelllokomotiven laufen dürfen, muss die Antwort lauten: Modellzüge sollten im Maßstab ihrer Baugröße langsamer fahren als die entsprechenden Vorbildzüge. Allerdings ist dies ein schwieriges Unterfangen. Das weiß jeder, der schon mal versucht hat, die Geschwindigkeit eines vorbeifahrenden Zuges zu schätzen.

Zunächst mal eine Übersicht über die Höchstgeschwindigkeiten einiger wichtiger deutscher Lokomotivbaureihen (siehe Tabelle S. 168 f.).

Die Höchstgeschwindigkeit für Modelltriebfahrzeuge wurde wie bereits erwähnt in der als Empfehlung gedachten NEM 661 (zu den NEM generell: siehe im Internet unter www.morop.de oder im transpress Modellbahn-Lexikon) geregelt. Da jedes Fahrpult bei bis zum Anschlag aufgedrehtem Regler eine unterschiedlich hohe Spannung

herzten Griff nach dem Fahrregler meine Absicht verhindern.
Das konnte ich aber verhindern und zuckelte mit meiner Fuhre in Richtung Bahnhof. Dann entdeckte der Modellhuber eine grüne E 60 am Bahnsteig. »Ja, Kerle, was soll denn das sein? Eine E-Lok ohne Oberleitung? Das geht doch nicht.«, meinte er. Immer mehr Ungereimtes erkannte er: Einen rot-lackierten Epoche-I-Lkw von Märklin, einen Epoche-III-Porschetraktor von Wiking, Weichen der Epoche III-IV und noch eine E-Lok, eine E 91 in Reichsbahnausführung. Und alles auf ein und derselben Anlage. Und alles zur gleichen Zeit. Er war fix und fertig. »Ich bestehe auf der Einhaltung der aus der Vorbildsituation eindeutig definierbaren Umstände. Wenn sie auf ihrer Anlage Dinge tun, die vorbildwidrig sind, so müssen sie das als Sonderfahrt deklarieren, sonst geht das nicht. Und dann müssen sie sich für eine Epoche entscheiden. Oh, Gott, oh, Gott. Was für ein Durcheinander.« Er schlug die Hände vors Gesicht.
»Warum denn?«, fragte ich, »warum muss denn alles irgendwelchen Vorschriften Genüge tun. Sind Vorschriften für uns da oder sind wir für die Vorschriften da?« Er blickt mich mit großen Augen an. »Ich«, fuhr ich fort, »spiele mit der Eisenbahn, weil es mich entspannt, weil ich damit abschalten kann und weil es riesigen Spaß macht. Und wenn es mir gefällt, mit der grünen Länderbahn-S 3/6 einen verkehrsroten Doppelstockwagen zu befördern, dann mach' ich das.« »Erstmal heißt das ‚Essdreisechstel' und nicht ‚Ess drei sechs'«, korrigierte er mich, »und dann denken Sie mal an die Leute, was sollen die denn von ihnen denken?«
Was soll ich noch sagen: Bisher war es mir nicht bewusst, dass mein Hobby irgendeinen Menschen auf der Welt interessieren könnte. Der Modellhuber und ich schieden im Unfrieden. Er bestand vehement auf der Einhaltung der Vorschriften, ich behauptete meinen autonomen Bereich Modellbahn gegenüber allen Vorschriften. Kurz darauf fiel die Haustür knarrend ins Schloss.

So feiner Modellbau hätte auch den Modellhuber besänftigen können, doch leider stammt das Motiv von der Anlage Dr. Loidol.

Eine einfache Methode, eine zu hohe Modellgeschwindigkeit festzustellen, ist das Beobachten der Kuppelstangen bei Dampf- und Dieselloks sowie alten E-Loks. Sind die Kuppelstangen nicht mehr mit den Augen zu verfolgen, fährt die Lok wie hier zu schnell.

Dampfloks

Baureihe	Bau- bzw. Umbaujahr	Einsatzbereich	Höchstgeschwindigk. in km/h (vorw./rückw.)
Bayerische PtL 2/2	1909	Lokalbahnen	50
Bayerische S 3/6	1912	Schnellzüge	120/50
Preußische S 10^{2}	1914	Schnellzüge	110
Badische IVh	1918	Schnellzüge	140
BR 01^{10}	ab 1953	Schnellzüge	140/50
BR 03	1930	Schnellzüge	130/50
BR 03^{10}	1956	Schnellzüge	140
BR 18^{6}	1953	Schnellzüge	120/50
BR 23	1950	Personenzüge	110/85
BR 38$^{10-40}$	1906	Personenzüge	100/50
BR 39	1922	Schnellzüge	110/50
BR 44	1926	Güterzüge	80/50
BR 50Kab	1961	Güterzüge	80
BR 58$^{10-21}$	1906	Güterzüge	65/50
BR 64	1928	gemischter Dienst	90
BR 65	1951	Personenzüge	85
BR 78$^{0-5}$	1912	Personenzüge	100
BR 81	1928	Rangierdienst	45
BR 86	1928	gemischter Dienst	70

Diesellokomotiven

Baureihe	Bau- bzw. Umbaujahr	Einsatzbereich	Höchstgeschwindigk. in km/h (vorw./rückw.)
V 15$^{10-23}$	1959	Rangierdienst	32-42
V 16	1935	gemischter Dienst	100
V 36	1938	Rangierdienst	45
V 60	1956	Rangierdienst	60
V 60^{10}	1960	Rangierdienst	60
V 65	1956	gemischter Dienst	80
V 80	1952	gemischter Dienst	100
V 90	1964	Rangier- und Verschubdienst	80
V 100^{10}	1958	gemischter Dienst	100
BR 110	1964	gemischter Dienst	100
BR 130	1970	gemischter Dienst	120/140
V 160	1960	gemischer Dienst	120
V 180$^{0-1}$	1963	gemischter Dienst	120
V 188	1939	Güterzüge	75
V 200 (DR)	1966	Güterzüge	120
V 200^{0}	1953	Personenzüge	140

Triebzüge

Baureihe	Bau- bzw. Umbaujahr	Einsatzbereich	Höchstgeschwindigk. in km/h (vorw./rückw.)
Wittfeld	1907	Personenverkehr	75
ET 88	1920	Nahverkehr	65
ET 194^{11}	1930	Güterverkehr	40
VT 89$^{.9}$	1933	Nebenbahnen	45
VT 04^{0}	1932	Schnellverkehr	160
ETA 150	1953	Personenverkehr	100
VT 98	1955	Nebenbahnen	90
VT 115	1957	Schnellzüge	140
BR 614	1972	Nahverkehr	140
BR 420	1971	S-Bahn	120
ET 493/404	1973	Schnellverkehr	200
ICE	ab 1990	Schnellverkehr	250-300

abgibt, wurde für die Fahrzeughöchstgeschwindigkeit ein einheitlicher Bezugswert festgelegt: bei Gleichstrombahnen 12 V, bei Wechselstrombahnen 16 V. Bei diesen Fahrspannungen sollte das Fahrzeug die ihm zugedachte Höchstgeschwindigkeit erreichen.
Gegenwärtig existieren einige Vorschläge zur Umrechnung. Die einfachste und leicht nachvollziehbare, die ich für H0 finden konnte, dividiert die Vorbild-

Elektrolokomotiven

Baureihe	Bau- bzw. Umbau-jahr	Einsatzbereich	Höchstge-schwindigk. in km/h (vorw./rückw.)
BR 10[1]	1996	Schnellzüge	220
E 03	1970	Schnellzüge	200
E 10	1956	Schnellzüge	150
BR 111	1974	Schnellzüge	160
E 17	1928	Schnellzüge	120
E 18	1935	Schnellzüge	150
E 19	1939	Schnellzüge	180
BR 120	1987	gemischter Dienst	200
E 32	1924	gemischter Dienst	75 bzw. 90
E 40	1957	Güterzüge	100
E 41	1956	gemischter Dienst	120
E 44	1932	Personenzüge	90
E 50	1957	Güterzüge	100
BR 151	1972	Güterzüge	100
E 60	1927	Rangierdienst	55
E 63	1935	Rangierdienst	45
E 69	ab 1905	Lokalbahn	40-50
E 91	1925	Güterzüge	55
E 94	1940	Güterzüge	90
BR 212/243	1984	Personenzüge	120-160
BR 242	1963	gemischter Dienst	100

Geschwindigkeiten und Epochen

Zeitraum (Epoche)	Zuggattung	maximale Geschwindigkeit in km/h
I	Rangiereinheiten	ca. 25
I	Güterzüge	ca. 50
I	Personenzüge	ca. 90
II	Rangiereinheiten	ca. 40
II	Güterzüge	ca. 70
II	Personenzüge	ca. 90
II	Schnellzüge	ca. 120
III	Rangiereinheiten	ca. 40
III	Güterzüge	ca. 70-80
III	Personenzüge	ca. 90
III	Eilzüge	100
III	Schnellzüge	ca. 120-140
III	TEE-Züge	ca. 160
IV	Rangiereinheiten	ca. 40
IV	Güterzüge	ca. 100
IV	Personenzüge	ca. 120
IV	Eilzüge	ca. 140
IV	Schnellzüge	ca. 160
IV	IC-Züge	ca. 200
V	Rangiereinheiten	ca. 40
V	Güterzüge	ca. 100
V	Personenzüge	ca. 120
V	Eilzüge	ca. 140
V	Schnellzüge	ca. 160
V	IR-Züge	ca. 160-200
V	IC-Züge	ca. 200
V	ICE-Züge	ca. 250-300

höchstgeschwindigkeit durch 3 und nimmt das Ergebnis als Modellhöchstgeschwindigkeit in cm/s.
Zumindest in Baugröße H0 gestattet der Tachowagen von Fleischmann das Messen der Geschwindigkeit eines Fahrzeugmodells bezogen auf das Vorbild. Dabei handelt es sich um einen normalen Fahrradtachometer, der auf einem Güterwagenfahrgestell montiert wurde. Auf einer Achse wurde ein kleiner Magnet angebracht, der bei jeder Umdrehung der Achse einen Reed-Kontakt aktiviert. Dieser Tachowagen gestattet die Messung der aktuellen Geschwindigkeit, benennt die Entfernung zwischen zwei Punkten sowie die benötigte Fahrzeit zwischen ihnen, zeigt die Durchschnittsgeschwindigkeit sowie die zwischen zwei Punkten erreichte Höchstgeschwindigkeit, die Länge der Fahrstrecke und schließlich die Uhrzeit. Gewöhnungsbedürftig sind lediglich die aus

Fahren die Dampfloks zu schnell am Betrachter vorbei, ist die ganze schöne Wirkung beim Teufel. Kann man den Bewegungen der Kuppelstangen noch folgen, ist alles in Ordnung.
Foto: Fleischmann

dem Englischen stammenden Abkürzungen der verschiedenen möglichen Funktionen: AVS (Durchschnittsgeschwindigkeit), CLK (Uhr), DST (Gesamtstrecke), MAX (Höchstgeschwindigkeit), STP (Fahrzeit), TRP (Entfernung).

Nach wie vor sind viele Modelllokomotiven zu schnell. Wie ist das überhöhte Tempo in den Griff zu kriegen? Die einfachste Methode besteht wohl im Erwerb eines elektronischen Fahrpults mit speziellem gedehntem Langsamfahrbereich. Ein solches Gerät ist für alle Baugrößen und Triebfahrzeuge ohne die geringste Änderung an den Loks wirksam. Allerdings ist es nicht möglich, einem bestimmten Triebfahrzeug eine exakt definierte Höchstgeschwindigkeit zuzuweisen. Mit einem solchen Fahrgerät wird das Tempo ganz allgemein reduziert, ohne Rücksicht auf spezielle Maschinen zu nehmen.

Manche Modellbahner bauten Dioden vor dem Lokmotor ein. Das ist preisgünstig zu machen und benötigt nicht viel Platz und kann daher sogar in N-Modellen Platz finden. Durch die Eigenschaften der Dioden, Strom immer nur in einer Richtung durchzulassen, ist die Schaltung einer fahrtrichtungsabhängigen Geschwindigkeitsreduzierung möglich. Da aber die Betriebsspannung des Motors reduziert wird, geht etwas Drehmoment verloren. Zugleich muss eine höhere Anfahrspannung angelegt werden, da die Dioden ja Strom »fressen«. Damit verbunden ist jedoch eine Einschränkung des Regelbereichs am Fahrpult.

Eine interessante Möglichkeit für die Geschwindigkeitsreduzierung stellt die Verwendung eines »elektronischen Getriebes« dar (als Bausatz z.B. bei Elektronikversendern zu bekommen). Damit kann je nach Ausführung des Geräts (als Einbauteil z.B. von Uhlenbrock oder als externes Steuergerät z.B. von Völkner) eine loktypenbezogene Höchstgeschwindigkeit erreicht werden, andere Systeme erlauben nur eine allgemeine Geschwindigkeitsreduktion. Je nach System muss man an den Loks keine Veränderungen vornehmen. Ein elektronisches Getriebe schränkt jedoch den Regelbereich am Fahrgerät ein.

Die komfortabelste Möglichkeit zu vorbildähnlichem Fahrverhalten zu kommen, ist die Anschaffung eines digitalen Mehrzugsystems. Damit ist es möglich eine loktypenbezogene Geschwindigkeitseinstellung zu definieren. Eine Rangierlok wird dann immer

langsamer fahren als eine Schnellzugmaschine. Die Langsamfahreigenschaften werden grundlegend besser sein, und dennoch wird kein Drehmomentverlust zu beobachten sein, wenn man lastgeregelte Decoder nimmt. Die Rangierlok wird auch in langsamster Fahrt ihren Zug über die Weichenstraße ziehen, ohne an vorgesehener Geschwindigkeit zu verlieren. Die Schnellzuglok wird mit ihrem Zug auf der Gebirgsrampe genauso schnell fahren wie im Gefälle. Die Güterzugmaschine schleppt ihren 14-Wagen-Ganzzug über den Modell-Semmering genauso locker wie in der Ebene.
Das alles erkauft man sich um den Preis, dass möglicherweise nicht alle Lokomotiven wegen mangelnden Platzangebots digitalisiert werden, also mit einem Decoder versehen werden können. Das ist aber nur für manche Loks in der Baugröße Z der Fall, inzwischen gibt es für nahezu jeden Loktyp einen passenden Decoder. Vom Decodereinbau abgesehen müssen an den zur Temporeduzierung vorgesehenen Triebfahrzeugen keinerlei Änderungen vorgenommen werden.

7.9 Signale und ihre Bedeutung

Auch gilt wie schon bei der Vorstellung der verschiedenen Einsatzbereiche, dass es nicht möglich ist, die Vorbildgegebenheiten aufs Modell zu übertragen. Die realen Sicherheitsabstände sind z.B. viel zu groß für eine Modellnachgestaltung. Da sind Kompromisse nötig.
Man unterscheidet die Signale nach Form- und Lichtsignalen. Die Formsignale wurden vor allem bis zur Epoche III verwendet, doch in der Epoche V sind sie noch an einigen Nebenbahnen zu finden. Aber der eigentliche Signaltyp der Gegenwart sind die Lichtsignale. Der vorbildorientierte Modellbauer wird epochengerecht passende Signale auswählen. Trotzdem gilt: Warum kann der ICE nicht vor einem Formsignal anhalten? Wenn's schön aussieht?
Die Industrie bietet eine große Vielfalt an Form- und Lichtsignalen für alle gängigen Baugrößen an. Die Antriebsphilosophie unterscheidet sich jedoch: Es gibt Signale mit konventionellen Magnetspulenantrieben, die wir mit ihrer schlagartigen Bewegungscharakteristik von den Weichen her kennen. Die Firma Brawa betreibt ihre Formsignale mit dem so genannten Memorydraht. Dabei handelt es sich um ein spezielles Metall, das sich durch Erwärmung mittels Strom verändert und dabei das Formsignalbild schön langsam wechselt. Von Viessmann stammt die Technik, eine vorbildgetreu langsame Flügelbewegung mit-

Modernes Lichtsignal von Märklin.
Foto: Märklin

tels eines Stoßdämpfereffekts im inneren des doppelten Magnetspulenantriebs zu erreichen. Dafür sorgt ein Stelldraht, der durch Federkraft in einen Zylinder gedrückt bzw. wieder herausgezogen wird. Viessmann bietet einige seiner Signale auch als Bausatz an. Die Lichtsignale werden mit Relais gesteuert.
Das bestens bekannte Formhauptsignal mit nur einem Flügel zeigt die Bilder »Fahrt« oder »Stopp«. Es sichert als Ausfahr- oder Blocksignal an einem durchgehenden Gleis, da der Zug bei Grün zeigendem Signalbild ohne zu bremsen vorbeifahren darf.
Das Formsignal mit zwei gekoppelten Flügeln kann die Bilder »Langsamfahrt« oder »Stopp« zeigen. Es steht auf dem einmündenden Zweig einer Strecke und bedeutet bei Langsamfahrt zeigendem Bild für die Weiterfahrt eine Höchstgeschwindigkeit von 40 km/h an. Dieses Signal findet sich meist an Bahnhofsausfahrten, die nur über den abzweigenden Strang einer weiche befahren werden können.
Das Formsignal mit zwei ungekoppelten Flügeln kann drei Bilder zeigen; »Fahrt«, »Stopp« oder »Langsamfahrt«. In der Regel setzt sie das Vorbild als Einfahrsignale vor Weichenstraßen dort ein, wo die Fahrt über gerade wie über abzweigende Gleisstränge möglich ist.
Die in einigem Abstand folgenden Signalbilder werden dem Lokführer durch Vorsignale angezeigt. In entsprechender Funktion werden die modernen Lichtsignalvarianten verwendet.

7.10 Modellzeit

Wer viel Zeit und Mühe auf den Bau seiner Modellbahnanlage verwendet, der wird beim Spiel mit seiner Bahn einen Fahrplan gestalten und dann nach einer Uhr fahren wollen. Die Verwendung einer Echtzeituhr ist dafür aber nicht das Richtige, denn die Entfernungen auf unseren Anlagen sind zu kurz, um für die Fahrt in den Nachbarbahnhof eine nennenswerte Zeitspanne zu benötigen. Daher muss die Echtzeit gerafft werden.
Einige Modellbahner haben eine Uhr umgebaut. Nun vergeht eine Stunde z.B. in etwa sechs Minuten. Damit benötigt ein Eilzug, der 30 Sekunden Echtzeit auf einer Heimanlage unterwegs ist, fünf Minuten gedachte Modellzeit. Damit kann man schon einen Fahrplan aufstellen. Allerdings muss man bedenken, auf den Unterwegsbahnhöfen oftmals Rangieraufwand anfällt, z.B. soll ein Kurswagen abgekuppelt werden. Der Rangieraufwand zieht sich, dann kommt man rasch ins Gedränge und aus dem Spiel kann Stress werden. Ich habe meine Modellstunde inzwischen auf 15 Minuten festgelegt. Damit kann man herrlich nach Fahrplan spielen, ohne in allzu große Hektik zu verfallen. Als Modellzeituhr verwende ich mein Laptop mit einem Programm, das ich im Internet (Adresse: http://people.freenet.de/TT-Module/mzuhr.htm) gefunden habe. Heruntergeladen und aufs Laptop gespeichert, tut es schon vier Jahre hervorragende Dienste. Der Zeittakt ist im Verhältnis von 1:1 bis 10:1 in 0,1-Schritten veränderbar.
In Fachzeitschriften finden sich gelegentlich Umbauanleitungen bzw. Inserate von Anbietern gebrauchsfertiger Modellzeituhren.

7.11 Betriebsalltag

Vorausgesetzt die Anlage ist soweit fertig, obgleich es fraglich ist, ob man im Zusammenhang mit einer Modellbahn überhaupt von solch einem Zustand sprechen kann. Denn die meisten Hobbykollegen schätzen an ihrer heimischen Anlage, dass sie eben

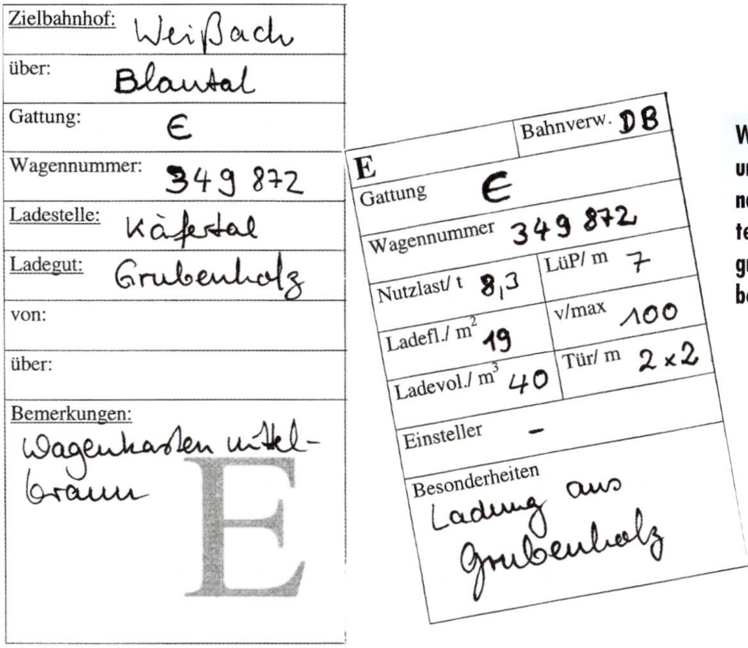

Zielbahnhof: Weißbach
über: Blautal
Gattung: E
Wagennummer: 349 872
Ladestelle: Käfertal
Ladegut: Grubenholz
von:
über:
Bemerkungen: Wagenkasten mittel-braun
E

E
Bahnverw. DB
Gattung E
Wagennummer 349 872
Nutzlast/ t 8,3
LüP/ m 7
Ladefl./ m^2 19
v/max 100
Ladevol./ m^3 40
Tür/ m 2 x 2
Einsteller -
Besonderheiten Ladung aus Grubenholz

Wagenkarte (rechts) und Frachtzettel (links) nach dem Wagenkartensystem, wie es bei großen Modultreffen benutzt wird.

nie ganz fertig ist. Ständig gibt es etwas zu verändern oder das Werkzeug beiseite geräumt. Doch wenn sie dennoch eine Art von fertigem Zustand erreicht haben sollte, so fragen wir uns, was fangen wir nun an?
Der eine wird nun daran gehen, die Modellbahnlandschaft zu verfeinern. Der andere möchte die Technik seiner Anlage verbessern. Der dritte aber geht daran, die Fahrmöglichkeiten auf seiner Modellbahn zu erkunden. Er beginnt erst dann wieder zu bauen, wenn er Planungsfehler beseitigt, die ihm beim Fahren mit der Bahn unweigerlich auffallen werden.

Das Wagenkartensystem

Eine interessante Möglichkeit, mit seiner Bahn zu fahren und die Verkehrsidee der Wirklichkeit abzuspiegeln, stellt das Wagenkartensystem dar. Es ist in den USA entstanden, wird in Deutschland v. a. vom Fremo (Freundeskreis europäischer Modellbahnen) angewandt und ermöglicht einen abwechslungsreichen Fahrbetrieb. Natürlich ist nur für denjenigen empfehlenswert, der bei seiner Eisenbahn den Schwerpunkt auf den Güterverkehr legt.
Die anfallenden Wagenumläufe werden in Form von Frachtzetteln und Wagenkarten dokumentiert, denn nur auf diese Weise lässt sich das Rangiergeschäft nachvollziehbar gestalten. Dabei werden Karten (Zettel) verwendet, auf die zuvor alle notwendigen Angaben für den Betrieb eingetragen wurden. Zu jedem Güterwagen gehören nämlich zwei Karten. Zu Beginn eines Betriebsspiels werden diese beiden Karten in eine Trägerkarte mit zwei Fächern (gibt es z.B. im Fotobedarf) eingesteckt. Die Wagenkarte identifiziert das Fahrzeugmodell (mit Angabe zur Gattung, Aussehen, Maßen und Verwendungsmöglichkeiten usw.) und bleibt ständig an ihrem ursprünglichen Einsteckort. Der Frachtzettel beschreibt die auszuführende Aufgabe (z.B. Transport von Stückgut von Bahnhof A nach Bahnhof B, der Zielbahnhof wird dabei farbig hervorgehoben, etwa durch einen Streifen farbiges Klebeband) und den Zielpunkt des Wagenlaufs. Nach dem Erledigen der Fahraufgabe wird er aus der Trägerkarte entfernt.

Bevor es losgeht, werden die Waggons »bezettelt«, jeder Wagen erhält in die Trägerkarte neben seine ausgefüllte Wagenkarte einen Frachtzettel eingesteckt. Mithilfe der Frachtzettel wird nun begonnen, das zur Erledigung des Fahrauftrags notwendige Rangiergeschäft zu erledigen. Anschließend fährt der zusammengestellte Zug bis zum nächsten Bahnhof über die Strecke, die Frachtzettel werden mitgenommen.
In der nächsten Station informiert man sich über die mitzunehmenden und abzusetzenden Wagen nach den Angaben im Frachtzettel. Zusammen mit dem dortigen »Stationsvorsteher« bespricht man dann das Rangierprogramm und bildet den Zug um. Daraufhin tauschen der »Stationsvorsteher« und der »Zugbegleiter« die Karten der Waggons aus, die vom Nahgüterzug im Bahnhof verbleiben bzw. vom Bahnhof in den weiter fahrenden Nahgüterzug übergegangen sind. Am Endpunkt der Bahnlinie, dort, wo der Nahgüterzug endet, überprüft das Personal des Nahgüterzugs, ob alle Waggons und Wagenkarten zueinander passen und keine »Falschläufer« im Zugverband sind. Die Waggons werden nun von einer Rangierlok an ihre Zielorte verteilt.

7.12 Fahrzeugpflege

In einem Modellbahnladen wurde ich einmal Zeuge, wie ein Hobbykollege seine offenbar erst kürzlich erstandene Lokomotive zurückbrachte. Sie würde, obwohl nagelneu, nicht fahren und daran wäre nur diese vermaledeite Schwärzung der Räder schuld. Wenn er sich die Räder anschaue, so könnte er feststellen, dass sich die Schwärzung der Räder durch den Stromdurchfluss zersetze und zu einer nicht leitenden Schicht verändere. Nur mit roher Gewalt könne er den Dreck wieder runter kriegen.
Was war geschehen? Seit etwa Mitte der 1990er-Jahre gingen die Modellbahnhersteller dazu über, die Radsätze ihrer Lokomotiven zu brünieren oder sagen wir besser »schwarzvernickeln«. Die Schwärzung der Radsätze diente dem Zweck, die überdimensionierten Räder optisch schmäler ausfallen zu lassen, was gewiss nachvollziehbar erscheint. Bei der Schwärzung handelt es sich chemisch gesehen um eine Oxidschicht, die die Leitfähigkeit des Radsatzmetalls in sehr geringem Maß herabsetzt. Soweit die Fakten. In der Praxis scheint sich die Schwärzung aber höchst unterschiedlich auszuwirken: Die einen schimpfen lauthals über diesen »Unsinn«, der ihre Fahrzeuge stehen bleiben lässt. Die anderen sind von der Optik ihrer Fahrzeuge nun sehr angetan und haben absolut keine Kontaktprobleme. Was stimmt denn nun?
Da ich ebenfalls einige Lokomotiven mit geschwärzten Radsätzen besitze, habe ich mal auf meiner Anlage Vergleichsfahrten mit Loks ohne schwarzvernickelte Räder unternommen. Dabei konnte ich keinerlei Unterschiede im Fahrverhalten feststellen. Die Stromabnahme ist nicht beeinträchtigt. Allerdings achte ich auf stets saubere Gleise, da m. E. nur das einen einwandfreien Betrieb garantiert. Das Problem der kontaktscheuen Fahrzeuge mit schwarzvernickelte Rädern scheint mir nur auf Anlagen mit verschmutzten Gleisen vorzukommen. Das Problem stellt also nicht die Schwarzvernickelung, sondern der Dreck auf den Laufflächen der Räder und der Gleise dar.
Der gut gemeinte Tipp einiger Zeitgenossen, die Schwarzvernickelung mittels Schleifklotz und Schmirgelleinen zu entfernen, bringt nichts außer Arbeit und dem Schaden an den Rädern, denn einen ganz kleinen Teil der Radsätze schmirgelt man ja weg. Besser ist es, die Gleise sauber zu halten.
Das A und O eines befriedigenden Modellbahnspiels sind gut funktionierende Loko-

Gerade bei der kleinen Baugröße wie hier N ist eine gute Pflege der Kontaktflächen Voraussetzung für einen reibungslosen Betrieb.

motiven. Und dafür kann der Modellbahner einiges beitragen, beispielsweise ganz einfach die Radsätze reinigen.
Nach eines langen Tages Müh' und Plag' dreht man entspannt am Regler, die Lok fährt los und macht sich auf die mehr oder weniger lange Strecke in den Nachbarbahnhof. Der Modellbahner will sich noch weitaus entspannter zurücklehnen, da beginnt der Zug unvermittelt zu ruckeln. Plötzlich steht er. Wild entschlossen wird der Fahrregler weit aufgerissen, nichts tut sich. Der erste Fluch, mit der Entspannung ist's vorbei. Das Zügle wird mit den Fingern angeschubst, widerwillig setzt es sich wieder in Bewegung und steht gleich darauf schon wieder. Ein wüster Fluch folgt. Die Anschubserei per Finger bringt plötzlich nichts mehr, das Zügle steht und will nicht mehr, stärkere Flüche folgen.
Jetzt geht man mal davon aus, dass das hier verwendete Gleis sauber ist und auch die Stromzuführung zur Anlage nicht unterbrochen ist. Dann heißt's die Lok nehmen und die Radsätze putzen. Der allgegenwärtige Staub, der Abrieb von den Haftreifen der Maschinen sowie Schmiermittelrückstände an den Rädern der Triebfahrzeuge können eine sichere Stromabnahme verhindern. Schließlich entsteht eine solche Verschmutzung einfach durch den Fahrbetrieb der Loks, denn auch im Maßstab 1:87, 1:120 oder noch kleiner rollt »Eisen auf Eisen« mit entsprechendem Abrieb...
Der zum Vortrieb unserer Gleichstrom-Lok notwendige Strom legt nämlich einen langen Weg zurück. Vom Gleis fließt er über die Laufflächen der Räder zu den Stromabnahmeschleifern und von dort gelangt er zum Motor. Das Problem dabei stellen die Übergangsstellen dar, also dort, wo der Strom ein bestimmtes Material verlässt und auf ein anders übergeht, beispielsweise am Rad auf die Stromabnahmeschleifer. Jede solche Übergangsstelle besitzt einen bestimmten Übergangswiderstand, deren Gesamtheit zu Spannungsverlusten führen können. Bei starken Verschmutzungen sind die Verluste ebenfalls hoch.
Um die Räder einer solchen Lok zu reinigen, löst man erst mal das Gehäuse und legt es beiseite. Die heute hoch detaillierten Lokaufbauten könnten ansonsten Schaden nehmen. Nun scheiden sich die Geister: Die einen betten das Chassis nun rücklings in

Meine selbst gebaute Lokreinigungsstation. Mit in Spiritus getauchten Q-Tipps reinigt man die über zwei Kabel mit Strom versorgten und sich drehenden Radsätze.

eine Schaumstoff-Lokliege (»Loli«), die in Fachgeschäften zu erwerben sind. Doch vorsicht, die Beschädigungsgefahr der Lok ist in solch einer Liege immer noch hoch. Denn oftmals liegen nach Demontage des Gehäuses Zahnräder und/oder Ritzel frei. Wenn ich jetzt die Radsätze reinigen will, gebe ich Strom auf die Räder, damit sie sich drehen. Natürlich drehen sich dann die Zahnräder mit und fressen sich im ungünstigsten Fall in den Schaumstoff hinein. Den Kunststoff dann wieder aus den Zahnrädern rauszuzupfen gehört nicht zu meinen bevorzugten Freizeitaktivitäten. Zudem lastet bisweilen das Gesamtgewicht einer rücklings in der Loli liegenden Maschine auf einem evt. eingebauten Decoder oder einem Kunststofflichtleiter. Im ungünstigsten Fall kann ein Schaden auftreten.

Aus Schaden wird man manchmal klug. Daher habe ich mir eine andere Loli gebaut: Im Prinzip sind es nur zwei Holz- oder Metallwinkel, die in einem veränderbaren Abstand zueinander aufgestellt werden. Dieser Abstand ist von der Länge über Puffer der infrage kommenden Lok abhängig. Mit den Puffern lege ich dann die Lok rücklings auf meine Winkel. Eine Beschädigung irgendwelcher An- oder Einbauten ist dann ausgeschlossen.

Nun versorgt man den Motor mit Strom, z.B. über Krokodilklemmen, die es im Elektronikfachhandel gibt. Einfache Modellbahnstecker tun es aber auch, wenn man es schafft, sie mit dem Motor zu verbinden. Leichter ist es, die beiden Stromversorgungslitzen abzuisolieren und an die Pole des Motors anzuschließen. Auf die sich drehenden Räder drücke ich nun Wattestäbchen, die zuvor mit Spiritus getränkt wurden. Dabei ist darauf zu achten, dass man genau in den Winkel zwischen Spurkranz und Lauffläche kommt, denn dort sammelt sich erfahrungsgemäß am meisten Schmutz an. Gleich kann man sehen, wie das Weiß der Stäbchen grau wird, sie haben bereits Schmutz von den Radlaufflächen aufgenommen. Spiritus ist im Übrigen ein sehr empfehlenswerter Reiniger: Er löst Fette, greift die bei Modellbahnen verwendeten Kunststoffe und Lacke nicht an und verdunstet rückstandsfrei. Trotzdem sollte man die Dämpfe möglichst wenig einatmen. So mancher erfahrene Schmutzlöser schwört auf die beim Fachhändler vorrätigen Reinigungsöle. Mal vom Preis abgesehen erfüllen diese Mittel sicher hervorragend ihren Zweck, aber sie hinterlassen bisweilen einen leichten Fettfilm auf den behandelten Radsätzen. Daher muss dann wieder mit Spiritus nachgearbeitet werden.

Manchmal staunt man nicht schlecht, wie viel Schmutz die Wattestäbchen von den Radsätzen nehmen können. Hat man das Gefühl, dass ein Rad noch nicht ganz sauber ist, wiederholt man die Prozedur, bis sich das Wattestäbchen nicht mehr färbt. Empfehlenswert ist es, die Drehrichtung der zu reinigenden Räder auch mal zu wechseln. Übrigens sollte man beim Einsatz der Wattestäbchen darauf achten, dass keine Watteflusen vom Stäbchen ins Getriebe der Lok geraten können. Gegebenenfalls zupft man den Kopf des Stäbchens ein bisschen aus.

Der von verschiedenen Herstellern angebotene Gummischleifklotz ist ein einfaches, aber wirkungsvolles Reinigungsgerät für fest sitzenden Schmutz auf Schienen und Radsätzen.

Nicht angetrieben Achsen müssen zum Reinigen von Hand gedreht werden. Wenn man seine Reinigungsstation mit einem konventionellen Trafo betreibt, um die Radsätze zu bewegen, kann man mit digitalen Loks Probleme kriegen, besonders, wenn deren Decoder nicht das Fahrsignal des analogen Betriebs verstehen. Man sollte daher bei allen Decodern, die dies ermöglichen (siehe Beipackzettel des Decoders), die analoge Betriebsart einstellen, sonst gibt's beim Reinigen lange Gesichter, weil die Lok nicht auf das Drehen des Trafoknopfs anspricht.

Wer jetzt die Radsätze fein säuberlich gereinigt hat, kann sich noch den Radschleifern seiner Lok widmen. Am Übergang vom Rad zu den Stromabnahmefedern sammelt sich nämlich Staub, Fusseln und Abrieb an, die es mit einer Pinzette und den bekannten Wattestäbchen und Spiritus zu entfernen gilt. Bei E-Loks oder Dieselmaschinen ist es bisweilen möglich, die Radsätze mitsamt den Schleiffedern beschädigungsfrei auszubauen (siehe Bedienungsanleitung der betreffenden Maschine). Dann gestaltet sich die Putzarbeit wesentlich einfacher und auch gründlicher.

Bei Dampfloks bedeutet eine solche Reinigung eine aufwändige Fummelei am Gestänge, die nicht jedermanns Sache ist. In diesem Fall behilft man sich mit einem dünnen Blech, um das man festes, nicht fusselndes Papier wickelt und in Spiritus tränkt. Damit fährt man wiederholt zwischen Schleifer und Rad, bis der Schmutz aufgenommen und beseitigt ist. Einen guten Tipp zur Schleiferreinigung bei Dampfloks habe ich beim Urlaub in Österreich bekommen: Man schneidet ein dünnes Stückchen vom bekannten Gummischleifklotz (von Roco oder Fleischmann) ab und fährt vorsichtig zwischen Schleifer und Rad. Das habe ich ausprobiert und kann das gute Ergebnis bestätigen. Allerdings sieht mein Gummischleifklotz zur Schienenreinigung jetzt etwas mitgenommen aus.

Abschließend kontrolliert man noch den Federdruck der Radschleifer und korrigiert ihn, wenn nötig, mit einer Pinzette, die eine flachen, fest schließenden Kopf haben sollte. Dabei wird das Blech um gut zwei Millimeter über seine ursprüngliche Ruhela-

ge hinausgebogen. Das relative weiche Kupferblech, aus dem die Stromabnahmefedern bestehen, kann nämlich im Laufe der Zeit erlahmen und hängt dann buchstäblich in der Luft. Und um den Kontakt ist es dann schlecht bestellt. Wer das Blech des Schleifers etwas zu weit gebogen hat, kann dies durch leichtes Zurückbiegen wieder beschädigungsfrei beheben.
Ganz zum Schluss der Reinigungsarbeiten kann man noch die beweglichen Teile schmieren. Ganz wichtig ist es dabei, im Fahrwerksbereich keine allzu dünnflüssigen

Praxistipp Putzkolonne der Modellbahnhersteller

Die Industrie bietet für die Reinigung der Gleise eine regelrechte Putzkolonne an, hier eine Auswahl: Da wären zum einen die so genannten Reinigungsloks zu nennen. Das sind selbst fahrende Maschinen mit einer eingebauten Putzeinrichtung. Eine BR 218 hat z.B. Fleischmann für H0 im Programm, in der Baugröße N bieten die Nürnberger eine E-Lok an. Die Loks haben rotierende Polierscheiben, die bei der Fahrt die Gleise wischen. Auch die japanische Firma Tomix hat ein solches Gefährt im Angebot.
Eine andere Putztruppe umfasst die so genannten Schienenreinigungswaggons. Von Roco gibt es so ein Fahrzeug für die Baugrößen H0 und N: Der bekannte Gummischleifklotz ist am Wagenboden derart aufgehängt, dass man mit diesem Putzgefährt regelmäßig die Gleise abfahren kann. Ganz neu auf dem Markt ist auch ein solches Fahrzeug mit Schleifeinsätzen von Trix für H0. Noch offeriert zu diesem Zweck die Reinigungszwerge genannten Putzlinge, die einfach auf die H0-Waggonachsen gesteckt werden und dabei die Gleise reinigen. Ebenfalls einen Reinigungswaggon für H0, N und Z bietet Herkat an. Dieses Produkt besitzt jedoch einen mit Reinigungsflüssigkeit zu tränkenden Filz.
Eine schon recht beeindruckende Lösung ist im Angebot von Lux zu finden. Einen regelrechten Gleisstaubsauger mit eigener Energieversorgung rollt über die Anlage und saugt dabei allerlei losen Staub und andere Krümel auf. Er löst jedoch keine Beläge auf dem Gleis.
Ebenfalls von Noch stammt der Hochfrequenz-Gleisreiniger, ein Gerät, das nur (!) auf analogen Anlagen eingesetzt werden kann. Er wird zwischen Gleis und Fahrregler installiert. Eine kleine Lampe zeigt die Betriebsbereitschaft an. Beim Einsatz des ersten Zugs erlischt die Lampe und flackert erst wieder, wenn die Zug über eine verschmutzte Stelle fährt. Das Flackern zeigt dann so zu sagen den Reinigungseffekt an. Jedes Mal wenn nämlich eine Lok über eine Schmutzstelle fährt, verringert sich die Stromaufnahme der betreffenden Maschine. Dies bemerkt der Gleisreiniger und schickt ein hoch frequentes Signal auf die Schienen. Der Schmutz wird dann regelrecht abgesprengt. Das Gerät zeigt im Dauerbetrieb, was es kann, damit gelingt die Sauberhaltung der Schienen. Schade, dass es nicht auf digitalen Anlagen funktioniert, aber es könnten Decoder in den Loks zerstört werden.

Schienenreinigungswaggons sind im Prinzip einfach im Zug einzusetzende Putzhilfen, allerdings haben sie mitunter einen beträchtlichen Reibungswiderstand, der schwachbrüstige Loks überfordern kann.

Öle zu verwenden. Sie würden nämlich beim Fahrbetrieb gleich wieder weggeschleudert werden. Für die Lagerstellen der Dampflokgestänge und für die Achsen der Radsätze verwendet man Spezialfette aus dem Fachhandel.
Nicht zu vergessen sind die Waggons. Sie rollen oft jahrelang auf der Anlage herum und sammeln auf den Laufflächen der Räder eine Menge Schmutz an. Doch weil sie nur selten für Funktionen herangezogen werden wie Schluss- oder Innenbeleuchtung bemerkt man ihren Verschmutzungsgrad nur selten. Doch das Problem ist ja, dass diese Fahrzeuge genauso viel auf dem Gleis rollen wie die Triebfahrzeuge und dabei ihren angesammelten Schmutz gleichmäßig über die Schienen verteilen. Drum sind auch die Waggonräder in bestimmten Abständen, abhängig von ihrer Einsatzzeit, zu reinigen. Dazu benutze ich das schon erwähnten Wattestäbchen, das zuvor in Spiritus getränkt wurde. Damit schrubbt man die Laufflächen der Räder ab. Bei stärkeren Verschmutzungen verwende ich Schmirgelleinen oder den Gummischleifklotz von Roco oder Fleischmann.
Nicht zu vergessen ist der Klassiker der Schienenreinigung: Ein mit Spiritus oder Trix-Modellbahnfluid oder dem Schienenreinigungsmittel SRK 24 getränkter nicht fusselnder Fetzen und die eigene Hand. Damit kann man auch den bombenfest sitzenden Schmutz beseitigen. Wo man nicht hinkommt, schickt man die oben genannten Reinigungsfahrzeuge hin oder schiebt mittels eines stabilen Hölzchens als Verlängerung des eigenen Arms den getränkten Lappen in eine Tunnelstrecke z.B. Abschließend noch ein Hinweis: Gelegentlich kann man lesen, das zur Gleis- und Radsatzreinigung Waschbenzin empfohlen wird. Ich habe damit aber nur schlechte Erfahrungen gemacht. Das Waschbenzin löst zwar hartnäckigen Schmutz, beseitigt gleichzeitig aber auch den für die einwandfreie Leiteigenschaft des Gleises notwendigen hauchdünnen Ölfilm. Wenn jetzt eine Lok auf einem solchermaßen behandelten Gleis Funken zieht, so erzeugt das regelrechte Brandstellen auf dem Gleis und beschädigt es auf lange Sicht. Mit den genannten Reinigungsmitteln trat dieser Effekt noch nie auf.

7.13 Abschmieren der Triebfahrzeuge

Für den reibungslosen Betrieb der Lokomotiven und Triebwagen ist nicht nur eine regelmäßige Reinigung zweckmäßig, sondern auch das dosierte Schmieren der beweglichen Teile der Maschine. Wenn die Lok nur noch geräuschvoll ihrer Tätigkeit nachgeht oder sichtbar widerwillig fährt, kann ein Tröpfchen Schmiermittel Wunder tun.
Alle Flächen, die im Modellbahnbereich eine Rolle spielen, sind, mikroskopisch betrachtet, rau. Wenn nun zwei solche Flächen aufeinander reiben, sollte diese Rauigkeit möglichst gering sein, um nicht zuviel Bewegungsenergie durch Reibung zu verlieren oder gar die Abnutzung zu beschleunigen. Man schränkt diese Verluste bzw. Abnutzung durch die Verwendung geeigneter Schmiermittel ein, beim Vorbild wie beim Modell. Die Schmierstoffe gestatten es, die genannten Flächen mit nahezu keiner Reibung aufeinander gleiten zu lasen.
Zugleich besitzen diese Schmierstoffe die Eigenschaft, andere Stoffe aufzunehmen. Das ist besonders wichtig im Hinblick auf den Materialabrieb. Beispielsweise bei Getrieben aus Metall fällt mit der Zeit winzig kleiner Metallabrieb an, der vom Schmierstoff aufgenommen und abgeführt wird. Das ursprünglich hellbraun-klare Material ist dann meist schwärzlich verfärbt, das ruhrt vom Metallabrieb her. Daher muss der Schmierstoff von Zeit zu Zeit erneuert bzw. ausgetauscht werden.

Handelsübliche Fette und Öle dürften für die normalen Betriebsanforderungen in Modelbahnfahrzeugen ausreichen.

Nun schmiert man sein Modell aber nicht einfach mit irgendeinem Öl voll. Im Fachhandel gibt es spezielle Schmiermittel, die von den Modellbahnherstellern empfohlen werden und die Funktionsfähigkeit ihrer Modelle garantieren. Nicht verwenden sollte man Fette, die im Haushalt verwendet werden, wie Kettenfett, Margarine oder gar Salatöl. Zu empfehlen ist Nähmaschinenöl bzw. Modellbahnöl, die beide säurefrei sind. Gallertartige Spezialfette werden zudem von vielen Modellbahnherstellern angeboten.

Welches Schmiermittel man einsetzt, hängt von der Beanspruchung des zu schmierenden Teils ab. Das Problem ist nun, dass das Schmiermittel nicht allzu lange haften bleibt. Denn durch die Bewegung bestimmter Teile wie die Steuerung oder die Achsen wird das Schmiermittel oft rasch wieder weg geschleudert.

Im Fahrwerksbereich verbieten sich daher alle dünnflüssigen Schmierstoffe von alleine. Denn das darauf haftende Öl würde beim Einsetzen der Bewegung sofort weit weg fliegen. Für die Achslager im Fahrwerk wird es oftmals aber keine andere Möglichkeit geben, da man da zumindest bei Dampfloks nicht oder nur sehr schwer rankommt. Wer möchte schon die Radsätze seiner Dampfer demontieren? Wo es möglich erscheint, sollte man mit Fett arbeiten. Es haftet besser als Öl und kann das Maschinchen nicht so schnell überfluten wie ein zuviel gegebenes Öl. Mit einer Nadel gibt man bei Dampfloks etwas Öl in die Achslagerstelle. Es wird von alleine hineinlaufen. Wenn kein Schmiermittel mehr hineinsickert, entfernt man das überschüssige Öl mittels Wattestäbchen. Bei allen anderen Triebfahrzeugen versucht man an die Achslager so gut wie möglich heranzukommen. Bei manchen Konstruktionen sind die Radsätze ausbaubar. In diesem Fall ist ein optimales Schmierergebnis mit Fett möglich.

Generell gilt, dass man alle zu schmierenden Stellen so gut wie möglich zugänglich machen sollte. Auf frei liegende, trocken laufende Wellenenden und kreischende Motorlager kann man mit einer Nadel ein winziges Tröpfchen Fett geben. Öl verbietet sich am Motorlager, weil ein zuviel des Schmierstoffs den Kollektor des Motors verschmutzen kann. Man gibt solange etwas Fett auf das Motorlager und lässt es durch Drehen des Motors einziehen, bis das kreischende Geräusch aufhört. Das Getriebe wird bei laufendem Motor mit Fett versehen, und zwar so lange, bis die Geräusche nachlassen oder ganz verstummen.

Praxistipp Molybdändisulfid

Ein Geheimmittelchen möchte ich abschließend noch empfehlen. Die hoch belasteten Schnecken und andere ähnlich beanspruchte Bauteile schmiere ich seit einem entsprechenden Hinweis in einer Modellbahnzeitschrift mit Molybdändisulfid (MoS_2; wie z.B. das auch in kleinen Mengen im Autozubehörhandel erhältliche Liquy Moly). Dieses Schmiermittel wurde für besonders hoch belastete Gleit- und Lagerstellen bei Maschinen entwickelt. Es wird mit einer Nadel dosiert auf Schneckenwelle, Zahnräder und Lager gegeben. Das Molybdändisulfid besitzt die Eigenschaft, sich im Laufe der Zeit auf das mit ihm behandelte Material regelrecht aufzulaminieren. Dadurch sichert dieses Mittel beste Notlaufeigenschaften, wenn einmal das Schmiermittel allzu lange nicht erneuert worden ist und keine vernünftige Schmierung mehr gestattet.

Der Lohn für konsequentes Putzen und pflegen: Reibungsloser Betrieb mit den Modellbahnfahrzeugen, der wirklich Spaß macht. Foto: Fleischmann

8. Farbgebung

Lokomotivmodell in Epoche-IV-Ausführung. Die Beschriftungen sind teilweise so fein aufgedruckt, dass sie selbst noch mit der Lupe lesbar sind.

der Modelle

Neben einem guten Antriebskonzept ist die Farbgebung eines der wichtigsten Kriterien für ein überzeugendes Modell. Das Vorbild legt die in Frage kommenden Farbtöne durch Vorschriften fest und achtet auf eine beschränkte Farbauswahl, um die Palette nicht überborden zu lassen. Heute werden die Farben mit Hilfe der Nummern aus dem RAL-Register (= Reichsausschuss für Lieferbedingungen) bestimmt.

Eine in Farbgeschäften erhältliche RAL-Farbkarte. Sie gestattet das Anmischen bzw. den Erwerb bestimmter Vorbildfarben für die Verwendung auf der Modellbahn, z.B. zum Lackieren.

8.1 Farbkarten

Schon die Länderbahnen achteten auf eine übersichtliche Farbvorschrift und nahmen die Lacke in ihre Anstrichverordnungen auf. Allerdings sind diese Verordnungen heute teilweise verschollen, sodass speziell bei Länderbahnfahrzeugen die Lackierungen oft heftig umstritten sind. Man bedient sich dabei alter Fotos und orientiert sich an den Hell-Dunkel-Abstufungen der dargestellten Fahrzeuge, um möglichst nahe an die Originalfarben zu kommen. Allein die Festlegung von Lackierungen an einem Länderbahnmodell kann dabei zu einer detektivischen Sucharbeit in Archiven werden, die sich nachher natürlich auch im Preis des Modells niederschlägt. Oftmals konnte ich Zeuge davon werden, wie sich Hobbykollegen beim Fachhändler über den ihrer Meinung nach falschen Farbton eines Länderbahnmodells ereiferten. Bei aller teilweise auch berechtigten Kritik muss man zuerst einmal wissen, welche Originallackierung das Vorbildfahrzeug trug. Und das ist eben nicht immer ganz gesichert.

Die am 1. April 1920 als Nachfolger der Länderbahnen gegründeten Reichseisenbahnen nahm die von ihr verwendeten Farben des RAL in eine so genannte Farbkarte auf. Dies ermöglichte eine kostengünstige Lagerhaltung bzw. Beschaffung. Die Verwendung der authentischen Lacke durch die Modellbahnhersteller sichert das farbliche Zusammenpassen von Fahrzeugen. Andernfalls sieht's halt schon merkwürdig aus, wenn zwei E 03 im Bw nebeneinander stehen und jede ein anderes Beige/Weinrot zeigt. In der Praxis ergeben sich jedoch geringe Farbunterschiede, die aus der speziellen Beschaffenheit der verwendeten Materialien (Metall, Kunststoff) herrühren.

8.2 Beschriftung

Viele Modellbahner erwarten heute bei einem Modell eine inhaltlich richtige, farblich korrekte, exakt platzierte und vollständige Beschriftung. Das ist eine vergleichsweise junge Errungenschaft, denn selbst in den 1990er-Jahren war dies noch nicht selbstverständlich. Und genau genommen, kann sie es auch heute noch nicht sein. Denn, wie oben gesagt, um eine korrekte Beschriftung aufbringen zu können, muss man erst mal die entsprechenden Informationen haben, und an die zu kommen ist nicht immer einfach. Zudem kostet eine solche aufwändig zustande gekommene Beschriftung Geld,

Beschriftung auf einem Güterwagen nach einem Vorbild der Epoche I. Neben der Schreibweise ist auch auf die epochentypische Ziffernformgebung zu achten.

das sich im Preis des Modells niederschlägt. Es ist oftmals beschämend, wie sich manche Hobbykollegen beim Händler aufführen: Alles am Modell muss perfekt sein, doch der Preis ist zu hoch. Hier haben wir Modelleisenbahner uns selbst in eine Sackgasse geführt. Die, wie ich finde, teilweise übertriebenen Forderungen nach perfekter Lackierung und Beschriftung haben eben nicht nur entsprechende Modelle, sondern auch die dazu passenden Preise erzeugt.

Wer seine Fahrzeuge mit speziellen Beschriftungen herausputzen will oder eine besondere Epochenvariante nachbilden will, findet dazu in den Programmen von Beschriftungsherstellern eine große Auswahl. Eine umfängliche Literatur stellt viele Informationen zur richtigen Farbgebung von Modellen bereit.

8.3 Zurüsten, Patinieren und Lackieren

Das merkwürdige an einem Hobby ist, dass es von einem regelrecht Besitz ergreift. Das merkt man aber immer erst hinterher, und dann ist's zu spät, um noch die Flucht zu schaffen. So ist es auch mit der Modell-

Beispiel für Farbkarte; E-Lokfarben bei der DRG um 1935

Anwendungsbereich	Farbton	RAL-Nummer
Verkleidungsbleche	blaugrau	7018
Dach und Stromabnehmer	Alueisenglimmerfarbe	-
Rahmen, Puffer usw.	schwarz	9005
Radsterne	rot	3000
Außenschilder (Schrift)	gelb	1007
Außenschilder (Basis)	schwarz	9005
Buchstaben V und H	weiß	9002

1939 gab es eine Farbumstellung bei den Personenwagen von RAL 6008 (braungrün) auf RAL 6007 (flaschengrün)

Beispiel für Farbkarte; Lackierungsvorschriften bei der DB und DR um ca. 1993

Anwendungsbereich	Farbton	RAL-Nummer
Dienstfahrzeuge	goldgelb	1004
Kennzeichnung 1. Klasse	verkehrsgelb	1023
Kennzeichnung Druckgaskesselwagen	pastellorange	2003
Fensterband S-Bahn	lachsorange	2012
Loks	orientrot	3031
Begleitstreifen ICE- und IC-Wagen	pastellviolett	4009
Fensterband IR-Wagen	fernblau	5023
Begleitstreifen IR-Wagen	pastellblau	5024
Fensterband Nahverkehrswagen	minttürkis	6033
Begleitstreifen Nahverkehrswagen	pastelltürkis	6034
Diesellokdächer	umbragrau	7022
Behälter- und Kühlwagen	kieselgrau	7032
Kontrastflächen der Loks	lichtgrau	7035
Dächer u. Fensterrahmen der Reisezugwagen	fenstergrau	7040
Güterwagen	rotbraun	8012
Lokuntergestelle, Lüfterbänder, Drehgestelle	mahagonibraun	8016
Anschriften	verkehrsweiß	9016

Die besten Vorlagen liefert immer noch das Vorbild selbst. An diesem uralten Güterwagen gleicht kein Brett farblich dem anderen. Das ist wirklich Phantasie bei der Umsetzung ins Modell gefragt.

bahnerei. Sie entwickelt bisweilen eine Eigendynamik, und die besteht darin, dass man schon bald kein blutiger Anfänger mehr ist, sonder rasch beginnt, eigene Zielsetzungen zu entwickeln.
Unter Umständen wird man mit den Modellen, so wie sie aus der Packung kommen, nicht mehr zufrieden sein. Denn diese sind ja immer ein Kompromiss aus Funktionalität und für den Spielbetrieb verwendbarer Konstruktion. Daher fallen viele Details dicker aus, als es dem Maßstab zufolge sein müsste. Manche Teile sind auch gleich ganz weggelassen. »Nun«, sagt sich so mancher, »was stört's mich?«. Da rate ich zum Abwarten. Wer zum ersten Mal ein Modell ganz individuell gestaltet und damit verschönert hat, eröffnet sich damit quasi ein neues Reich, eine neue Dimension der Modellbahnerei.
Es gibt spezialisierte Unternehmen, die Anbauteile liefern, sie inserieren in den Fachzeitschriften. Ihre Zurüstsätze sind nach Schwierigkeitsgraden geordnet, sodass man sich als Anfänger nicht zuviel zutrauen muss.
Eine weitere Möglichkeit, zu seinem individuellen Modell zu kommen, besteht im Patinieren. Wer hohe Vorbildtreue anstrebt, altert nicht nur seine Gebäude, sondern versieht auch seine Loks und Waggons mit dem »Zahn der Zeit«, will sagen: mit Farbe. Allerdings sei darauf hingewiesen, das solcherart behandelte Modelle an Wert verlieren, das mag ja für den einen oder anderen wichtig sein.

8.3.1 Werkzeuge zum Altern und Lackieren

Zum Altern und Lackieren nötigt man zunächst eine Palette an feinen Pinseln (Größe 00, 0, 1, 2, 3 und 4) mit – ganz wichtig - feiner Spitze. Alte, ausgefranste Pinsel ermöglichen kein sauberes Ergebnis. Dann eine Flasche Pinselreiniger, vorzugsweise in umweltfreundlicher Ausführung. Und schließlich Lack. Das sind Lösungen nicht flüchtiger Stoffe in bestimmten, vorzugsweise organischen Lösungsmitteln. Seit einigen Jahren gibt es aber auch Lacke mit Wasser als Lösungsmittel. Ein solcher flüchtiger Stoff ist in der Lage, auf dem mit ihm bestrichenen Objekt einen Film zu bilden.
Eine Lackfarbe besteht aus einem Bindemittel, aus Pigmenten sowie Lösungsmittel. Das Bindemittel sichert die Bildung des Lackfilms. Von ihm hängen auch der Glanz des Endprodukts sowie dessen Beständigkeit ab. Von den Pigmenten des Lacks hängen wichtige Eigenschaften wie Deckkraft, Füllkraft und Farbgebung ab. Das Lösungsmittel fungiert in erste Linie als Verdünnungsmittel und stellt die Verarbeitungskonsistenz des Lacks her. Von ihm hängt auch die Antrocknung und die Fließfähigkeit des Lackauftrags ab.
Welche verschiedenen Farbtypen für unsere Zwecke gibt es? Am wichtigsten dürften

die Kunstharzlackfarben sein. Sie sind in allen Bereichen beim Bau einer Modellbahn einsetzbar. Sie haften aus Metall- wie Kunststoffuntergründen. Im Angebot sind Glanz-, Matt- und Seidenmatttöne.
Dispersionsfarben stellen die nächste wichtige Gruppe an Farben dar. Da sie wasserverdünnbar sind, sind sie besonders leicht anwendbar. In erster Linie werden sie beim Landschaftsbau Verwendung finden, z.B. als braune oder grüne Untergrundfarbe vor dem Bestreuen einer Wiese mit Grasfasern.
Plakafarben, die auch als Plakatfarben bekannt sind, sind ebenfalls mit Wasser verdünnbar. Sie haften auf Karton, Holz oder Gips und finden daher beim Altern von Gebäuden Anwendung, wenn solche Materialien verbaut wurden.

Meisterlich mit Airbrush und Pinsel patinierte Dampflok. Ganz bewusst wurden feine Rostspuren gesetzt.
Foto: Frickel

Nitrolackfarben haben eine schnelle Trocknung als größten Vorteil. Allerdings sind sie in der Regel nur mit der Spritzpistole für ein sehr gutes Ergebnis verarbeitbar.
Die als Zweikomponentenfarben bekannten Acryllackfarben werden ebenfalls vor allem mit der Spritzpistole – auf eine leistungsfähige Absauganlage achten! – verarbeitet, bestenfalls durch die Rolle können sie alternativ aufgetragen werden, um ein passables Ergebnis zu erzielen. Je nach Härterzusatz kann die Trockenzeit bestimmt werden. Da eine solche Lackfarbe durch Mischen von Härter und Binder zusammengemischt werden muss, ist die voraussichtliche benötigte Lackmenge abzuschätzen, da die eventuell Reste nicht wieder verwendbar sind.

8.3.2 Vorbereitung des Modells

Nachdem man den richtigen Lack ausgewählt hat, wendet man sich dem Untergrund des zu lackierenden Modells zu. Alle Flächen müssen völlig trocken und fettfrei sein. Zum Entfetten von Kunststoffoberflächen kann man Spiritus oder Alkohol benutzen, am besten eignet sich Spülmittel, weil es den Kunststoff garantiert nicht angreift. Nitroverdünnung oder Waschbenzin darf nur bei Metalluntergründen in nicht verklebtem Zustand angewandt werden, da sie andernfalls Verklebungen anlösen können.
Wer sein Modell komplett lackieren will, grundiert es zuerst, abhängig vom Material. Für Weißmetall oder Messing gibt es so genannte Primer, ebenso für Kunststoffuntergründe. Stark saugende Untergründe wie Holz oder Pappe kann man mit einem so genanten Porenfüller vorbehandeln, der das Material abschließt und vorm Farbenschlürfen bewahrt.
Ist eine Lackierung misslungen, beizt man das Modell ab. Ein erneuter Lackauftrag würde ansonsten feine Details, die wir vielleicht erst mit einem teuren Zurüstsatz ange-

Beim Vorbild gleicht kein Waggon dem anderen, selbst Fahrzeuge derselben Bauart weisen einen unterschiedlichen Verschmutzungsgrad auf.

bracht haben, verdecken. Im Farbenhandel gibt es dafür spezielle Abbeizpasten oder –löser. Die sind allerdings für Kunststoff ungeeignet, da sie neben dem Lack auch den Kunststoff gleich mit entfernen würden. Für Kunststoffe eignet sich Butylglykol am besten, das beim Farbenhändler unter verschiedenen Handelsnamen zu bekommen ist. Aber natürlich sind Vorversuche an unsichtbarer Stelle zu empfehlen.

Um bestimmte Partien beispielsweise eines zu lackierenden Gehäuses zu schützen oder bei mehrfarbiger Lackierung saubere Farbtrennkanten zu erhalten, verwendet man traditionell Abdeckklebebänder. Darüber hinaus gibt es auch flüssige Abdecklacke, die mit einem Pinsel dick aufgetragen werden können. Man kann sie sogar überlackieren. Nach dem Malauftrag entfernt man sie mittels einer spitzen Pinzette rückstandsfrei. Die Abdeckklebebänder sollten schon während der Trockenzeit des Lacks abgezogen werden, denn nach dem Trocknen ist es nicht mehr beschädigungsfrei möglich. Sonst kann der Lack auf dem Klebeband antrocknen und sich mit dem angrenzenden Lack verbinden. Beim Abziehen entfernt man dann gleich etwas vom eigentlich auf dem Modell zu verbleibenden Farbauftrag mit.

Im Fahrwerksbereich wurde hier mit Rostfarben patiniert. Dabei ist weniger mehr, denn allzu schnell wirkt das Modell ansonsten wie ein Schrottfahrzeug.

Die Motorvorbauten wurden grau-schwarz eingefärbt. Man bekommt sofort einen Eindruck von all dem Dreck, der sich im Laufe der Zeit auf dem Fahrzeug abgesetzt hat.

8.3.3 Handlackierung

Die Lackierung von Hand per Pinsel ist eine der ältesten Methoden, Farben zu verarbeiten. Wer behauptet, dass man von Hand keine befriedigende Lackierung eines Modells erreichen kann, hat nicht Recht. Sicherlich ist Übung vonnöten, aber mit einem sehr guten und vor allem weichen Pinsel ist das machbar. Borstenpinsel sind dafür ungeeignet. Bitte dafür keine alten, harten oder verklebten und unzureichend gereinigten Pinsel verwenden, auch wenn's nach Verschwendung aussieht. Ein gutes Ergebnis hängt entscheidend von der Pinselqualität ab.
Mit einem spitzen Pinsel setze ich farbige Punkte, ziehe Griffstangen nach oder versuche halbwegs zitterfrei Linien aufzulackieren. Mit einem weichen Flachpinsel lackiert man größere Flächen z.B. Wasserkästen oder Tenderwände. Entscheidend ist dabei der Farbauftrag, mit dem Pinsel verteile ich die Farbe bloß. Der Pinsel wird in Farbe getaucht und am Farbtopf abgestreift. Wenn keine Farbe mehr abtropft, bringt man ihn auf die zu streichende Fläche. Dabei heißt es dann schnell arbeiten und zügig streichen. Denn bei schnell trocknender Farbe kriegt man schnell Streichspuren von den Pinselhaaren auf die Oberfläche. Ärgerlich ist es auch, wenn der Pinsel Haare verliert, das gibt es in der Regel aber nur bei billigen Pinselqualitäten. Mit der Zeit wird der Pinsel im Inneren immer trockener. Um dann noch ein gutes Ergebnis erzielen zu könne, empfiehlt es sich, den Pinsel immer wieder mal auszuwaschen.
Nach allen Streicharbeiten müssen die Pinsel sorgfältig in Pinselreiniger gereinigt werden. Das Waschmittel muss auf den zu entfernenden Lack abgestimmt sein. Das kann man beim Kauf des Reinigers in Erfahrung bringen. Selbstverständlich entsorgt man den Pinselreiniger dann umweltgerecht und kippt ihn nicht einfach ins Klo.

8.3.4 Spritzpistole und Airbrush

Besonders gleichmäßige Lackierungen gelingen mit einer Spritzpistole. Mit diesem Gerät kann man ein Modell professionell komplett mit einer neuen Lackierung versehen. Für ein gutes Ergebnis arbeit man am besten bei Zimmertemperatur und in einem staubfreien Raum. Temperaturschwankungen, zuviel Feuchtigkeit in der Luft kann zu einem ungleichmäßigen Trocknen des Lackauftrags führen, was sich beim fertig lackierten Modell nachteilig bemerkbar machen kann. Zuviel Staub oder gar Insekten in der

Loks setzen ebenso wie die Behandlungsanlagen im Betriebswerksbereich im Laufe der Zeit Schmutz an (Anlage Vogt).

Luft bleiben möglicherweise während des Trockenvorgangs u.U. auf dem Modell kleben und zerstören so eine vielleicht gelungene Lackierung.
Die Spritzpistole wird dabei im so genannten Kreuzgang geführt. Das bedeutet, man führt in gleichmäßiger Bewegung die Pistole am Modell von links nach rechts sowie auf und ab. Die Spritzpistole darf man nicht zu nahe ans Modell halten, weil sich sonst unschöne Farbnasen bilden können, die am Modell herunterlaufen und den Gesamteindruck stören. Bei der Farbverdünnung orientiert man sich an den Angaben des Farbherstellers. Seit einigen Jahren findet eine spezielle Spritzpistole namens Airbrush (engl. für Luftbürste) bei Modellbauern Verwendung. Es handelt sich dabei um eine Art kleine Spritzpistole, mit der Farbnuancen, Schattierungen und Aufhellungen aufzubringen sind. Sie ist daher weniger für Lackierungen gedacht, sondern fürs Patinieren, also Altern eines Fahrzeugs. Faller z.B. hat eine komplette Airbrushanlage nebst Druckluftversorgung in Form eines kleinen Kompressors im Angebot. Wer eher selten seine Fahrzeuge professionell altern will, greift zu handelsüblichen Farbspraydosen in verschiedenen matten Grau-, Schwarz- und Brauntönen. Aber selbstverständlich gelingen gute Ergebnisse auch mit dem Pinsel und den oben beschriebene Lacken und anderen Farben.
Gute Dienste bei der Alterung seiner Fahrzeuge leisten Vorbildfotos, die man vielleicht bei einem Sonntagsspaziergang gemacht hat. Das Altern erstreckt sich am besten in drei Arbeitsschritten auf das Dach, den Wagen- bzw. Lokomotivkasten und den Fahrwerksbereich. Das Dach kann man mattieren oder mit verschiedenen Grautönen, die Blechflicken imitieren sollen, auf alt trimmen. Etwas Rostspuren sind ebenfalls denkbar.

Mit der Airbrush gelingen dabei ganz feine Übergänge. Auch dem Wagenkasten kann etwas Mattierungsfarbe gut tun, bisweilen glänzen sie zu stark. Stark verdünntes Schwarz, das man in die Bretterfugen eines gedeckten Güterwagens laufen lässt, vergrößert die Tiefenwirkung der Bebretterung. Auch hier können verschiedene Brauntöne auf den Brettern der Wagenwände den Eindruck eines geflickten Waggons erzeugen. Der Fahrwerksbereich ist meist vom Bremsstaub grau-schwarz geworden. Ein paar Rostellen wirken wieder gut. Besitzer von Airbrush bzw. Spraydosen können den feinen Bremsstaubbelag, der sich am Fahrzeug ja in einem halbkreisförmigen Bogen von vorne bis hinten niederschlägt gut imitieren. Dazu schneiden sie an einem Stück festerer Pappe den für den Bremsstaubniederschlag vorgesehenen Halbkreis aus. Die Pappe wird wie eine Schablone an das Fahrzeug gehalten, dann wird die Farbe aufgesprüht und benetzt dabei nur den frei gelassenen Bereich am Fahrwerk bzw. Wagenkasten.

Abschließend kann man noch ein paar farbliche Verbesserungen an den Fahrzeugen anbringen: Die Fenster an Bremserhäusern wirken zierlicher, wenn man die Fensterinnenseiten schwarz lackiert, man verringert damit optisch die überdimensionierten Wandstärken. Holzböden in offenen Waggons oder auf Schemelwagen sind meist in einer Farbe gespritzt. Es wirkt besser, wenn man sie mit verschiedenen Holzfarbtönen lackiert. Bühnengeländer an Waggons sind ebenfalls meist in derselben Farbe gespritzt wie der Wagenkasten. Man kann sie schwarz wie das Fahrwerk lackieren, bei Kühlwagen ist eine weiße Farbgebung geeignet. Auch der Bremsumstellhebel am Wagenboden ist in der Regel in derselben Farbe wie der Wagenboden gehalten. Mit weiß und rot kann dem beispielsweise abgeholfen werden. Auf noch mehr Ideen, seine Fahrzeuge vorbildähnlicher zu machen, kommt man beim Betrachten von Vorbildfotos. Daher ist es immer eine gute Idee, Bahnhöfe zu besuchen und damit mehr aus seinem Hobby zu machen.

Auch Gelstifte stellen eine interessante Alternative zum kleinflächigen bzw. punktuellen Hervorheben von Details dar. Es gibt sie in zahlreichen Farbtönen und sie kosten etwa 2,- Euro das Stück. Die tintenähnliche Substanz in ihrem Inneren ist gut deckend und haftet auch auf Kunststoff. Man verwendet sie wie ein Stift und bemalt das betreffende Detail (z.B. Scheibenwischer, Griffe, Bremsumstellhebel usw.). Sie stellen daher eine preiswerte Alternative zum Farbauftrag an Details per Pinsel dar.

Ich habe einige Fahrzeuge mit Wasserfarben gealtert, das sieht gut aus und ist im Notfall auch wieder einfach wegzuwischen. Übrigens bin ich der Meinung, dass meine Fahrzeuge ein farbliches Altern gar nicht nötig haben. Die altern nämlich zusammen mit ihrem Besitzer von ganz alleine. Und das ist gut so.

8.4 Kleben und Löten

Kunststoffe gehören bei der Modellbahn zu den am häufigsten verwendeten Materialien. Ergänzend dazu sind die beim Modellbahnbau am häufigsten angewandten Verbindungstechniken gedacht: Kleben und Löten.

Holz klebt man in der Regel mit Weißleim, einem handelsüblichen Stoff, der auch für andere Bereiche des Modellbahnbaus von hohem Nutzen ist. Leim wird bei Zimmertemperatur verarbeitet, da nur dann ein gutes Ergebnis gelingt. Dieser Klebstoff benötigt Druck um abzubinden. Dabei ist die Dauer wie der Pressdruck für die Haltbarkeit der Klebung entscheidend.

Die fein detaillierten Wagenkästen heutiger Modellbahnfahrzeuge bestehen in der Regel aus Kunststoff.

Unfälle passieren nun einmal auf der Modellbahn, bisweilen sind sie harmlos, bisweilen entsteht größerer Schaden, etwa wenn eine reich detaillierte Dampflok ungebremst auf einen anderen Zug auffährt. Ein Glück, wenn dabei nur die Kupplung verbogen wurde oder mal ein Bremsschlauch splittert. Doch oftmals geht es nicht so glimpflich ab: Ganze Baugruppen können abbrechen oder gar Risse in den Waggonwänden entstehen.

Die Aufbauten der Modelle bestehen oftmals aus Kunststoff, dabei sind verschiedene solcher Produkte in Gebrauch, denn Kunststoff ist nicht gleich Kunststoff. Was ist ein Kunststoff? Ein Werkstoff, der durch chemische Umwandlung von Naturprodukten oder durch die Synthese bestimmter Substanzen entstanden ist. Die besonderen Eigenschaften der Kunststoffe beruhen auf ihrem Aufbau und ihrer Struktur sowie auf ihrer chemischen Zusammensetzung. Abhängig von der Herkunft unterscheidet der Fachmann Naturprodukte wie die verschiedenen Zellulosederivate, also -abkömmlinge, und vollsynthetische Kunststoffe, die in komplizierten Verfahren durch Polymerisations-, Polyadditions- und Polykondensationsreaktionen entstehen. Bestimmte Zusatzstoffe können Kunststoffe erheblich verändern.

Solche Werkstoffe unterscheidet man nach ihrem physikalischen Verhalten: Thermoplastische Kunststoffe (Thermoplaste, Plastomere) werden beim Erwärmen weich und erhärten beim Abkühlen. Bekannte Thermoplaste sind Polyäthylen (Abk. PE), Polystyrol (PS), Polyamid (PA), Polypropylen (PP), Polyoxymethylen (POM) sowie Acrylnitrilbutadienstyrolpolymerisat (ABS).

Ein Kühlwagenzug der Epoche II, gezogen mit einer V 16. Man könnte aber auch sagen: Ein Zug mit Waggons aus thermoplastischen Kunststoffen...

Sie sind die eigentlichen Kunststoffe, die bei der Modellbahn Verwendung finden. Denn sie lassen sich gut plastisch verformen, z.B. durch Spritzgießen in Formen. Sie sind darüber hinaus in bestimmten Lösungsmitteln lösbar.
Duroplastische Kunststoffe (Duromere, Duroplaste) sind durch spezielle chemische Vernetzung bei der Herstellung ausgehärtete Produkte, deren Zustand auch unter verschiedenen Temperatureinflüssen nahezu gleich bleibt. Duroplaste lassen sich nicht schmelzen. Elastische Kunststoffe (Elaste, Elastomere) sind zwar formfest, aber stark verformbar, sie können unter Temperatureinwirkung thermoplastisch werden.

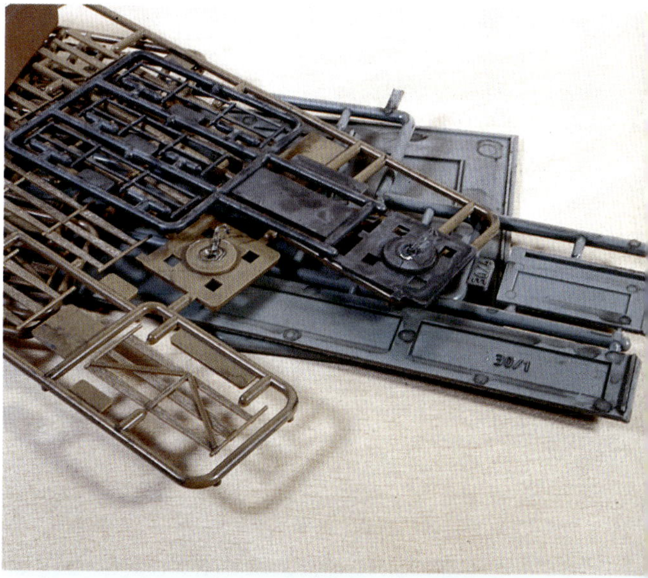

Ein handelsüblicher Bausatz mit Teilen aus Polystyrol.

8.4.1 Kunststoffe

Der bekannteste Kunststoff im Modellbaubereich wie Bausatzhäusern, sehr selten bei Lokomotivgehäusen und Waggonaufbauten, ist Polystyrol. Er wird aus einem preiswerten, klaren Granulat im Spritzgussverfahren hergestellt, dem eine gewünschte Farbe in Form von einem entsprechend eingefärbtem Zusatzgranulat gegeben werden kann. Das matt glänzende Polystyrol besitzt darüber hinaus die Eigenschaft spröde zu sein. Um solche Kunststoffe zu formen, müssen sie erwärmt werden. Da Polystyrol recht hart ist, kann man es mit einem Bastelmesser anritzen und dann abbrechen, z.B. vom Gussbaum. Polystyrol setzt man in einem Temperaturbereich bis zu maximal 45-55° C ein. Ein Modell, das aus welchen Gründen auch immer höheren Temperaturen ausgesetzt ist, wird sich im Laufe der Zeit verformen. Das Material lässt sich mit Plastikklebstoffen – manche empfehlen auch Fleckenwasser – verkleben oder genauer: verschweißen. Denn im Plastikkleber ist ein Lösungsmittel enthalten, dass das Polystyrol anlöst und beim Aneinaderpressen der zu verklebenden Bauteile diese regelrecht miteinander verschweißt. Da Polystyrol kratzempfindlich ist und

Mit überall erhältlichen Kunststoffkleber, der die zu verbindenden Kunststoffbauteile anlöst und dann miteinander verschweißt, sind die meisten Bausätze zu bewältigen.

relativ leicht brechen kann, spielt es bei Lok- und Waggonaufbauten nur bei wenigen Herstellern eine Rolle.
Polyamid besitzt eine hohe Belastungsfähigkeit, da es keine Sprödigkeit verursachenden Polystyrole enthält. Dieses Material ist bestens für die Herstellung von Drehgestellen und Lauflagern geeignet. Da es mechanisch in hohem Maße beansprucht werden kann, zugleich aber eine leicht fettende Oberfläche besitzt, kann es nur schlecht geklebt werden. Manche Modellbahner empfehlen für die Behebung kleiner Beschädigungen bei Polyamiden Sekundenkleber.
Ganzähnliche Eigenschaften besitzt das Polypropylen. Da es ebenfalls nur schwierig zu kleben ist, verwenden es heute die Modellbahnproduzenten nur noch selten, etwa für Zurüstteile.
Was die Verschleißfestigkeit anbelangt, ist Polyoxymethylen ebenfalls dem Polyamid vergleichbar. Im Modellbahnbereich findet es aufgrund seiner hohen Härte und Verformfestigkeit bei Zahnrädern aus Kunststoff, Drehgestellen, Lauflagern, Griffstangen und Dachlüftern Verwendung. Da es eine hohe chemische Beständigkeit aufweist, kann man es nur schwer mit anderen Werkstoffen kleben. Sekundenkleber soll dabei noch die besten Dienste leisten.
Acrylnitrilbutadienstyrolpolymerisat (ABS) ist ein besonders schlagfester Kunststoff, es ist darüber hinaus weniger bruchgefährdet als Polystyrol. Daher spielt dieses Material bei Loks und Waggons eine große Rolle. Heutzutage verwenden sehr viele Hersteller ABS für ihre Lok- und Wagenkästen, Fahrzeugdächer und Fenstereinsätze. Das ABS sehr elastisch ist, können manche notwendigen Verbindungen zwischen den Bauteilen in Form von Klipsverbindungen aus diesem Material hergestellt werden. Die Modellbahnproduzenten empfehlen bei der Verklebung von ABS handelsübliche Plastikkleber.
Wer sich ein heutiges Modell anschaut, wird feststellen, dass viele Verbindungen für eine mechanische Zusammenfügung konstruiert wurden. Damit suchen die Hersteller Schwierigkeiten beim Kleben von vorneherein auszuschalten.
Welche Möglichkeiten, eine Klebeverbindung herzustellen, gibt es? Für den Modellbahnbereich von Interesse sind Sekundenkleber, Heißkleber, Zweikomponentenkleber und Klebstoffe mit Lösungsmitteln. Darüber hinaus gibt es noch eine Reihe von Industrieklebstoffen, die der normal Sterbliche jedoch nicht kaufen kann. Die anderen genannten Klebstoffe kann man über seinen Fachhändler beziehen, manche Klebstoffproduzenten (Adressen in Modellbahn-Fachzeitschriften) beliefern den Endverbraucher auch direkt.
Beim Kleben werden zwei zuvor getrennte Körper fest miteinander verbunden. Sie verhalten sich unter allen Belastungen dann wie ein einzelner Körper. Um eine solche mehr oder weniger belastbare Verbindung unter Beibehaltung des ursprünglichen Gefüges der Ausgangsstoffe herstellen zu können, benutzt man Klebstoff.

8.4.2 Kunststoffkleber

Welche Klebstoffe sind für den Modellbahner geeignet? Bei den handelüblichen Sekundenklebern handelt es sich um Cyanacrylatkleber. Er gestattet innerhalb kürzester Zeit eine feste Verbindung. Cyanacrylatkleber reagiert mit der in der Luft enthaltenen Feuchtigkeit und gab daher schon den Stoff für schlechte Witze ab. Sekundenkleber kann man nicht wie daneben gegangenes Uhu von den Fingern krümeln, denn sonst

würden die Finger zusammenkleben.
Sekundenkleber gibt es in verschiedenen Flüssigkeitszuständen von wässerig bis gallertartig. Solch einen Klebstoff trägt man einseitig auf und presst die zu verbindenden Teile dann zusammen. Da Sekundenkleber kein hohes Füllvermögen besitzt, vermag er Fugen nicht aufzufüllen. Zugleich bedeutet das aber auch, dass große Ritzen nicht verfüllt werden können wie bei Lösungsmittelkleber z.B.
Da Sekundenkleber oft in Tuben oder Stiften angeboten wird, aus denen jedoch selten ganz feine Verklebungen wie für unsere Zwecke im Modellbahnbereich möglich sind, füllt man etwas Cyanacrylatkleber in ein Glasschälchen o. Ä. und nimmt ihn von dort mit einer Nadel o. Ä. auf und bringt ihn an die Klebestelle. Sekundenkleber kleben am besten auf glatten Materialien und je dünner die Klebstoffschicht, umso schneller und besser kleben diese Kleber.
Für die Verklebung von stark saugenden Materialien wie Textilien, Holz oder Papier/Pappe gibt es spezielle Sekundenkleber z.B. von Uhu. Wer einen sehr rasch arbeitenden Cyanacrylatkleber sucht, wird bei Henkel fündig. Dieser Kleber verbindet bereits nach wenigen Sekunden dauerhaft die beiden Teile. Styropor kann man diesen Stoffen aber nicht kleben, wasserbeständig sind Sekundenkleberverklebungen nicht.
Man bewahrt seinen Sekundenkleber am besten im Kühlschrank auf, wo sie ein paar Monate verwendbar bleiben. Beim Einkauf achtet man darauf, ob die Sekundenkleber richtig, also kühl, gelagert werden. In Bau- und Supermärkten ist das in der Regel nicht der Fall. Dann eben etwas mehr bezahlen, aber beim Fachhändler guten, noch haltbaren Sekundenkleber erstehen.
Beim Heißkleben wird Schmelzkleber in einer eigens dafür gebauten Pistole erhitzt, verflüssigt und dann durch Betätigung der Pistole aufgetragen. Die zur Verklebung vorgesehenen Teile werden durch das Erkalten des Schmelzklebers miteinander verbunden. Heißkleber kommen immer dann zum Einsatz, wenn schnelle Verbindungen auf größeren Flächen gefragt sind. Bestens geeignet ist ein solcher Kleber beim Befestigen von Tunnelportalen, Gebäuden auf der Anlage, Oberleitungsmasten und dergleichen mehr. Auch Bäume lasen mit ihm leicht selbst in Hängen befestigen, da der Kleber rasch aushärtet und hält. Für diffizile Klebungen an Modellen ist er weniger geeignet, da aus der Klebepistolendüse zumeist ein zu großer Schwall Klebstoff dringt, der ein feines Modell bestenfalls zukleistert.
Zweikomponentenkleber erreichen ihre Klebkraft erst nach dem Zusammenmischen ihrer beiden Bestandteile. Diese bestehen aus so genanntem Binder und Härter, die lösungsmittelfrei sind. Nach dem Aushärten, der unter Druck erfolgen muss, bilden solche Verklebungen einen duroplastischen Kunststoff, daher sind sie im Modellbahnbe-

Schmelzkleber wird mittels elektrisch beheizter Pistole aufgetragen. Er eignet sich eher für gröbere Verklebungen denn für feines, punktgenaues Kleben.

reich eher selten zu finden. Denn sie eignen sich vor allem zur Verklebung von Metallen untereinander. Die zu verklebenden Teile raut man auf und achtet darauf, dass sie keine fetten Oberflächen haben. In der dem Kleber beigefügten Kunststoffwanne werden Binder und Härter in der vorgeschriebenen Menge gemischt. Die Tuben rasch wieder verschließen, aber dabei darauf achten, dass man die Deckel nicht verwechselt, was peinlich wäre. Mit einem beigefügten Spatel bringt man die Klebstoffmischung beidseitig auf und fügt die Teile zusammen.
Für die Verklebung der für uns bedeutsamen Thermoplaste eignen sich Zweikomponentenkleber nicht so gut, da Polyamide und Polypropylen, um nur zwei Kunststoffe des Modellbaus zu nennen, zu glatte Oberflächen haben, auf denen der Kleber nicht gut haften kann.
Stabilit, ein Acrylitkleber, ist ebenfalls ein Zweikomponentenkleber aus pulverförmigem Härter und pastosem Binder, das ein duroplastisches Endprodukt bildet. Sie sind für den Modellbaubereich besonders gut geeignet, da sie sehr feste Verbindungen bilden und zudem Fugen füllende Eigenschaften besitzen. Dazu gehören z.B. Pattex-Stabilit oder Uhu plus acrylit. Sie verkleben viele thermoplastische Kunststoffe wie Polystyrol und ABS und eigen sich daher für unsere Zwecke. Weniger geeignet sind sie für Polyamide, Polyethylene und Polypropylene.
Acrylitklebstoffe werden zumeist im Verhältnis von 12:1 (Binder:Härter – Beipackzettel beachten) gemischt. Das Gemisch kann erst nach etwa acht Minuten weiter verarbeitet werden, nach etwa 15 Minuten ist der Klebstoff hart. Zu beachten ist noch, dass beim Aushärten des Acrylitklebers Wärme frei wird, die umso höher ist, je dicker die aufgetragene Klebstoffschicht ist. Bei feinen Kunststoffen kann dabei schon mal das Material zu leiden haben.
So genannter Lösungsmittelkleber löst den zur Klebung vorgesehenen Kunststoff leicht an, nach dem Zusammenpressen der zu verbindenden Teile werden diese miteinander verschweißt. Diese Kleber gibt es in vielerlei Formen: dünn- oder zähflüssig, in Tuben, Glas- oder Kunststofffläschchen mit im Deckel befestigten Pinsel oder einer feinste Klebungen ermöglichenden Kanüle. Mit Klebern in solchen Kanülenflaschen hat man immer wieder Ärger, da die Kanüle leicht verstopft. Das Herumhantieren mit Feuerzeugen in so einem Fall, um die Kanüle »frei zu brennen«, ist höchst gefährlich, denn der Klebstoff ist brennbar. Ich habe mir im Metallfachhandel eine feine, lange Metallnadel besorgt, die ich während Klebepausen in die Kanüle stecke. Wenn's mal wieder verstopft ist, schiebt man die Nadel einfach ein paar Mal in der Kanüle hin und her, schon fließt wieder Klebstoff.
Diese Lösungsmittelkleber verbinden die dafür vorgesehenen Klebstoffe dauerhaft, denn sie sind unempfindlich gegen Wasser, Benzin, Alkohol oder Öl. Allerdings muss man sich vorher klar machen, welche Kunststoffe man verkleben möchte, damit man auch zum richtigen Produkt greift.
Darüber hinaus gibt es noch lösungsmittelhaltigen Kontaktkleber wie Uhu Greenit und Pattex von Henkel. Es gibt ihn in Tuben und Dosen, zudem auch in tropffreier Ausführung. Solche Klebstoffe sind gut geeignet für rasch haftende Kontaktverklebungen von Filz, Glas, Gummi, Holz, Kork, Metallen, Porzellanen. Nicht verkleben kann man mit ihnen Styropor, Polyethylen und Polypropylen. Nach dem gleichmäßigen dünnen Auftragen auf die zu verklebenden Teile lässt man diese gut 20 min. liegen bis sich der Klebstofffilm trocken anfühlt. Dann drückt man die Teile fest aufeinander. Je höher der

Anpressdruck, umso belastbarer wird die Verbindung sein. Die mit einem solchen Kontaktkleber verklebten Teile können sofort nach dem Zusammenkleben weiterverarbeitet werden. Im Modellbahnbereich nutzt man Kontaktkleber immer dann, wenn hohe Klebkraft auf vergleichsweise stabilem Untergrund gefragt ist, z.B. zum Aufkleben von Korkbettungen auf Trassenbretter beim Gleisstreckenbau.

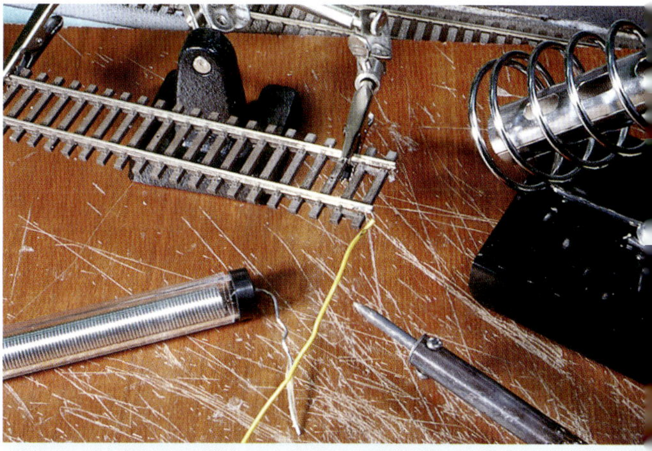

Was der Modellbahner zum Löten braucht: Lötzinn, eine helfende Hand, einen stabilen, standfesten Lötkolbenhalter und natürlich einen Lötkolben.

Bitte unbedingt beachten: Klebstoffe sind chemische Stoffe, die keinesfalls unbedenklich sind. Die in den Klebern befindlichen Lösungsmittel riechen stechend, ohne Durchlüftung des Hobbyraums ist die Anwendung gefährlich (Kopfschmerzen, Rachen- und Nasenreizung sind möglich). Rumliegenlassen der Fläschchen verbietet sich von selbst, vor allem wenn Kinder im Haushalt zu Gange sind.

8.4.3 Löten

Unbegreiflicherweise schrecken viele Hobbykollegen vom dem Löten zurück. Dabei ist es eine sehr sichere Art und Weise, eine elektrisch leitende Verbindung herzustellen. Ich entsinne mich an meine ersten Anlagen, deren Elektro-Installation mangelhaft war: Ich habe damals als der unbekümmerte Knabe, der ich war, die abisolierten Kabelenden nur mit einander vernudelt. Das hat oft nicht sehr gut gehalten, einmal was unter die Anlage geschoben und schon ist eine solche Verbindung abgerissen.
Mal wieder hatte ich das große Glück, das da einer wie mein Bruder war, der es mir gezeigt hat, wie der passionierte Schwachstromelektriker seine Verbindungen schafft: Löten, genauer das Weichlöten! Seitdem bin ich ein großer Fan des Lötens. Wenn der Geruch von geschmolzenem Lot die Luft durchwabert, erinnert mich das an die Lust aufs Umbauen der Gleisanlagen.
Was benötigt man dazu? Ein ganz einfacher Lötkolben mit 25 Watt Leistung reicht für die meisten Lötarbeiten bei der Modellbahn aus. Dazu etwas feines Elektroniklot, das man praktischerweise auf der Spule aufgerollt ersteht, z.B. im Radiofachhandel. Einige Pinzetten, eine feine Zange und eine Lotspritze, mit der man verflüssigtes, überschüssiges Lot wieder aufsaugen und damit entfernen kann. Auch eine so genannte »Dritte Hand« ist sehr zu empfehlen, sie dient als Haltevorrichtung bei diffizilen Lötereien, wenn ich in der linken Hand das Lot und in der rechten Hand den Lötkolben halte und eigentlich noch eine weitere Hand besitzen müsste. Ich verwende unterschiedlich geformte Dauerlötspitzen für meinen Lötkolben. Je nach Aufgabe wird ganz einfach die passende Spitze eingeschraubt. Zum Erhitzen einer etwas größeren Stelle eignet sich eine flache Lötspitze, für punktuelles Löten, z.B. beim Einbau eines Decoders, nehme ich ganz feine, spitze Lötspitzen.

Um beispielweise ein Anschlusskabel an ein Gleis zu löten, verwende ich eine flache Lötspitze, mit der ich das Gleisprofil ausreichend erwärmen kann. Zuvor habe ich das Kabel abisoliert, die Litze zusammengedrillt und verzinnt. Dazu klemme ich das Kabel in die dritte Hand und bringe den Lötkolben an die Litze, gleichzeitig führe ich das Lötzinn zu und schon schmilzt das Lot und verzinnt die abisolierte Litze am Kabelende.
Um dieses Kabel mit dem Gleisprofil zu verlöten, muss zunächst das Metall des betreffenden Gleises an einer Stelle erwärmt werden. Dazu eignet sich eine abgeflachte Lötspitze wie bereits erwähnt am besten. Bitte den Lötkolben nicht zu lange ans Gleis halten, weil sonst die Kunststoffschwellen bzw. die Kleineisenimitationen dahinschmelzen. Am besten an einem alten, ausrangierten Gleisstück mal herumprobieren.
Nachdem ich die Stelle am Gleis genügend erhitzt habe, führe ich das Lötzinn heran und bringe eine winzig kleine Portion an dieser Stelle zum Schmelzen. Wenn die Temperatur der Gleisstelle stimmt, wird es sofort zu einem kleinen Klecks verschmelzen. An diesen Klecks drücke ich nun das verzinnte Kabel und erwärme beides mit der Lötspitze bis eine einheitliche, matt glänzende Verbindung entstanden ist. Wenn ich nicht gut genug erhitzt habe, kann keine dauerhafte, leitende Verbindung zwischen Kabel und Gleis entstehen, man spricht dann von einer kalten Lötstelle. Die Suche nach einem solchen Defekt kann ganz schön an die Nerven gehen. Daher sorgfältig arbeiten.
Alle zuvor beschriebenen Handgriffe müssen in der Praxis schnell gehen, weil, wie gesagt, der Kunststoff des Gleises sonst Schaden nehmen kann. Es empfiehlt sich deshalb, zuvor an einem alten Gleisstück zu üben, um nicht gleich die neu verlegte Strecke zu beschädigen. Nicht verschweigen möchte ich auch diverse Brandblasen, die ich mir als Hobbylöter im Laufe der Zeit eingehandelt habe. Ein Lötkolben wird sehr heiß, daher ist es wichtig, dieses Gerät in den Arbeitspausen immer in eine passende, nicht brennbare Halterung einzustecken.

8.5 Fachhändler

Wenn man sich unschuldig für das Thema Modellbahn zu interessieren beginnt und Informationen oder Ersatzteile sucht, ist man in den Spielwarenabteilungen der Kaufhäuser in der Regel schlecht aufgehoben. Denn dort ist man auf Laufkundschaft eingerichtet. Logisch. Das Unternehmen muss hohe Ladenmieten zahlen, da kann man sich keine spezialisierte Modellbahnabteilung leisten. Auch logisch ist es darum, dass man dort zwar die am häufigsten verlangten Anfangspackungen und Gleise erhält, aber alles andere an nützlichen Dingen – z.B. Verschleißmaterial wie Haftreifen, Lämpchen oder Tauschkupplungen – kaum bekommt. Bei Fachfragen ist das Personal gewöhnlich ahnungslos.
Wie schön ist's da beim Fachhändler. Es gibt allerdings nicht mehr viele von ihnen. Sie residieren meist in äußerlich unscheinbaren Lädchen und beim Betreten schnuppert man gleich das besondere Flair, das solche Läden umgibt. Drinnen ergreift einen das Modellbahngefühl erst richtig. Meist trifft man Gleichgesinnte, mit denen es sich herrlich fachsimpeln lässt.
Es hat Vorteile, zum Fachhändler zu gehen. Sicher, er ist teurer als der Versender. Aber wenn man ein guter Kunde bei ihm ist, werden kleine Reparaturen oftmals kostenlos erledigt. Zudem hält er seine Kunden auf dem Laufenden, was das Eintreffen von interessanten Neuheiten anbelangt. Er hat seinen Preis, wird ihn aber immer wert sein. Beschämend ist es darum, mitzuerleben, wenn ein Hobbykollege in den Laden kommt,

weil sein im Internet ersteigertes Fahrzeug nicht funktioniert und der Herr Fachhändler solle es doch jetzt mal schnell reparieren. Selbstverständlich erwartet er vom Fachhändler, dass dieser seine Arbeit kostenlos verrichtet. Doch würde der besagte Hobbykollege auch umsonst arbeiten wollen? Natürlich wird dann gezetert, alles sei ja so teuer geworden. Aber das trifft den Fachhändler genauso wie diesen ganz besonders schlauen Hobbykollegen. Oder der andere noch weitaus schlauere Freund der Modellbahn, der mit seiner leeren Klebstoffflasche den Laden betritt und behauptet, die Kanüle sei aus dem Verschluss des Klebers herausgebrochen. Selbstverständlich will er dafür eine neue haben. Da der Fachhändler dies ablehnt, muss er sich auch noch als »Abzocker« beschimpfen lassen. Man wird den Eindruck nicht los, dass etwas mehr Anstand oder zumindest etwas Überlegung vielen Zeitgenossen gut täte.
Wer ausschließlich bei Versendern kauft, wird den Fachhandel kaputt machen. Damit wäre das Hobby um eine sympathische Seite ärmer. Wenn man erst mal bei allen Garantiefällen oder schlichtem Service ein Päckchen schnüren muss oder Fachfragen gar nicht mehr stellen kann oder per Telefon stellen muss, und dann trotzdem möglicherweise keine zufriedenstellende Antwort bekommt, dann macht das Hobby keinen Spaß mehr. Dafür hat man seine Modelle etwas billiger erstanden, auch eine Einstellung.

8.6 Virtuelle Modellbahn

In den vergangenen fünf Jahren nahmen die Computerspiele mit dem Thema Modellbahn an Zahl stark zu. Dabei sind Programme, die eine Führerstandsfahrt originalgetreu simulieren können, z.B. Sim City 3000. Mit Programmen wie eisenbahn.exe ist es theoretisch möglich, eine Modellbahn am Computer zu bauen und mit ihr zu spielen. Nun befürchten ängstliche Zeitgenossen, dass damit das Ende des Modellbahnspielens gekommen sei und das Ende der Modellbahnindustrie gleich mit. Sie orakeln, dass nun alle Modellbahner nur noch am PC sitzen werden und keiner mehr an seiner Anlage bauen wird.
Das glaube ich jedoch nicht. Zum einen haben die Modellbahnsimulationen den Nachteil eben virtuell zu sein, sind also nur der Möglichkeit nach vorhanden. Das reale Bauvergnügen und Spiel mit wirklichen Materialien wie Gips und Grasfasern sowie das Hantieren mit Modellbahnen werden sie nie ersetzen können. Wenn sie den computererfahrenen Nachwuchs für die Modellbahn begeistern können, so sind diese Simulationsprogramme jedoch prinzipiell zu begrüßen.

8.7 Ausblick

Wer die Entwicklung der Modelleisenbahn aufmerksam verfolgt hat, stellt am Anfang des 21. Jahrhunderts fest, dass es um die Zukunft dieses Hobbys nicht allzu gut bestellt ist. Im Vergleich zu den vorangegangenen Jahrzehnten ist der Nachwuchs zahlenmäßig kleiner geworden. Was also tun?
Das Spiel mit der Eisenbahn stellte einstmals den Einstieg eines jungen Menschen in die Welt der Technik seiner Tage dar. Jugendliche werden heute mit anderen Bereichen des täglichen Lebens auf ihren Weg vorbereitet, die Eisenbahn ist kaum mehr darunter. Immer nur auf dem Fernsehgerät oder dem Computer herum zu hauen, die Schuld daran sein sollen, dass sich nur mehr wenige Kinder oder Jugendliche für die Modelleisenbahn begeistern können, greift meines Erachtens zu kurz. Sicher, der – bisweilen zweifelhafte - Unterhaltungswert dieser Geräte ist hoch. Stellen sie doch oh-

Modellbau vom Feinsten fasziniert heute genauso wie vor 30 oder 50 Jahren.
Foto: Märklin

ne großen Aufwand und ohne Mühen ein breites Betätigungsfeld für junge Menschen bereit. Eine Modelleisenbahn erfordert demgegenüber viel Einsatz und auch Arbeit, bis der erste Zug durch eine ansprechende Landschaft zuckelt.

Ich bin aber ganz entschieden nicht der Auffassung, wie sie kürzlich in einer Diskussion zu diesem Thema in meinem Stamm-Modellbahnlädchen verfolgen konnte: Kinder und Jugendliche des Jahres 2004 sind meiner Meinung nach nicht fauler und auch nicht dümmer als die Kinder von 1954 oder 1934. Ihre Interessen haben sich verschoben und das ist zunächst einmal gut so, denn Veränderung ist für ein soziales Gefüge gut. Niemand möchte heute wieder in der Steinzeit leben und wenn man immer auf dem Status quo beharrt hätte, wäre so mancher verächtlich auf die Jugend herabblickende Hobbykollege in seiner »Freizeit« – wenn er denn so was überhaupt kennen würde – mit dem hölzernen Spieß auf der Sauhatz und nicht bei seiner Modellbahnanlage.

Die Modellbahnerei ist vielfältig wie kaum eine andere Freizeitbeschäftigung, daher bietet sie auch Lernanlässe, wie sie die Schule Jugendliche wahrscheinlich nicht immer näher zu bringen versteht. Das reicht von der Heimatgeschichte über die Industrialisierung, Physik und hört bei der Architektur noch nicht auf. Warum bedient sich also nicht mal ein Lehrer der Modellbahn, um seiner Klasse diese Themen zur Abwechslung mal verdaubar zu präsentieren?

Denken wir an den Bereich Computer: Mit einer Modellbahn und ihren voneinander abhängigen Prozessen lässt sich die Funktionsweise eines Computers recht anschaulich erklären. Der Rechner muss nicht nur zum Vorspiegeln von möglichen Welten und der anschließenden Zerstörung derselben benutzt werden.

Eine Modellbahn spricht eine Vielzahl von Interessen an und vermag Jugendlichen

Das Größte ist immer noch eine funktionierende Modellbahn, egal wie alt der Spielende ist.
Foto: Fleischmann

Aufgaben zu stellen, die ihrer Sozialisation förderlich sind. Warum nicht mal Jugendarbeit mit dem gemeinsamen Aufbau einer Eisenbahnanlage machen?
Und schön wäre es auch, wenn das Fernsehen und die Presse zur Abwechslung mal nicht über irgendwelche Pseudopromis auf Almen oder in Containern stundenlang berichten, sondern das soziale Engagement von Mitmenschen, die sich per Modellbahn um Jugendliche kümmern, in den Mittelpunkt ihrer »Berichterstattung« stellen und diese Sendung nicht erst um 23 Uhr oder noch später ausstrahlen würden. Das wäre mal ein gelungenes Beispiel dafür, dass Spaßhaben nicht notwendigerweise soziales Engagement ausschließt...
Die Zukunft der Modelleisenbahn hängt von uns Modellbahnern ab. Wenn der Modellbahner etwas für den Fortbestand seines Hobbys und für die Nachwuchsarbeit tun will, muss er heraus aus dem Keller oder dem Dachboden; der Spaß, die Lust am Spiel mit der Modellbahn muss wieder im Vordergrund stehen. Kasten-Denken und penetrantes Bestehen auf allerhöchste Genauigkeit, verbunden mit peinlichem Herummotzen im Modelbahnladen wegen der Maßabweichung von 1,5 mm an der Pufferbohle sind fehl am Platz. Das schreckt Kinder und Jugendliche ab. Die können ja später immer noch nach ihrer Fasson selig werden. Aber wenn ich meine Freude im Spiel und bei der Beschäftigung mit der Bahn »rüber bringen« kann, wie es so schön heißt, dann schaffe ich es auch, Kids und Teenies für meine Hobby zu begeistern. Ich kenne weder Kinder noch Jugendliche, die etwas für stundenlange Maßstabsdiskussionen übrig haben. Aber sehr wohl welche, die gern mit der Modelleisenbahn herumfahren, wenn man sie lasst. Also, liebe Hobbykollegen, etwas weniger Verbissenheit an den Tag legen, und vor allem: Bitte, lasst die Kinder mit eurer Modelleisenbahn spielen!

9. Anhang

9.1 Weiterführende Literatur

Gernot Balcke, Modellbahn Anlagenbau. Praktischer Ratgeber für den richtigen Anlagen-Unterbau, Düsseldorf 1987 (= Modellbahn Praxis 39).

Volker Dudziak, Elektronik. Eine Einführung in die Elektronik mit vielen Tips und Tricks, Augsburg 1998 (= Die Modellbahn 2).

Ingo Faustmann, Sammelobjekt Modellbahn. Wertanlage mit System!, München 2001.

Ingo Faustmann, Schnäppchentipps Modellbahn. Gewusst wie: Geld sparen beim Hobby, München 2001.

Thomas Fleischmann, Abgeschmiert, in: MIBA 2 (1995), Jg. 47, S. 77ff.
Gibt Tipps für das richtige Ölen und Fetten von Modellbahn-Triebfahrzeugen.

Thomas Hey'l, Wir bauen eine Wandanlage – mit Pelle Pepper. Teil 1: Prinzip und Standard-Element, in: Bahn & Modell 6 (1989), 3. Jg., S. 43-50.

Thomas Hey'l, Wir bauen eine Wandanlage – mit Pelle Pepper. Teil 2: Türbrücken, gelände und Elektrik, in: Bahn & Modell 7 (1989), 3. Jg., S. 43-49.

Thomas Hey'l, Wir bauen eine Wandanlage – mit Pelle Pepper. Teil 3: Landschaft und Motive, in: Bahn & Modell 8 (1989), 3. Jg., S. 43-50.

Thomas Hey'l, Wir bauen eine Wandanlage – mit Pelle Pepper. Teil 4: Gebäude, Felsen und Motive, in: Bahn & Modell 9 (1989), 3. Jg., S. 43-50.

Joachim M. Hill, Modellbahn Gleispläne. 100 Ideen für kleine Anlagen, Düsseldorf 1989, (= Modellbahn Praxis 1)

Joachim M. Hill, Modellbahn Anlagenplanung. Der richtige Weg zur vorbildgetreuen Modellbahn, Düsseldorf 1988 (= Modellbahn Praxis 2)

Wolfgang Horn, Digitale Mehrzugsteuerung. Selbstgebaut: Digitale Mehrzugsteuerung nach System Märklin, Augsburg 1998 (= Die Modellbahn 4).

Wolfgang Horn, Elektrik. Eine Einführung in die Elektrik mit vielen Tips und Tricks, Augsburg 1998 (= Die Modellbahn 1).

Wolfgang Horn, Umbauen & Verbessern: Gleichstromloks für Wechselstrom, Beleuchtung, Faulhaber-Motoren, Augsburg 1998 (= Die Modellbahn 3).

Klaus Jopp, Das H0 Gleisplanbuch, Salzburg 1989.
Stellt anhand des Roco-Line-Gleissystems die Welt der Modelleisenbahnen ausführlich vor. Zudem werden zahlreiche nachbaubare Gleispläne gezeigt.

Georg Kerber, Anlagen Porträts. Modellbahn-Faszination, Stuttgart 1999.

Georg Kerber/Andreas Stirl, Brücken und Kunstbauten auf Modellbahnanlagen, Stuttgart 1999.

Georg Kerber/Andreas Stirl, Erlebnis Modelleisenbahn, Stuttgart 1999.

Georg Kerber/Andreas Stirl, Gleisbau auf Modellbahnanlagen, Stuttgart 1999.

Georg Kerber/Andreas Stirl, Planen und Bauen von Modellbahnanlagen, Stuttgart 1999.

Georg Kerber/Andreas Stirl, Signale und Fahrleitungen auf Modellbahnanlagen, Stuttgart 1999.

Georg Kerber/Andreas Stirl, Weichen & Kreuzungen auf Modellbahnanlagen, Stuttgart 1999.

Burkhardt Kiegeland, Modelleisenbahn. Ein Hand- und Spielbuch, München 1975.

Rolf Knipper, Der Trick mit dem Click, in: MIBA 9 (1996), Jg. 48, S. 36-39.
Stellt das für Teppichbahner geeignete Märklin-C-Gleissystem vor.

Günther Kutter, Das 1x1 der Modelleisenbahn. Einstieg leicht gemacht, (= Eisenbahn Journal Abt. Anlagenbau & Planung 3/2003).

Uwe Lechner, Modellbahn Träume. Die schönsten Anlagen aus dem Modelleisenbahner, Stuttgart 2001.

Märklin Magazin Jubiläums-Sonderheft (1984).

Ralf Reinmuth/Gerald Wierag, Modellbahn-Basteleien, Bd. 1-2, Stuttgart 2002.

Peter Reinthaler/Hans-Joachim Spieth, Vorbildliche Modell-Bahnhöfe. Gleisplanung, Bau und Ausstattung, Düseldorf 1986 (= Modellbahn Praxis 6)

Friedhelm Schiersching, Geräuschelektronik. Pfeifen, Läuten, Bimmeln. Geräuschelektronik selbstgebaut, Augsburg 1998 (=Die Modellbahn 5).

Joachim Schnitzer, Profi-Tipps für die Modellbahn-Werkstatt, Bd. 1, Stuttgart 2002

Hans-Joachim Spieth, Fahren und Rangieren auf der Modellbahn, Düsseldorf 1973 (= Kleine Modellbahn-Reihe, Bd. 12)

Hans-Joachim Spieth/Gernot Balcke, Klein- und Nebenbahnen im Modell, Düsseldorf 1977 (= Kleine Modellbahn-Reihe, Bd. 20)

Markus Tiedtke, Das große Handbuch der Modell-Eisenbahn, München 2001.

9.2 Adressen

9.2.1 Zeitschriften

Eisenbahn Journal, erscheint im Hermann Merker Verlag GmbH, Am Fohlenhof 9a, 82256 Fürstenfeldbruck,
Tel. 08141/534810,
Fax 08141/5348133, www.ejmv.de

Eisenbahnkurier. Vorbild und Modell, derzeit im 38. Jahrgang erscheinend im: Ek-Verlag GmbH, Heinrich-von-Stephan-Straße 15, 79100 Freiburg, Tel. 0761/70310-0, Fax 0761/70310-50

Eisenbahn Magazin, erscheint im Alba Fachverlag GmbH & Co. KG, willstätterstraße 9, 40549 Düsseldorf, Tel. 0211/520130, Fax 0211/5201328, www.alba-publikation.de/em

HP1. Eisenbahnmodellbau heute, erscheint in der Willy Kosak Verlagsgesellschaft mbH, Burgstraße 21, 91284 Neuhaus, Tel. 0956/998983, Fax 09156/998984

MIBA. Die Eisenbahn im Modell, derzeit im 57. Jahrgang erscheinend im: MIBA Verlag GmbH, Senefelderstraße 11, 90409 Nürnberg, Tel. 0911/51965-0, Fax 0911/51965-40, www.miba.de

Modelleisenbahner. Magazin für Vorbild und Modell, derzeit im 53. Jahrgang erscheinend im: MEB-Verlag GmbH, Biberacher Straße 94, 88339 Bad Waldsee, Tel. 07524/9705-0, Fax 07524/9705-25

9.2.2 Modellbahnanlagen und -schauen

Modellbahnland Erzgebirge – Annaberger Modellbahnen GmbH & Co. KG, Annaberger Straße 27a, 09488 Wiesa, Tel. 03733/596357, Fax 03733/596358, www.annaberger-modellbahnen.de, Annaberger-Modellbahnen@t-online.de (Anlage der Baugröße 1)

Deutsches Dampflok-Museum im ehemaligen Bw Neuenmarkt-Wirsberg, Birkenstraße 5, 95339 Neuenmarkt, Tel. 09227/5700, Fax 09227/5703, www.dampflokmuseum.de

Euro-Tecnica, 53940 Losheim/Eifel, Tel. 06557/920640, Fax 06557/920645, www.euro-tecnica.de, euro.tecnica@t-online.de (Anlage der Baugröße H0)

Lok Land Modellbahnausstellung, Hofer Straße 14, 95152 Selbitz, Tel. 09252/92294, Fax 09252/916520, www.lokland.de, info@lokland.de (Anlage der Baugröße H0)

Miniatur Wunderland Hamburg GmbH, Kehrwieder 2 Block D, 20457 Hamburg, Tel. 040/36091157, Fax 040/36091158, www.miniatur-wunderland.de, info@miniatur-wunderland.de (Modellbahn der Baugröße H0)

Modellbahn Wiehe GmbH, Am Anger 19, 06571 Wiehe, Tel. 01805/909011, Fax 034672/83633, www.mowi-world.de (zwei H0-Anlagen, eine TT-Anlage, zwei LGB-Anlagen)

Modell-Show Merklingen, Siemensstraße 2, 89188 Merklingen, Tel. 07337/923194, Fax 07337/923195, www.modellbahnshow.de

Harzer Modellbahnzentrum Lautenthal GmbH, Wildemanner Straße 9, 38685 Langelsheim, Tel. 05325/546100, Fax 05325/546119, www.spedifix.de/modellbahn (sechs Anlagen der Baugrößen LGB, I, H0, TT, N und Z)

9.2.3. Verzeichnis der wichtigsten Modellbahnhersteller und deren Adressen

Auhagen GmbH
OT Hüttengrund 25
09496 Marienberg
www.auhagen.de

Bachmann Industries Europe Ltd.
An Umspannwerk 5
90518 Altdorf
www.liliput.de

Bemo Modelleisenbahnen GmbH u. Co.
Stuttgarter Straße 59
73066 Uhingen
www.bemo-modellbahn.de

Brawa GmbH & Co.
Uferstraße 26-28
73630 Remshalden
www.brawa.de

Brekina Modellspielwaren GmbH
Carl-Benz-Straße 1
79331 Teningen
www.brekina.de

Busch Modellspielwaren GmbH & Co. KG
Heidelberger Straße 26
68519 Viernheim
www.busch-model.com

Faller GmbH
Kreuzstraße 9
78148 Gütenbach
www.faller.de

Fleischmann GmbH & Co.
Kirchenweg 13
90419 Nürnberg
www.fleischmann.de

Gützold GmbH & Co. KG
Marienthaler Straße 7
08060 Zwickau
www.guetzold.de

Heki Kittler GmbH
Am Bahndamm 10
76437 Rastatt
www.heki-kittler.de

Heris Modelleisenbahn
Kaesbachstraße 17
41063 Mönchengladbach
www.heris-modelleisenbahn.de

Herpa Miniaturmodelle GmbH
Leonrodstraße 46-47
90599 Dietenhofen
www.herpa.de

Kibri Spielwarenfabrik GmbH
Otto-Lilienthal-Straße 40
71034 Böblingen
www.kibri.com

LGB E. P. Lehmann Patentwerk
Saganer Straße 1-5
90475 Nürnberg
www.lgb.de

Liliput siehe Bachmann

Märklin Gebr. & Cie. GmbH
Holzheimer Straße 8
73037 Göppingen
www.maerklin.de

Noch GmbH & Co.
Lindauer Straße 49
88239 Wangen
www.noch.de

Peco
Pritchard Patent Product Co. Ltd. Uderleys
GB-Beer/Nr. Seaton
Devon EX 12 3NA
www.peco-uk.com

Piko Spielwaren GmbH
Lutherstraße 30
96505 Sonneberg
www.piko.de

Preiser GmbH
Postfach 1233
91534 Rothenburg o. d. T.

Roco GmbH & Co. KG
Jakob-Auer-Straße 8
A-5033 Salzburg
www.roco.cc

Sommerfeldt GmbH
Fruedhofstraße 42
73110 Hattenhofen
www.sommerfeldt.de

Tillig Modellbahnen GmbH & Co. KG
Promenade 1
01855 Sebnitz
www.tillig.com

Trix Modelleisenbahn GmbH & Co.
Postfach 49 24

90027 Nürnberg
www.trix-online.de

Viessmann Modellspielwaren GmbH
Am Bahnhof 1
35116 Hatzfeld
www.viessmann-modell.de

Vollmer GmbH & Co.
Porschestraße 25
70435 Stuttgart
www.vollmer-kit.de

Wiking Modellbau GmbH & Co. KG
Schlittenbacher Straße 60
58511 Lüdenscheid
www.wiking.de

9.3 Kurzbezeichnungen europäischer Eisenbahnverwaltungen (Auswahl)

BLS	Bern-Lötschberg-Simplon-Bahn
BR	British Railways (Großbritannien)
CFL	Société Nationale des Chemins de Fer Luxembourgeois (Luxemburg)
CP	Companhiados Caminhos de Ferro Portugueses (Portugal)
DB AG	Deutsche Bundesbahn Aktiengesellschaft
DB	Deutsche Bundesbahn
Deutsche Reichseisenbahnen	Aufschrift auf deutschen Eisenbahn-Fahrzeugen von etwa 1919 - ca.1924
DR	Deutsche Reichsbahn (DDR)
DR	Deutsche Reichsbahn (1937 - 45)
DRG	Deutsche Reichsbahn-Gesellschaft (1924 - 37)
DSB	Danske Statsbaner (Dänemark)
FS	Ferrovie dello Stato (Italien)
MÁV	Magyar Államvasutak (Ungarn)
NS	Nederlandse Spoorwegen (Niederlande)
NSB	Norges Statsbaner (Norwegen)
ÖBB	Österreichische Bundesbahnen (Österreich)
RENFE	Red Nacional de los Ferocarailles Españoles (Spanien)
SBB/CFF/FFS	Schweizerische Bundesbahnen/Chemins de Fer Fédéraux Suisses/Ferrovie Federali Svizzere (Schweiz)
SJ	Statens Järnväger (Schweden)
SNCB	Société Nationale des Chemins de Fer Belges (Belgien)
SNCF	Société Nationale des Chemins de Fer Français (Frankreich)
TCDD	Türkiye Cumhuriyeti Devlet Demiryollari (Türkei)
VR	Valtionrautatiet (Finnland)

9.4 Verwaltungstechnische Abkürzungen

CIV	Convention Internationale concernant le Transport des Voyageurs et des Bagages par Chemins de Fer (Internationales Abkommen über den Eisenbahn-Personen- und Gepäckverkehr)
CIWL	Compagnie Internationale des Wagons Lits (Internationale Schlafwagengesellschaft (ISG))
DSG	Deutsche Schlafwagen- und Speisewagen-Gesellschaft
EUROFIMA	Europäische Gesellschaft für die Finanzierung von Eisenbahnmaterial
EVA	Eisenbahn-Verkehrsmittel Aktiengesellschaft
IC	InterCity
INTERFRIGO	Société Ferroviaire Internationale des Transports Frigorifiques (Internationale Gesellschaft der Eisenbahnen für Kühltransporte)
RIC	Regolamento Internazionale Carozze (Internationaler Personen- und Gepäckwagenverband)
RIV	Regolamento Internazionale Veicoli (Übereinkommen über die gegenseitige Benutzung von Güterwagen im internationalen Verkehr)
TEE	Trans-Europ-Express
TEEM	Trans-Europ-Express-Marchandises (schnelle Güterzüge im internationalen Verkehr)
UIC	Union Internationale des Chemins de Fer (Internationaler Eisenbahnverband)
VTG	Vereinigte Tanklager und Transportmittel GmbH

9.5 Technische Abkürzungen

Aw	Ausbesserungswerk
Bf	Bahnhof
Bh	Betriebshof
Bw	Bahnbetriebswerk
BwAst	Bahnbetriebswerk-Außenstelle
Bww	Bahnbetriebswagenwerk
Ga	Güterabfertigung
Gbf	Güterbahnhof
Gepa	Gepäckabfertigung
Hbf	Hauptbahnhof
Hgbf	Hauptgüterbahnhof
Indusi	induktive Zugsicherung
Lüp	Länge über Puffer
Pbf	Personenbahnhof
Rbf	Rangierbahnhof
Sifa	Sicherheitsfahrschaltung
SO	Schienenoberkante

Register